Stéphane Victor

Identification pour la poursuite robuste de trajectoire par platitude

AF281533

Stéphane Victor

Identification pour la poursuite robuste de trajectoire par platitude

Extensions aux systèmes non entiers

Presses Académiques Francophones

Imprint

Any brand names and product names mentioned in this book are subject to trademark, brand or patent protection and are trademarks or registered trademarks of their respective holders. The use of brand names, product names, common names, trade names, product descriptions etc. even without a particular marking in this work is in no way to be construed to mean that such names may be regarded as unrestricted in respect of trademark and brand protection legislation and could thus be used by anyone.

Cover image: www.ingimage.com

Publisher:
Presses Académiques Francophones
is a trademark of
International Book Market Service Ltd., member of OmniScriptum Publishing Group
17 Meldrum Street, Beau Bassin 71504, Mauritius

Printed at: see last page
ISBN: 978-3-8416-3332-3

Zugl. / Agréé par: Bordeaux, Université de Bordeaux, 2010

Copyright © Stéphane Victor
Copyright © 2015 International Book Market Service Ltd., member of OmniScriptum Publishing Group
All rights reserved. Beau Bassin 2015

A mes grand-parents

"Il est plus beau d'éclairer que de briller seulement ; de même est-il plus beau de transmettre aux autres ce qu'on a contemplé que de contempler seulement."

Saint Thomas d'Aquin

"L'esprit est un oiseau sans repos ; le plus il obtient et le plus il désire et n'est jamais satisfait. Plus nous satisfaisons nos passions et plus elles deviennent débridées. Nos ancêtres avaient compris cela et placé une limite à nos indulgences. Ils avaient remarqué que le bonheur était surtout une condition mentale."

Mohandas Karamchand Gandhi

Remerciements

Les pages suivantes sont le résultat d'un peu plus de trois ans passées au Laboratoire IMS, Département LAPS, au sein de l'équipe CRONE, animée par M. Alain Oustaloup et M. Pierre Melchior. La possibilité d'y faire un mes travaux de recherche est née d'une initiative de M. Rachid Malti et de M. Pierre Melchior, travail qui m'a permis de m'investir dans les domaines principaux de l'automatique, à savoir l'identification, la commande et la poursuite de trajectoire. L'équipe CRONE m'a permis de découvrir et de vivre une école de pensée concernant la dérivation non entière.

Je tiens à remercier, en premier lieu, M. Alain Oustaloup, Directeur de mes travaux de recherche, pour m'avoir confié ce projet. Qu'il soit assuré de ma sincère reconnaissance pour son encadrement, son enthousiasme, sa passion et la confiance qu'il a sus me témoigner.

Je témoigne toute ma gratitude à Rachid Malti, Maître de Conférences à l'Université Bordeaux 1 et co-encadrant de mon projet de recherche, pour la rigueur, l'attention et les nombreux conseils qu'il a su me prodiguer. Je témoigne également toute ma gratitude à Pierre Melchior, Maître de Conférences à l'Institut Polytechnique de Bordeaux (IPB/enseirb-matmeca) et co-encadrant de mon projet de recherche, pour toute l'attention qu'il m'a portée, pour les nombreux conseils qu'il a sus me prodiguer aussi bien dans le cadre de mes travaux de recherche qu'en dehors de ce cadre. Outre ses qualités professionnelles, j'ai pu apprécier sa disponibilité, sa simplicité et son côté humain. Je remercie mes encadrants pour la confiance et la patience qu'ils m'ont portées ainsi que la liberté qu'ils m'ont accordé pour mener à bien mes projets de recherche et ceux en dehors de la recherche.

Je remercie M. Jocelyn Sabatier pour sa disponibilité et sa patience pour mon application sur le barreau métallique.

Je tiens à remercier les membres du jury, à commencer par M. Jean Lévine et M. Alain Richard, qui ont eu la charge de rapporter mes travaux et qui ont été disponibles pour de longues discussions très enrichissantes. M. Michel Fliess, qui m'a fait l'honneur de présider le jury, a manifesté un intérêt au sujet de mes travaux que j'ai beaucoup apprécié.

6

C'est un plaisir pour moi que M. Luc Dugard et M. Jean-Luc Battaglia aient accepté de participer au jury avec toute l'attention dont ils m'ont manifesté.

Mes remerciements s'adressent également à tous les membres du Département LAPS, et en particulier aux membres de l'équipe CRONE tout autant pour leur gentillesse que pour leur proximité et qui ont permis une ambiance de travail remarquable : Firas pour nos discussions et le recul sur mes travaux de thèse, notre vétéran Teuteu pour sa sincérité, l'indescriptible Mathieu P. pour sa bonne humeur et sa joie de vivre, Dominique pour son infinie sympathie, l'incorrigible Nico, Audrey pour son sourire radieux, Pascal et ses malheurs, Asma pour ses soirées wii et sa gentillesse, Benjamin pour son franc-parler, et tous les autres membres qui m'ont accompagné. Je vous suis fortement reconnaissant pour tout et j'espère pouvoir être à vos côtés quand vous en aurez besoin.

Enfin, je tiens à remercier mes parents qui ont toujours cru en mes capacités et qui m'ont toujours soutenu dans tout ce que j'ai entrepris. Je remercie également Sandrine qui m'a accompagné et soutenu pendant toutes mes années d'études en France. Je remercie tout particulièrement mes beaux-parents, qui m'ont aidé à garder la tête hors de l'eau malgré mes doutes et qui m'ont fortement encouragé.

Pour finir, je remercie Maïlys pour m'avoir supporté pendant ces longues années de travail, et pour m'avoir accompagné en tout temps de peine et de joie et j'espère pouvoir faire de même à ses côtés pour les années à venir.

Table des matières

11

Table des figures

15

Liste des tableaux

Introduction générale et organisation de la thèse

Contexte

Le concept et le formalisme mathématiques de la dérivation non entière ont été établis au début du XIXème siècle par des mathématiciens célèbres parmi lesquels *Laplace, Liouville, Abel, Riemann* et *Cauchy*. Cet opérateur constitue l'outil mathématique par excellence pour modéliser les systèmes physiques à mémoire longue, tels que les systèmes diffusifs, à partir d'un modèle compact avec un nombre de paramètres réduits. Sa synthèse et son application, dans les sciences physiques et les sciences pour l'ingénieur, remontent à la seconde moitié du vingtième siècle.

Cet outil a trouvé des applications dans de nombreux domaines des sciences pour l'ingénieur tels que :

- l'automatique à travers l'identification par modèle non entier et la commande CRONE (Commande Robuste d'Ordre Non Entier) ;
- la mécanique dans le cas de la relaxation de l'eau sur une digue poreuse où le débit est proportionnel à la dérivée non entière de la pression dynamique à l'interface eau-digue [Oustaloup, 1991] ;
- l'isolation vibratoire à travers la suspension CRONE qui augmente la robustesse du degré de stabilité vis-à-vis de la charge transportée tout en assurant une meilleure isolation vibratoire de l'habitacle par une réduction des accélérations verticales [Moreau, 1995] ;
- le traitement du signal où la dérivation non entière est utilisée dans la synthèse d'un bruit fractal [Mandelbrot et Van Ness, 1968] ;
- le traitement de l'image où la dérivation non entière permet la caractérisation des courbes en reconnaissance des formes et où le détecteur CRONE permet une meilleure extraction des contours [Oustaloup, 1991, 1995] ;

– l'acoustique où dans un instrument à vent, la dérivée non entière est utilisée pour modéliser les pertes visco-thermiques [Matignon *et al.*, 1993] ;
– la robotique par la modélisation d'environnement [Orsoni, 2002] et la planification de trajectoire par potentiel généralisé [Poty, 2006].

Objectifs du manuscript

A partir des trajectoires définies *a priori* d'un système, il est nécessaire de connaître les commandes à appliquer pour suivre ces trajectoires de référence. La planification de trajectoire et la poursuite robuste de trajectoire ayant fait l'objet de nombreux travaux en automatique, l'un des moyens d'y parvenir est d'utiliser les principes de la platitude. La platitude apporte de nombreux avantages tels que la détermination des actions anticipatives ("feedforward" en anglais) ou la commande prédictive. Il est néanmoins nécessaire de bien connaître le modèle du système afin de déterminer les commandes de référence. Peu de développements ont été élaborés jusqu'alors pour l'identification de système par modèle non entier en présence de bruit de sortie additif coloré et pour la planification de trajectoire de ces systèmes. La connaissance d'un modèle étant nécessaire au préalable, les principaux travaux de ce manuscrit concernent d'une part, l'identification de système par modèle non entier et d'autre part, la génération et la poursuite robuste de trajectoire.

Les outils développés sont totalement indépendants de la façon dont l'opérateur non entier est simulé, laissant à l'utilisateur la liberté de ce choix. Les objectifs de ce manuscrit sont, dans un premier temps, de poursuivre les travaux entamés en identification de système par modèle non entier en développant une méthode d'identification par la variable instrumentale optimale à temps continu pour des modèles linéaires non entiers dans un contexte de bruit de sortie additif aussi bien blanc que coloré (modèle de *Box-Jenkins*). A partir de la connaissance de ces modèles non entiers, l'objectif est d'étendre les principes de la platitude au cas des systèmes non entiers. Enfin, afin d'assurer la robustesse du suivi de trajectoire, l'approche par platitude est associée à une commande CRONE de troisième génération.

Contributions spécifiques et organisation du manuscrit

Les principales contributions de ce manuscrit sont les suivantes. D'un point de vue théorique, en identification par modèle non entier, des algorithmes d'estimation paramétrique à variance minimale ont été développés en présence de bruit de sortie blanc et en présence de bruit de sortie coloré. Lorsque la connaissance *a priori* permet de fixer les ordres de dérivation, ces algorithmes issus de la variable instrumentale permettent d'estimer les coefficients du modèle du système et du modèle de bruit. Lorsque la connaissance *a priori* ne permet pas de fixer les ordres de dérivation, les algorithmes d'identification, issus de la variable instrumentale et de techniques de programmation non linéaire, permettent d'estimer à la fois les coefficients et les ordres de dérivation.

En planification de trajectoire par platitude, une algèbre des polynômes en $X^{\nu\,1}$, ainsi qu'une algèbre des matrices polynômiales en X^ν ont été introduites. Ces algèbres ont permis l'extension des principes de la platitude aux systèmes non entiers à la fois mono-variable et multi-variable, en utilisant deux modes de représentation des systèmes non entiers, à savoir les fonctions de transfert et les pseudo-représentations d'état. Les systèmes linéaires non entiers abstraits ont également été introduits pour étendre les principes de la platitude indépendamment d'un mode de représentation. Enfin, une poursuite de trajectoire est obtenue par association d'une commande CRONE de troisième génération et de l'approche par platitude, ce qui permet d'assurer la robustesse du degré de stabilité de la commande vis-à-vis des perturbations et des variations paramétriques.

D'un point de vue applicatif, ces résultats théoriques en identification et en commande ont été validés sur un système thermique réel : un barreau d'aluminium. Le transfert température/flux est d'abord identifié par un modèle non entier puis une poursuite robuste de trajectoire est réalisée.

La progression de ce manuscrit est organisée selon quatre chapitres.

Le **chapitre 1** rappelle tout d'abord les notions mathématiques autour de la dérivation non entière. Les différentes définitions de l'opérateur non entier sont abordées, pour ensuite rappeler les diverses méthodes de représentation d'un système non entier. La stabilité des systèmes non entiers commensurables est rappelée par le théorème de *Matignon*. Une des premières contributions de ce mémoire est l'introduction d'une algèbre des polynômes en X^ν, ainsi qu'une algèbre des matrices polynômiales en X^ν.

Le **chapitre 2** est consacrée à l'identification par modèle non entier. Après un état de l'art succinct sur les méthodes d'identification par modèle non entier existantes, les contributions en identification linéaire à temps continu sont présentées dans un contexte

---

1. Un polynôme en X^ν désigne une structure polynômiale où l'indéterminée X est élevée à des puissances non entières multiples de ν.

de bruit additif blanc puis coloré. Dans le premier contexte, la structure du modèle et les ordres de dérivation sont d'abord fixés, puis un estimateur optimal, nommé **srivcf**[2], est développé. Ensuite, seule la structure du modèle est fixée et un algorithme nommé **oosrivcf**[3], fondé sur la **srivcf** et des techniques de programmation non linéaire, permet d'optimiser à la fois les coefficients et les ordres de dérivation.

Dans un contexte de bruit additif coloré, une structure du modèle de type *Box-Jenkins* hybride (modèle de système à temps continu et modèle de bruit à temps discret) est fixée. Les ordres de dérivation sont d'abord fixés, et un estimateur optimal, nommé **rivcf**[4], est élaboré. Ensuite un algorithme nommé **oorivcf**[5], fondé sur la **rivcf** et des techniques de programmation non linéaire, permet d'optimiser à la fois les coefficients et les ordres de dérivation. Pour chaque méthode, des simulations de *Monte Carlo* montrent que les estimateurs introduits sont asymptotiquement sans biais et à variance minimale.

Le **chapitre 3** permet d'étendre les principes de la platitude aux systèmes non entiers et propose des contributions majeures sur la commande des systèmes non entiers. Après un rappel succinct de la platitude des systèmes linéaires rationnels, le chapitre 3 aborde les avancements théoriques sur la platitude des systèmes non entiers linéaires basées sur les deux méthodes de représentation d'un système non entier : les fonctions de transfert et les pseudo-représentations d'état par matrices polynômiales. La robustesse du suivi de trajectoire est également traitée à l'aide de la commande CRONE. Des exemples de simulations au travers de la diffusion thermique sur un barreau métallique illustrent les développements théoriques de la platitude.

Enfin, le **chapitre 4** permet de mettre en application les différentes contributions de ce mémoire sur un système physique réel : un barreau métallique soumis à un flux de chaleur à l'une de ces extrémités et dont la température est commandée. Après une description du banc d'essai, les différentes méthodes d'identification, développées dans ce mémoire, sont appliquées pour établir le modèle le plus adéquat. A partir de ce modèle, les principes de la platitude par approche de matrices polynômiales sont mis en œuvre pour commander le système selon une trajectoire de référence donnée. Enfin, la robustesse du suivi de trajectoire est étudiée par une commande CRONE de troisième génération.

---

2. **srivcf** : **S**implified **rivcf**.
3. **oosrivcf** : **O**rder **O**ptimization combined with **srivcf**.
4. **rivcf** : **R**efined **I**nstrumental **V**ariable for **C**ontinuous-time **F**ractional models.
5. **oorivcf** : **O**rder **O**ptimization combined with **rivcf**.

Notations

$\mathbb{N}$	ensemble des nombres entiers positifs
$\mathbb{N}_n$	ensemble des nombres entiers positifs de $[0, n]$
$\mathbb{Z}$	ensemble des nombres relatifs
$\mathbb{Z}^-$	ensemble des nombres relatifs négatifs
$\mathbb{Q}$	ensemble des nombres rationnels
$\mathbb{R}$	ensemble des nombres réels
$\mathbb{R}^{*-}$	ensemble des nombres réels négatifs privé de 0
$\mathbb{R}^{*+}$	ensemble des nombres réels positifs privé de 0
$\mathbb{C}$	ensemble des nombres complexes
$\mathbb{C}^+$	demi-plan droit ouvert des nombres complexes $s \in \mathbb{C}$ tels que $\mathscr{R}e\,(s) > 0$
$\mathfrak{K}$	anneau muni des lois $+$ et $\cdot$
$\mathfrak{K}\,[X^\nu]$	ensemble des polynômes à coefficients dans $\mathfrak{K}$ et d'indéterminée X^ν
$H_2\,(\mathbb{C}^+)$	ensemble de fonctions F analytiques sur $\mathscr{C}^+$ et continues sur $\overline{\mathscr{C}}^+$ et tel que $\|F\|_2^2 = \frac{1}{2\pi}\int_{-\infty}^{\infty}|F(x+jy)|^2 dy < \infty$
$\|f\|_p$	norme $p, p \in [1, +\infty[\,:\,\|f\|_p = \left(\int_0^\infty |f(t)|^p dt\right)^{\frac{1}{p}}$
$\|f\|_\infty$	norme infini ou norme sup : $\|f\|_\infty = \sup_{t \in [0, \infty]}|f(t)|$
$\lceil \nu \rceil$	le plus petit entier majorant ν ($ceil(\nu)$)
$\lfloor \nu \rfloor$	le plus grand entier minorant ν ($floor(\nu)$)
$\delta\,(t)$	impulsion de *Dirac*
$\mathscr{U}\,(t)$	échelon unitaire ou fonction de *Heaviside*
$*$	produit de convolution
$\hat{y}$	estimée de y
A^T	transposée d'un vecteur ou d'une matrice A
$u^{(k)}$	dérivée d'ordre k de u

$/$	tel que (symbole mathématique)
$A\backslash B$	A privé de B (symbole mathématique)
$P|Q$	P divise Q (symbole mathématique)
γ	ordre de dérivation quelconque
ν	ordre commensurable
ξ	bruit coloré
σ	écart-type
σ^2	variance
ω	pulsation
BCR	borne de Cramér-Rao
BIBO	entrée bornée sortie bornée (Bounded Input Bounded Output)
CRONE	Commande Robuste d'Ordre Non Entier
CSD	conception d'une stratégie de commande (Control System Design)
deg	degré d'un polynôme
e	bruit blanc
EE	Erreur d'Equation
E(.)	espérance mathématique
$\boldsymbol{fve}$	Filtre de Variable d'Etat
$\mathbf{I}$	opérateur d'intégration
$\mathbf{I}^\gamma$	opérateur d'intégration d'ordre $\gamma \in \mathbb{R}^+$
$\mathscr{Im}(a)$	partie imaginaire de a
$\mathscr{L}$	transformée de *Laplace*
$\mathscr{L}^{-1}$	transformée inverse de *Laplace*
$L_p[a,b[$	espace vectoriel des fonctions définies et mesurables sur $[a,b[$ et muni de la norme $\| \cdot \|^p$, $p = 1, 2, \ldots$
$L_\infty[a,b[$	espace vectoriel des fonctions définies et mesurables sur $[a,b[$ et muni de la norme $\| \cdot \|^\infty$
LTI	linéaire et invariant dans le temps (Linear Time-Invariant)
$\boldsymbol{mc}$	Moindres Carrés
MEP	Minimisation de l'Erreur de Prédiction
MIMO	multi-variable (Multiple Input Multiple Output)
ML	maximum de vraisemblance (Maximum Likelihood)

NMSE	Niveau Moyens des Seuils des issues sur l'Extérieur (Normalized Mean Square Error)
OE	erreur de sortie (Output Error)
oosrivcf	estimateur des ordres de dérivation et des coefficients par la *srivcf* en contexte de bruit blanc
oorivcf	estimateur des ordres de dérivation et des modèles du système et du bruit par la *rivcf* en contexte de bruit coloré
p	opérateur de dérivation $\frac{d}{dt}$
p^γ	dérivée d'ordre $\gamma \in \mathbb{R}^+$
PGCD	Plus Grand Commun Diviseur
plim	limite en probabilité
PNL	Programmation Non Linéaire
q	opérateur discret tel que $\mathbf{q}^{-l} y(t_k) = y(t_{k-l})$
$\mathscr{Re}(a)$	partie réelle de a
resp.	respectivement
rivcf	estimateur optimal pour bruit coloré (Refined Instrumental Variable for Continuous-time and Fractional models)
RSB	Rapport Signal-sur-Bruit
s	variable de Laplace
s^γ	dérivateur d'ordre γ dans le domaine de *Laplace*
$s^{-\gamma}$	intégrateur d'ordre γ dans le domaine de *Laplace*
$s^{-\gamma}_{[\omega_A,\omega_B]}$	intégrateur d'ordre γ dans le domaine de *Laplace* borné en fréquence sur $[\omega_A, \omega_B]$
SBPA	Signal Binaire Pseudo Aléatoire
sig(ν)	fonction signe définie par $\mathrm{sig}(\nu) = \frac{\nu}{|\nu|}$ et $\mathrm{sig}(0) = 1$
SISO	mono-entrée mono-sortie (Single Input Single Output)
srivcf	estimateur optimal pour bruit blanc (Simplified Refined Instrumental Variable for Continuous-time and Fractional models)
ssi	si et seulement si
span(S)	le *span(S)* correspond à toutes les combinaisons linéaires possibles des éléments de S

sup   borne supérieure

TC   Temps Continu

TD   Temps Discret

vi Variable Instrumentale

Chapitre 1

Introduction aux opérateurs et systèmes non entiers

Contents

1.1 – Introduction

Bien que l'apparition de la notion de dérivation à des ordres non entiers remonte à *Leibniz*, dont les correspondances avec *Wallis* (1695) et *L'Hôpital* (1697) sont recueillies dans [Leibniz, 1853], c'est au début du XIXème siècle que des mathématiciens tels que Euler [1738], Fourier [1822], Lacroix [1820], Laplace [1812], Letnikov [1868] et surtout Abel [1823], Riemann [1876] et Liouville [1832] ont révélé le concept et développé le formalisme de la dérivation non entière (voir [Miller et Ross, 1993, Oldham et Spanier, 1974, Samko et al., 1993] pour des références plus récentes). Une description détaillée des correspondances est disponible dans la thèse de Dugowson [1994] consacrée à l'histoire de la dérivation non entière. Les appellations "dérivation non entière", "dérivation fractionnaire" ou " dérivation généralisée" désignent toutes les mêmes notions. Ainsi, la définition mathématique d'un tel concept s'avérant incontestable, sa dénomination n'en reste pas moins confuse. Les nombres "non entiers" peuvent aussi bien être entiers, réels ou complexes. Dans un soucis de clarté, l'appellation générique de dérivation non entière est retenue et les qualificatifs de "réelle" et "complexe" la compléteront.

La synthèse de l'opérateur non entier et les applications qui en découlent datent principalement de la deuxième moitié du siècle dernier [Miller et Ross, 1993, Oustaloup, 1983, 1995, Podlubny, 1999a, Samko et al., 1993]. La dérivation non entière constitue l'outil mathématique par excellence pour modéliser une large gamme de phénomènes physiques, tels que les phénomènes :

- de diffusion électrochimique où la diffusion des charges dans les batteries en acide est régie par des modèles de *Randles* [Rodrigues et al., 2000, Sabatier et al., 2006] utilisant un ordre d'intégration de 0.5 ;
- de diffusion thermique où la solution exacte de l'équation de la chaleur dans un milieu semi-infini lie le flux thermique à la température de surface par une dérivée d'ordre 0.5 [Battaglia et al., 2001, Cois, 2002] ;
- biologiques où la modélisation du muscle de grenouille [Sommacal et al., 2005, 2006] et de salamandre [Sommacal et al., 2007] est régie par des modèles non entiers.

La dérivation non entière a étendu les possibilités de l'identification temporelle et fréquentielle, en s'affranchissant de la limitation de l'ordre de dérivation au cas entier, permettant ainsi de modéliser des systèmes complexes ou à dimension infinie par des modèles compacts là où des modèles rationnels auraient été d'ordre élevé.

La première partie de ce chapitre introduit l'opérateur non entier. Les diverses représentations d'un système non entier sont ensuite énoncées. Puis, la méthode de synthèse du dérivateur non entier borné en fréquences d'Oustaloup [1995] est rappelée avec la discrétisation de Grünwald [1867] de l'opérateur non entier [Samko *et al.*, 1993]. Enfin, l'algèbre des polynômes en X^ν est introduite permettant l'extension des principes de la platitude aux systèmes non entiers au chapitre 3.

1.2 – Dérivation non entière

1.2.1 – Définitions

A partir de la formule de *Cauchy*, en prenant une fonction monovariable f continue par morceaux sur $]c, \infty[$ et intégrable sur tout sous-intervalle fini de $[c, \infty[$, la définition de *Riemann* de l'intégrale d'ordre $\gamma \in \mathbb{C}\backslash\mathbb{Z}^-$ d'une fonction f est donnée par [Miller et Ross, 1993] :

$$\mathbf{I}_c^\gamma f(t) \triangleq \frac{1}{\Gamma(\gamma)} \int_c^t \frac{f(\tau)}{(t-\tau)^{1-\gamma}} d\tau \quad \text{avec} \quad \left\{ \begin{array}{l} t > c,\, c \in \mathbb{R} \\ \mathscr{R}e(\gamma) > 0 \end{array} \right. , \tag{1.1}$$

où c représente l'instant de début d'intégration tel que $t > c$ et Γ est la fonction Gamma d'Euler définie pour les nombres complexes à partie réelle positive, $\gamma \in \mathbb{C}^+$, par

$$\Gamma(\gamma) = \int_0^\infty e^{-x} x^{\gamma-1} dx, \tag{1.2}$$

et prolongée analytiquement sur l'ensemble des nombres complexes excepté les entiers négatifs, $\gamma \in \mathbb{C}\backslash\mathbb{Z}^-$.

L'opérateur de dérivation non entière a souffert pendant longtemps de la difficulté à lui attribuer un sens physique surtout lorsque l'ordre de dérivation est complexe. Cependant, si l'intégration à l'ordre 1 permet d'associer le concept géométrique de "l'aire sous la courbe" en attribuant à toute valeur de f le même poids, l'ordre d'intégration $\gamma \in \mathbb{R}\backslash\mathbb{Z}^-$ introduit la fonction de pondération $O_\gamma = \frac{1}{\Gamma(\gamma)(t-\tau)^{1-\gamma}}$. En effet, la valeur de l'intégrale d'ordre $\gamma \in]0, 1[$, en un point t est plus influencée par les points de son voisinage que par des points plus éloignés comme le montre la Fig. 1.1. De ce fait, la fonction de pondération O_γ est également appelée facteur d'oubli [Oustaloup, 1995]. Cette prise en compte du passé démontre l'aptitude naturelle de l'opérateur de dérivation non entière à décrire des phénomènes à mémoire longue tels que les phénomènes de diffusion.

Pour des valeurs particulières de la référence c, l'intégrale non entière de *Riemann* (1.1) devient

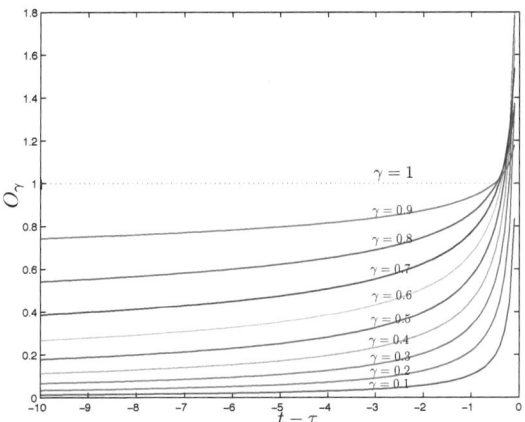

FIGURE 1.1 – Facteur d'oubli : $O_\gamma(t-\tau) = \frac{1}{\Gamma(\gamma)(t-\tau)^{1-\gamma}}$ pour $0 < \gamma < 1$

- l'intégrale de *Liouville* si $c = -\infty$:

$$\mathbf{I}_{-\infty}^\gamma f(t) \triangleq \frac{1}{\Gamma(\gamma)} \int_{-\infty}^{t} \frac{f(\tau)}{(t-\tau)^{1-\gamma}} d\tau, \tag{1.3}$$

- ou l'intégrale de *Riemann-Liouville* si $c = 0$:

$$\mathbf{I}_0^\gamma f(t) \triangleq \frac{1}{\Gamma(\gamma)} \int_0^t \frac{f(\tau)}{(t-\tau)^{1-\gamma}} d\tau. \tag{1.4}$$

La dérivée d'ordre non entier $\gamma \in \mathbb{C}$ de *Riemann* d'une fonction monovariable f continue par morceaux sur $]c, \infty[$, intégrable sur tout sous-intervalle fini de $[c, \infty[$ et suffisamment dérivable est quant à elle définie comme étant une dérivée entière d'une intégrale non entière [Miller et Ross, 1993] :

$$\mathbf{p}_c^\gamma f(t) = \mathbf{p}^{m+1} \mathbf{I}_c^{m+1-\gamma} f(t) \tag{1.5}$$

$$= \frac{1}{\Gamma(m+1-\gamma)} \mathbf{p}^{m+1} \int_c^t \frac{f(\tau)}{(t-\tau)^{\gamma-m}} d\tau \quad \text{avec} \quad \begin{cases} m = \lfloor \mathscr{R}e(\gamma) \rfloor \\ t > c,\, c \in \mathbb{R} \\ \gamma \in \mathbb{C} \end{cases}. \tag{1.6}$$

Comme dans le cas de l'intégrale non entière, la dérivée non entière de *Riemann* (1.5) correspond à :

39

- la dérivée de *Liouville* lorsque $c = -\infty$,

- la dérivée de *Riemann-Liouville* lorsque $c = 0$.

Dans la mesure où les réponses impulsionnelles de systèmes causaux sont définies à partir de $t = 0$, la définition de *Riemann-Liouville* se trouve naturellement la plus utilisée en automatique.

1.2.2 – Propriétés de la dérivation non entière

La dérivée non entière (1.6) devient un objet non local et possède des propriétés très intéressantes. Par exemple, la dérivée d'une constante n'est pas nulle :

$$\mathbf{p}_c^\gamma 1 = \frac{(t - c)^{-\gamma}}{\Gamma(1 - \gamma)},$$

soit pour $c = 0$:

$$\mathbf{p}_0^\gamma 1 = \frac{t^{-\gamma}}{\Gamma(1 - \gamma)}.$$

De même, la dérivée d'ordre γ d'une puissance de t s'écrit, pour $c = 0$:

$$\mathbf{p}_0^\gamma t^p = \frac{\Gamma(p + 1)}{\Gamma(p - \gamma + 1)} t^{p-\gamma}, \qquad p > -1.$$

1.2.2.1 – Dérivabilité

A partir de la définition (1.6), la dérivée non entière d'ordre γ existe si f est définie sur un ensemble convenable $[c, b[$ $(c, b \in \mathbb{R}/c \neq b$ et $t \in]c, b[)$ avec $m = \lfloor \mathscr{R}e(\gamma) \rfloor$. Par un changement de variable $(\zeta = t - \tau)$, cette expression devient

$$\mathbf{p}_c^\gamma f(t) \triangleq \frac{1}{\Gamma(m + 1 - \gamma)} \mathbf{p}^{m+1} \left[\int\limits_0^{t-c} f(t - \zeta) \zeta^{m-\gamma} d\zeta \right].$$

En décomposant la dérivation entière une première fois selon

$$\mathbf{p}_c^\gamma f(t) = \frac{1}{\Gamma(m + 1 - \gamma)} \mathbf{p}^m \left[\mathbf{p} \left[\int\limits_0^{t-c} f(t - \zeta) \zeta^{m-\gamma} d\zeta \right] \right],$$

on obtient :

$$\frac{1}{\Gamma(m + 1 - \gamma)} \mathbf{p}^m \left[\int\limits_0^{t-c} \left(\mathbf{p} f(t) \big|_{t=t-\zeta} \right) \zeta^{m-\gamma} d\zeta + f(c) (t - c)^{m-\gamma} \right].$$

En décomposant la dérivation entière une deuxième fois selon

$$\frac{1}{\Gamma\left(m+1-\gamma\right)}\mathbf{p}^{m-1}\left[\mathbf{p}\left[\int\limits_0^{t-c}\left(\mathbf{p}f(t)|_{t=t-\zeta}\right)d\zeta+f(c)\left(t-c\right)^{m-\gamma}\right]\right],$$

on obtient alors :

$$\frac{1}{\Gamma\left(m+1-\gamma\right)}\mathbf{p}^{m-1}\left[\int\limits_0^{t-c}\left(\mathbf{p}^2f(t)|_{t=t-\zeta}\right)\zeta^{m-\gamma}d\zeta+f(c)\mathbf{p}\left[(t-c)^{m-\gamma}\right]+f^{(1)}(c)\left(t-c\right)^{m-\gamma}\right],$$

Par itération, il en vient

$$\mathbf{p}_c^\gamma f(t)=\frac{1}{\Gamma\left(m+1-\gamma\right)}\left(\int\limits_0^{t-c}\mathbf{p}^{m+1}\left(f\left(t-\zeta\right)\right)\zeta^{m-\gamma}d\zeta+\sum_{k=0}^m f^{(k)}(c)\mathbf{p}^{m-k}\left[(t-c)^{m-\gamma}\right]\right),$$

ou encore, en introduisant la notation $f^{(k)}$ pour la dérivée temporelle d'ordre k de f, k étant réel aussi bien entier que non entier [1] :

$$\mathbf{p}_c^\gamma f(t)=\mathbf{I}_c^{\gamma-m+1}\left[\mathbf{p}^{m+1}f(t)\right]+\sum_{k=0}^m f^{(k)}(c)\frac{(t-c)^{k-\gamma}}{\Gamma\left(k+1-\gamma\right)}.$$

Par conséquent, cette définition existe si la dérivée d'ordre m de f existe en c avec $\mathscr{R}e(\gamma)>0$ et si la fonction $x\mapsto\mathbf{p}^{m+1}\left(f(t-x)\right)x^{\gamma-1}$ est $L_1[c,b[$.

1.2.2.2 – Intégrabilité

Propriété 1.2.1. *Si* $\gamma\in[0,1[$ *(donc* $m=0$*), alors la dérivée non entière de Riemann-Liouville existe si* $f\in L_\infty[c,b[$.

Démonstration. A partir de

$$\mathbf{p}_c^\gamma f(t)=\frac{1}{\Gamma\left(\gamma\right)}\int\limits_c^t\frac{f\left(\tau\right)d\tau}{(t-\tau)^\gamma},\tag{1.7}$$

et de l'inégalité de *Hölder*,

$$\left|\int_c^t f\left(\tau\right)g\left(\tau\right)d\tau\right|\leq\left(\int_c^t|f\left(\tau\right)|^p\,d\tau\right)^{\frac{1}{p}}\left(\int_c^t|g\left(\tau\right)|^q\,d\tau\right)^{\frac{1}{q}}$$

avec $\frac{1}{p}+\frac{1}{q}=1$ et $g(x)=(t-x)^{-\gamma}$, g est $L_1[c,b[$. En effet, pour $t\geq c$,

$$\int_c^t\|g(\tau)\|d\tau=\int_c^t\|\left(t-\tau\right)^{-\gamma}\|d\tau.$$

---

1. Si f est un vecteur, alors chaque composante de f est dérivée à l'ordre k

Or, pour $x \in [c, t]$, $t - \tau \geq 0$. Donc

$$\int_c^t \|g(\tau)\| d\tau = \int_c^t (t - \tau)^{-\gamma} d\tau.$$

On procède au changement de variable $\zeta = t - \tau$ $(d\zeta = -d\tau)$:

$$\int_c^t \|g(\tau)\| d\tau = \int_0^{t-c} \zeta^{-\gamma} d\zeta = \frac{(t - c)^{1-\gamma}}{1 - \gamma} < \infty,$$

car $1 - \gamma > 0$.

Pour l'existence de l'inégalité de *Hölder*, f doit être $L_\infty[c, b[$. Aussi, $\mathbf{p}_c^\gamma f(t) \in L_1[c, b[$.

□

1.2.2.3 – Commutativité

Soit $p, q > 0$ deux nombres réels, où $p = n + \nu$ et $q = m + \mu$ avec les réels ν et μ définis dans $[0, 1[$ et les entiers n et m. Dans le cas général, les opérateurs de dérivées non entières de *Riemann-Liouville* $\mathbf{p}_c^p$ et $\mathbf{p}_c^q$ ne commutent pas. Il existe néanmoins des conditions pour qu'il y ait commutativité des opérateurs $\mathbf{p}_c^p$ et $\mathbf{p}_c^q$:

$$\mathbf{p}_c^p \left(\mathbf{p}_c^q f(t) \right) = \mathbf{p}_c^q \left(\mathbf{p}_c^p f(t) \right) = \mathbf{p}_c^{p+q} \left(f(t) \right), \tag{1.8}$$

comme dans le cas trivial $p = q$ ou lorsque

$$\begin{cases} f^{(j)}(c) = 0, & j = 0, \ldots, r - 1 \quad \text{pour} \quad r = \max(n, m) \\ t \mapsto (x - t)^{-\nu} f(t) \quad \text{est} \quad L_1[c, b[. \end{cases} \tag{1.9}$$

1.2.3 – Transformée de Laplace de la dérivée non entière d'une fonction temporelle

Dans ce paragraphe, la fonction f est supposée être dans $\mathscr{C}^\infty$. La définition (1.1) de l'intégrale non entière d'ordre $\gamma \in \mathbb{C}$ de f peut être considéré comme un produit de convolution. Ainsi, avec $\mathscr{Re}(\gamma) > 0$ et en posant $F(s) = \mathscr{L}\{f(t)\}$, la transformée de *Laplace* de l'intégrale non entière s'écrit [Cois, 2002, Miller et Ross, 1993] :

$$\mathscr{L}\{\Gamma^\gamma f(t)\} = \frac{1}{\Gamma(\gamma)} \mathscr{L}\{t^{\gamma-1}\} * \mathscr{L}\{f(t)\} = s^{-\gamma} F(s). \tag{1.10}$$

La transformée de *Laplace* de la dérivée d'une fonction temporelle f est donnée par :

$$\mathscr{L}\{\mathbf{p} f(t)\} = s F(s) - f(t)|_{t=0^+}, \tag{1.11}$$

et la transformée de *Laplace* de la dérivée seconde d'une fonction temporelle est donnée par :

$$\mathscr{L}\left\{\mathbf{p}^2 f\left(t\right)\right\} = s\left(sF\left(s\right) - f(t)|_{t=0^+}\right) - f'(t)|_{t=0^+} = s^2 F(s) - s\, f(t)|_{t=0^+} - f'(t)|_{t=0^+}.$$
(1.12)

Par itération, on arrive alors à la transformée de *Laplace* de la dérivée d'ordre entier m d'une fonction temporelle f :

$$\mathscr{L}\left\{\mathbf{p}^m f\left(t\right)\right\} = s^m F\left(s\right) - \sum_{k=0}^{m-1} s^{m-k-1}\mathbf{p}^k f\left(t\right)\big|_{t=0^+}.$$
(1.13)

Compte-tenu de la définition (1.5) et de l'équation (1.10), la transformée de *Laplace* de la dérivée d'ordre non entier, $\gamma \in \mathbb{C}$, de f s'écrit [Oldham et Spanier, 1974] :

$$
\begin{aligned}
\mathscr{L}\left\{\mathbf{p}_0^\gamma f(t)\right\} &= \mathscr{L}\left\{\mathbf{p}^{m+1}\left[\mathbf{p}_0^{m+1-\gamma}\right]\right\} \\
&= s^{m+1}\mathscr{L}\{\mathbf{p}_0^{m+1-\gamma} f(t)\} - \sum_{k=0}^{m} s^{m-k}\mathbf{p}^k\left[\mathbf{p}_0^{-(m+1-\gamma)} f(t)\right]\Big|_{t=0^+} \\
&= s^{m+1}\left[s^{-(m+1-\gamma)} F(s)\right] - \sum_{k=0}^{m} s^{m-k}\mathbf{p}^k\left(\mathbf{I}_0^{m+1-\gamma} f(t)\right)\big|_{t=0^+}.
\end{aligned}
$$

Ainsi,

$$\mathscr{L}\left\{\mathbf{p}_0^\gamma f(t)\right\} = s^\gamma F(s) - \sum_{k=0}^{m} s^{m-k}\mathbf{p}^k\left(\mathbf{I}_0^{m+1-\gamma} f(t)\right)\big|_{t=0^+} \quad \text{avec} \quad \left\{\begin{array}{l} \gamma \in \mathbb{C} \\ m = \lfloor\mathscr{R}e\left(\gamma\right)\rfloor \\ \mathscr{R}e\left(\gamma\right) \geq 0 \end{array}\right. .$$
(1.14)

Dans le cas où f est causal, et donc identiquement nulle pour tout $t \leq 0$, tous les termes de la somme s'annulent, et l'expression (1.14) se réduit à :

$$\mathscr{L}\left\{\mathbf{p}_0^\gamma f(t)\right\} = s^\gamma F(s).$$
(1.15)

1.2.4 – Caractérisation fréquentielle d'un dérivateur non entier

Dans [Oustaloup, 1995], le dérivateur non entier est défini tel que sa grandeur de sortie y s'identifie à la dérivée non entière de sa grandeur d'entrée u, soit en incluant τ, la constante de dérivation,

$$y\left(t\right) = \tau^\gamma \mathbf{p}^\gamma u\left(t\right),$$
(1.16)

dans laquelle $\gamma \in \mathbb{C}$ est l'ordre de dérivation et $\mathscr{R}e\left(\gamma\right)$ peut être positif ou négatif; l'opérateur est alors considéré respectivement comme un dérivateur ou comme un intégrateur [Cois, 2002].

Sous l'hypothèse de conditions initiales nulles, la traduction opérationnelle de l'équation (1.16) détermine l'équation symbolique :

$$Y(s) = (\tau s)^{\gamma} U(s).$$ (1.17)

Il s'ensuit la transmittance du système, soit,

$$H(s) = \left(\frac{s}{\omega_u}\right)^{\gamma},$$ (1.18)

où $\omega_u = 1/\tau$ est la *fréquence au gain unité*.

L'étude de la réponse fréquentielle d'un tel opérateur dépend du domaine d'appartenance de l'ordre de dérivation qui peut être réel ou complexe.

1.2.4.1 – Dérivateur non entier réel

La réponse en fréquences du dérivateur non entier réel, $\gamma \in \mathbb{R}^{*+}$, est déduite de (1.18) :

$$H(j\omega) = \left(\frac{j\omega}{\omega_u}\right)^{\gamma}.$$ (1.19)

Le module et l'argument de $H(j\omega)$ admettent les expressions respectives :

$$\begin{cases} |H(j\omega)| = \left(\frac{\omega}{\omega_u}\right)^{\gamma} \\ \arg(H(j\omega)) = \gamma\frac{\pi}{2} \end{cases}.$$ (1.20)

Le diagramme de gain est caractérisé par une droite de pente $20\,\gamma$ dB par décade. Le diagramme de phase est caractérisé par une droite horizontale d'ordonnée $\varphi = \gamma\frac{\pi}{2}$ radians. L'ordre non entier réel permet ainsi d'assurer une variation continue, respectivement, de la pente de la droite de gain et de l'ordonnée de la droite de phase comme illustré sur la Fig. 1.2.

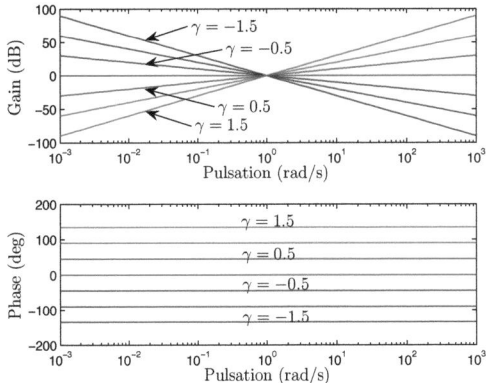

FIGURE 1.2 – Diagrammes de Bode de dérivateurs non entiers réels

1.2.4.2 – Dérivateur non entier complexe

Les principales contributions de ce mémoire relatent du dérivateur non entier réel. Cependant, le dérivateur non entier complexe, $\gamma \in \mathbb{C}^{*+}$, est utilisé au chapitre 3 pour la synthèse de la commande CRONE de troisième génération.

La description fréquentielle d'un dérivateur non entier complexe requiert la définition d'un espace d'étude mathématique spécifique. Pour la grandeur de sortie y, dérivée complexe de la grandeur d'entrée u (1.16), il est nécessaire de distinguer deux couples de diagrammes de *Bode*, l'un représentant dans le domaine des fréquences le lien entre la partie réelle de y et l'entrée u, l'autre représentant celui entre la partie imaginaire de y et u.

La traduction opérationnelle d'une telle distinction revient à décomposer intuitivement la transmittance d'un dérivateur non entier complexe avec $\gamma = a + i\,b$ sous la forme :

$$H(s) = \left(\frac{s}{\omega_u}\right)^{a+ib} = \left(\frac{s}{\omega_u}\right)^{a}\left[\cos\left(b\ln\frac{s}{\omega_u}\right) + i\sin\left(b\ln\frac{s}{\omega_u}\right)\right], \quad (1.21)$$

ou encore $H(s) = H_{reel}(s) + i\,H_{imag}(s)$ avec

$$H_{reel}(s) = \left(\frac{s}{\omega_u}\right)^{a}\cos\left(b\ln\frac{s}{\omega_u}\right) \quad \text{et} \quad H_{imag}(s) = \left(\frac{s}{\omega_u}\right)^{a}\sin\left(b\ln\frac{s}{\omega_u}\right).$$

Une distinction mathématique doit être faite entre, d'une part, le plan complexe opérationnel $\mathbb{C}_j$ dont relève la variable de *Laplace* $s = \sigma + j\omega$ et, d'autre part, le plan complexe temporel noté $\mathbb{C}_i$ dont relève l'ordre de dérivation $\gamma = a + ib$ et les sorties du dérivateur non entier complexe. L'espace généré par ces 2 plans est appelé "espace bi-complexe".

En vertu de la distinction entre les plans complexes $\mathbb{C}_i$ et $\mathbb{C}_j$ qu'assure l'espace bi-complexe, les réponses en fréquences correspondant aux parties réelle et imaginaire de la transmittance d'un dérivateur non entier complexe admettent des expressions de la forme :

$$\mathcal{R}e_{/i}\left(H(j\omega)\right) = H_{reel}(j\omega) \tag{1.22}$$
$$= \left(\frac{\omega}{\omega_u}\right)^a e^{ja\frac{\pi}{2}}\left[\cos\left(b\ln\frac{\omega}{\omega_u}\right)\cosh\left(b\frac{\pi}{2}\right) - j\sin\left(b\ln\frac{\omega}{\omega_u}\right)\sinh\left(b\frac{\pi}{2}\right)\right]$$

et

$$\mathcal{I}m_{/i}\left(H(j\omega)\right) = H_{imag}(j\omega) \tag{1.23}$$
$$= \left(\frac{\omega}{\omega_u}\right)^a e^{ja\frac{\pi}{2}}\left[\sin\left(b\ln\frac{\omega}{\omega_u}\right)\cosh\left(b\frac{\pi}{2}\right) + j\cos\left(b\ln\frac{\omega}{\omega_u}\right)\sinh\left(b\frac{\pi}{2}\right)\right].$$

On peut montrer qu'à la fréquence ω_u, les valeurs des gains sont exclusivement liées à la partie imaginaire b et que les pentes des gains sont exclusivement liées à la partie réelle a de l'ordre de dérivation. Ces propriétés sont à l'origine de la stratégie de la commande CRONE de troisième génération dans laquelle les parties réelle et imaginaire de l'ordre de dérivation sont utilisées comme paramètres de synthèse afin d'optimiser le gabarit de la transmittance en boucle ouverte quant à son positionnement et à son inclinaison dans le plan de *Black* [Oustaloup, 1991, 1999] (voir aussi §3.5.3 p. 202). Pour une étude approfondie du cas non entier complexe, le lecteur peut se référer à la thèse de Cois [2002].

1.3 – Représentation des systèmes non entiers

Dans cette section, les systèmes sont considérés à temps continus, linéaires et invariants dans le temps (LTI), non entiers, monovariables et strictement propres. L'étude d'un système non entier à dérivées complexes pose problème du fait que la dérivée non entière complexe d'une fonction réelle est à valeurs complexes. En réalité, une fonction complexe représente une fonction dans $\mathbb{R}^2$.

Plusieurs modes de représentation de systèmes non entiers existent : équations différentielles, fonctions de transfert ou pseudo-représentation d'état.

1.3.1 – Equation différentielle

Un système linéaire peut être régi par une équation différentielle non entière de la forme :

$$y(t) + a_1 y^{(\alpha_1)}(t) + \cdots + a_{m_A} y^{(\alpha_{m_A})}(t) =$$
$$b_0 u^{(\beta_0)}(t) + b_1 u^{(\beta_1)}(t) + \cdots + b_{m_B} u^{(\beta_{m_B})}(t), \quad (1.24)$$

où $u(t)$ et $y(t)$ désignent respectivement l'entrée et la sortie, les coefficients $a_1, \ldots, a_{m_A}$, $b_1, \ldots b_{m_B}$ sont supposés réels et les ordres de dérivation $\alpha_1, \alpha_2, \ldots, \alpha_{m_A}, \beta_0, \beta_1, \ldots, \beta_{m_B}$ sont supposés réels, positifs et ordonnés :

$$\alpha_1 < \alpha_2 < \ldots < \alpha_{m_A} \quad \text{et} \quad \beta_0 < \beta_1 < \ldots < \beta_{m_B}. \quad (1.25)$$

Comme dans le cas d'une équation différentielle à dérivées entières, les ordres de dérivation doivent vérifier la contrainte $\alpha_{m_A} > \beta_{m_B}$ pour que le système soit strictement propre.

Dans le cas où il y a commutativité, les conditions (1.9) étant vérifiées, l'équation (1.24) peut être réécrite sous la forme d'une équation différentielle de type séquentiel [Cois, 2002, Miller et Ross, 1993] :

$$y(t) + a_1 \overbrace{\left(\left(y^{(\nu)} \right)^{\cdots} \right)^{(\nu)}}^{\frac{\alpha_1}{\nu} \text{ fois}}(t) + \ldots + a_{m_A} \overbrace{\left(\left(y^{(\nu)} \right)^{\cdots} \right)^{(\nu)}}^{\frac{\alpha_{m_A}}{\nu} \text{ fois}}(t) =$$
$$b_0 \underbrace{\left(\left(u^{(\nu)} \right)^{\cdots} \right)^{(\nu)}}_{\frac{\beta_0}{\nu} \text{ fois}}(t) + \ldots + b_{m_B} \underbrace{\left(\left(u^{(\nu)} \right)^{\cdots} \right)^{(\nu)}}_{\frac{\beta_{m_B}}{\nu} \text{ fois}}(t), \quad (1.26)$$

où $\frac{\alpha_j}{\nu}, j = 1, \ldots, m_A$ et $\frac{\beta_i}{\nu}, i = 0, \ldots, m_B$ sont des nombres entiers, si les ordres de dérivation sont commensurables d'ordre ν.

Définition 1.3.1. L'ordre commensurable ν est le plus grand nombre réel tel que tous les ordres de dérivation de l'équation différentielle (1.24) sont ses multiples entiers :

$$\frac{\alpha_j}{\nu} \in \mathbb{N}, j = 1, \ldots, m_A \quad \text{et} \quad \frac{\beta_i}{\nu} \in \mathbb{N}, i = 0, \ldots, m_B. \quad (1.27)$$

Dans le cas des systèmes rationnels, l'ordre commensurable vaut 1.

Par rapport à la définition initiale de l'ordre commensurable donnée dans [Matignon, 1998], la contrainte du *plus grand nombre* a été imposée pour faciliter les calculs, car la dimension du système α_{m_A}/ν est inversement proportionnelle à l'ordre commensurable ν.

Quand les ordres de dérivation sont réels et irrationnels, il est parfois impossible de trouver un ordre commensurable. Néanmoins, moyennant une approximation de ces ordres par des nombres rationnels, un ordre commensurable peut être déterminé conformément à la définition 1.3.1.

1.3.2 – Fonction de transfert

La transformée de *Laplace* de l'équation différentielle (1.24), soit

$$Y(s) + a_1 s^{\alpha_1} Y(s) + a_2 s^{\alpha_2} Y(s) + \ldots + a_{m_A} s^{\alpha_{m_A}} Y(s) =$$
$$b_0 s^{\beta_0} U(s) + b_1 s^{\beta_1} U(s) + \ldots + b_{m_B} s^{\beta_{m_B}} U(s), \quad (1.28)$$

détermine la forme classique d'une fonction de transfert non entière :

$$G(s) = \frac{Y(s)}{U(s)} = \frac{B(s)}{A(s)} = \frac{\sum\limits_{i=0}^{m_B} b_i s^{\beta_i}}{1 + \sum\limits_{j=1}^{m_A} a_j s^{\alpha_j}}. \quad (1.29)$$

Si le système est commensurable à l'ordre ν, cette fonction de transfert peut être réécrite selon :

$$G(s) = \frac{Q(s^\nu)}{P(s^\nu)} = \frac{\sum\limits_{i=0}^{m} \tilde{b}_i s^{i\nu}}{1 + \sum\limits_{j=1}^{n} \tilde{a}_j s^{j\nu}}, \quad (1.30)$$

où $m = \frac{\beta_{m_B}}{\nu}$ et $n = \frac{\alpha_{m_A}}{\nu}$ sont entiers,

$$\begin{cases} \tilde{b}_i = b_i \quad \text{si} \quad i\nu = \beta_i \quad \text{et} \quad \tilde{b}_i = 0 \quad \text{si} \quad i\nu \neq \beta_i \\ \tilde{a}_j = a_j \quad \text{si} \quad j\nu = \alpha_j \quad \text{et} \quad \tilde{a}_j = 0 \quad \text{si} \quad j\nu \neq \alpha_j, \end{cases} \quad (1.31)$$

et où $Q(s^\nu)$ et $P(s^\nu)$ sont des polynômes en s^ν. La fonction de transfert $G(s)$ est dite rationnelle en s^ν. Les zéros des polynômes Q et P sont appelés respectivement les zéros en s^ν et les pôles en s^ν de la fonction de transfert $G(s)$. L'algèbre des polynômes en s^ν est abordée au paragraphe 1.6.1 p.57.

1.3.3 – Pseudo-représentation d'état

La représentation d'état d'un système rationnel est définie par le système d'équations :

$$x^{(1)}(t) = \boldsymbol{A}x(t) + \boldsymbol{B}u(t) \quad (1.32)$$
$$y(t) = \boldsymbol{C}x(t) + \boldsymbol{D}u(t), \quad (1.33)$$

où $x \in \mathbb{R}^{n \times 1}$ est le vecteur d'état, $\boldsymbol{A} \in \mathbb{R}^{n \times n}$ la matrice d'évolution, $\boldsymbol{B} \in \mathbb{R}^{n \times m}$ la matrice de commande, $\boldsymbol{C} \in \mathbb{R}^{r \times n}$ la matrice d'observation et $\boldsymbol{D} \in \mathbb{R}^{r \times m}$ la matrice directe.

L'équation d'état (1.32) est une représentation condensée d'un système de n équations différentielles élémentaires d'ordre 1. L'extension de la représentation d'état aux systèmes non entiers fait intervenir des équations différentielles élémentaires dont l'ordre fait l'objet de deux niveaux de généralisation [Oustaloup, 1995].

1.3.3.1 – Premier niveau de généralisation

Dans le premier niveau de généralisation, les ordres de dérivation de toutes les équations différentielles élémentaires sont les mêmes et donnés par l'ordre commensurable. La pseudo-représentation d'état s'écrit alors :

$$\begin{cases} x^{(\nu)}(t) & = \boldsymbol{A}x(t) + \boldsymbol{B}u(t) \\ y(t) & = \boldsymbol{C}x(t) + \boldsymbol{D}u(t). \end{cases} \tag{1.34}$$

Remarque

Dans la généralisation de la représentation d'état aux systèmes non entiers, la terminologie de "représentation d'état" est mal choisie. En effet, dans une représentation d'état classique, l'état n'a besoin que de sa valeur précédente pour prédire l'état à l'instant suivant. Cependant, d'après la définition de la dérivée non entière, celle-ci est tributaire de tout son passé afin de pouvoir prédire sa valeur à un instant futur. Les termes de représentation d'état fractionnaire, *ou de* pseudo-représentation d'état *sont alors employés.*

Un changement de base approprié permet d'obtenir une forme diagonale ou de *Jordan* de cette représentation. Ainsi, sous cette forme, la diagonale de la matrice d'évolution $\boldsymbol{A}$ fait apparaître les valeurs propres qui sont toujours associées à l'ordre de dérivation ν du vecteur d'état.

Remarque

La dimension de la matrice d'évolution d'un système régi par l'équation différentielle (1.24) est inversement proportionnelle à l'ordre commensurable : $\dim(\mathbf{A}) = n = \frac{\nu_{a_n}}{\nu}$. *Ainsi, l'ordre commensurable, tel qu'il est défini dans ce mémoire,* plus grand nombre réel satisfaisant (1.27)*, permet d'obtenir la représentation d'état de dimension minimale.*

Les difficultés liées au système (1.34) dans le domaine temporel, à savoir la dépendance de l'équation par rapport au temps initial, le problème de l'unicité de la solution et l'absence de la propriété de semi-groupe, disparaissent si le système est décrit dans le domaine opérationnel par l'équation [Hotzel et Fliess, 1998] :

$$\begin{cases} s^{\nu} X(s) & = \boldsymbol{A} X(s) + \boldsymbol{B} U(s) \\ Y(s) & = \boldsymbol{C} X(s) + \boldsymbol{D} U(s). \end{cases} \tag{1.35}$$

1.3.3.2 – Deuxième niveau de généralisation

Si le vecteur d'état $x = (x_1, \dots, x_n)$ est de dimension n, en considérant le "m-tuple" (ou multi-entier, ou encore vecteur) $\underline{\nu} = (\nu_1, \dots, \nu_n)$ de dimension n aussi, alors $x^{(\underline{\nu})}$ désigne la dérivée de chaque composante de x, à savoir x_i, à l'ordre ν_i : $x^{(\underline{\nu})} = \left[x_1^{(\nu_1)}, \dots, x_n^{(\nu_n)} \right]$.

Cette notation permet d'aboutir au deuxième niveau de généralisation avec des ordres de dérivation des équations différentielles élémentaires différents. La représentation d'état est alors de la forme :

$$\begin{cases} x^{(\underline{\nu})}(t) & = \boldsymbol{A} x(t) + \boldsymbol{B} u(t) \\ y(t) & = \boldsymbol{C} x(t) + \boldsymbol{D} u(t). \end{cases} \tag{1.36}$$

Une telle généralisation peut permettre une représentation plus compacte avec un nombre plus réduit de variables d'état. Il n'est cependant plus possible d'effectuer des changements de base par simples manipulations matricielles, ce qui pénalise le passage d'une forme de représentation à une autre. Par conséquent, l'obtention d'une forme diagonale ou de *Jordan* est parfois impossible.

Comme précédemment, le système (1.36) peut s'écrire dans le domaine opérationnel par l'équation :

$$\begin{cases} s^{\underline{\nu}} X(s) & = \boldsymbol{A} X(s) + \boldsymbol{B} U(s) \\ Y(s) & = \boldsymbol{C} X(s) + \boldsymbol{D} U(s). \end{cases} \tag{1.37}$$

1.4 – Théorème de stabilité

Il existe de nombreuses conditions de stabilité pour un système linéaire non entier [Bonnet et Partington, 2002, Matignon, 1998, Moze et Sabatier, 2005, Sabatier *et al.*, 2008, 2010b]. Dans la suite de ce paragraphe, seules les conditions de stabilité nécessaires aux travaux de ce mémoire sont présentées. On considère un système linéaire d'entrée

u, de sortie y et de réponse impulsionnelle f. Une condition suffisante de stabilité est $f \in L_1[0, \infty[$.

Matignon [1998] a établi un premier résultat général :

Théorème 1.4.1. *Soit une fonction de transfert rationnelle ou irrationnelle* $G(s) = \frac{Q(s)}{P(s)}$. $G(s)$ *est BIBO stable si et seulement si (ssi) :*

$$\exists M, \quad |G(s)| \leq M \quad \forall s, \, \mathscr{R}e\,(s) \geq 0. \tag{1.38}$$

De plus, dans le cas où $G(s) = \frac{Q(s)}{P(s)}$ *est irréductible (*$\forall s, \, \mathscr{R}e\,(s) \geq 0, \, Q(s) = 0 \Rightarrow P(s) \neq 0$*), la propriété de stabilité conduit à :*

$$|arg(s_k)| > \frac{\pi}{2}, \quad \forall s_k \in \mathbb{C} \,/\, P(s_k) = 0. \tag{1.39}$$

∎

Vérifier la condition de stabilité au sens de (1.39) s'avère relativement délicat car elle nécessite le calcul de tous les pôles en s de la fonction de transfert G. Matignon [1998] a établi une condition de stabilité en raisonnant sur les pôles en s^{ν} d'un système non entier d'ordre commensurable ν.

Théorème 1.4.2. Théorème de stabilité d'un système non entier commensurable. *Soit une fonction de transfert commensurable rationnelle en* s^{ν} *et irréductible* $G(s) = \frac{Q(s)}{P(s)}$ *tel que* $0 < \nu < 2$. $G(s)$ *est BIBO stable si et seulement si :*

$$|arg(s_k)| > \nu\frac{\pi}{2}, \quad \forall s_k \in \mathbb{C} \,/\, P(s_k^{\nu}) = 0. \tag{1.40}$$

∎

Bien que *Matignon* ait démontré le théorème 1.4.2 pour des ordres commensurables ν compris dans l'intervalle $]0,1]$, la condition de stabilité (1.40) reste valable pour des ordres ν compris dans $]0,2[$, comme le montrent Fliess et Hotzel [1997] ou Aoun [2005] dans une version plus détaillée.

La FIG. 1.3 montre les régions de stabilité pour différentes valeurs de l'ordre commensurable ν. Ainsi, quand ν appartient à l'intervalle $]0,1]$, les arguments des pôles en s^{ν} doivent être à l'extérieur de $[-\nu\frac{\pi}{2}, \nu\frac{\pi}{2}]$ (partie en vert de la FIG. 1.3.a) pour que le système soit stable. Pour un ordre de dérivation entier ($\nu = 1$), la condition de *Matignon* est équivalente à celle de *Routh-Hurwitz* classique : aucun pôle dans le demi-plan complexe droit (FIG. 1.3.b). Quand ν augmente, la région de stabilité diminue jusqu'à tendre vers le demi-axe $\mathbb{R}^{*-}$ quand l'ordre commensurable tend vers 2 où le système est à la limite de la stabilité. Pour un ordre $\nu > 2$, la région de stabilité est un ensemble vide. Le système est alors instable quels que soient les pôles en s^{ν} de sa fonction de transfert.

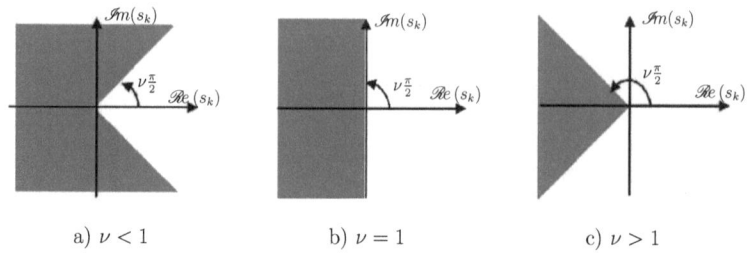

a) $\nu < 1$ b) $\nu = 1$ c) $\nu > 1$

FIGURE 1.3 – Région de stabilité. Un système est stable *ssi* ses pôles en s^ν sont à l'intérieur du domaine vert

1.5 – Simulation temporelle de systèmes non entiers

L'opérateur de dérivation et d'intégration non entières étant à caractère global, la sortie d'un système non entier à un instant donné dépend de tout son passé, connaissance souvent indisponible ou difficile à prendre en compte. Ainsi, il est nécessaire d'adopter une hypothèse simplificatrice : le système est supposé au repos pour tout $t < 0$. Toutefois, si cette hypothèse n'est pas vérifiée, la sortie au voisinage de l'origine des temps en est affectée. Il existe deux façons principales pour simuler les systèmes non entiers : soit en synthétisant une fonction de transfert rationnel à partir de la fonction de transfert non entière en utilisant la synthèse fréquentielle d'un dérivateur non entier borné en fréquences, soit en discrétisant l'opérateur non entier dans le domaine temporel. Les travaux de Nanot [1996] et Djouambi *et al.* [2007] ont permis d'étudier la synthèse et la réalisation d'un dérivateur non entier en étudiant l'erreur entre un système non entier et son approximation. Cette erreur permet de quantifier la différence entre deux modèles lors d'une réduction d'ordre ou lors d'une identification fréquentielle.

Les outils qui ont été développés dans ce manuscrit aussi bien en identification qu'en commande sont indépendants de la façon dont l'opérateur non entier est simulé laissant la liberté à l'utilisateur de choisir la méthode de simulation.

1.5.1 – Synthèse fréquentielle d'un dérivateur non entier borné en fréquences

Puisque les systèmes physiques réels ont généralement un comportement fractionnaire sur une bande de fréquences donnée (fréquences de coupure de Shannon pour la borne supérieure et le spectre du signal d'entrée pour la borne inférieure), l'opérateur non entier est généralement approché par un modèle rationnel d'ordre élevé. Ainsi, un modèle fractionnaire et son approximation rationnelle possèdent les mêmes dynamiques dans cette bande de fréquences. Il existe différentes approches d'approximation de l'opérateur non entier. Nous abordons ici la synthèse d'un dérivateur non entier borné en fréquences $\mathscr{A}_1$ proposé par *Oustaloup*. Les autres approches de synthèse sont quant à elles présentées en annexe A p. 271.

La synthèse consiste à obtenir un modèle rationnel approchant l'opérateur de dérivation ou d'intégration non entière sur une bande de fréquences donnée. Soit $s^{-\gamma}$ un opérateur non entier d'ordre $-\gamma$ supposé compris entre -1 et 1. Cette hypothèse est non restrictive car seul l'opérateur $s^{\lfloor\gamma\rfloor-\gamma}$ est approché quand $|\gamma| > 1$:

$$s^{-\gamma} = s^{-\lfloor\gamma\rfloor} s^{\lfloor\gamma\rfloor-\gamma}. \tag{1.41}$$

Soit $s^{-\gamma}_{[\omega_A,\omega_B]}$ un opérateur non entier d'ordre $-\gamma$ limité à la bande fréquentielle $[\omega_A, \omega_B]$:

$$s^{-\gamma}_{[\omega_A,\omega_B]} = s^{-\gamma}, \quad \forall\, \omega \in [\omega_A, \omega_B]. \tag{1.42}$$

Une première approximation de l'opérateur borné en fréquence $s^{-\gamma}_{[\omega_A,\omega_B]}$ est proposée dans [Oustaloup, 1983, 1995] :

$$s^{-\gamma}_{[\omega_A,\omega_B]} \approx \mathscr{A}_1^{(-\gamma)} = C_{(\gamma)} \left(\frac{1 + \frac{s}{\omega_h}}{1 + \frac{s}{\omega_b}} \right)^{\gamma}, \quad -1 < \gamma < 1, \tag{1.43}$$

où $\omega_b < \omega_h$, $C_{(\gamma)}$ étant fixé de manière à obtenir un gain unitaire à la pulsation 1 rad.s^{-1} :

$$C_{(\gamma)} = \left| \frac{1 + j\frac{1}{\omega_h}}{1 + j\frac{1}{\omega_b}} \right|^{-\gamma} = \left(\frac{\omega_h}{\omega_b} \right)^{\gamma} \left(\frac{1 + \omega_b^2}{1 + \omega_h^2} \right)^{\frac{\gamma}{2}}. \tag{1.44}$$

La synthèse d'un tel dérivateur [Oustaloup, 1995] repose sur une distribution récursive de zéros et de pôles réels, dont le principe est illustré sur la Fig. 1.4, tel que :

$$\left(\frac{1 + \frac{s}{\omega_h}}{1 + \frac{s}{\omega_b}} \right)^{\gamma} = \lim_{N \to \infty} D_N(s) \tag{1.45}$$

avec

$$D_N(s) = \left(\frac{\omega_u}{\omega_h}\right)^\gamma \prod_{k=1}^{N} \frac{1 + \frac{s}{\omega_k'}}{1 + \frac{s}{\omega_k}}, \tag{1.46}$$

dans laquelle

$$\omega_u = (\omega_h \omega_b)^{\frac{1}{2}} \tag{1.47}$$

et les fréquences ω_k et ω_k', correspondant respectivement aux zéros et pôles de rang k, sont déterminées par les relations récursives suivantes :

$$\begin{aligned}
\left(\frac{\omega_u}{\omega_h}\right)^\gamma &= \left(\frac{\omega_b}{\omega_u}\right)^\gamma = \frac{1}{\alpha^{N+\frac{1}{2}}} \\
\omega_0' &= \alpha^{-\frac{1}{2}}\omega_u, \ \omega_0 = \alpha^{\frac{1}{2}}\omega_u \\
\frac{\omega_{k+1}'}{\omega_k'} &= \frac{\omega_{k+1}}{\omega_k} = \alpha\eta > 1 \\
\frac{\omega_{k+1}}{\omega_k'} &= \alpha > 0, \ \frac{\omega_{k+1}'}{\omega_k} = \eta > 0 \\
\nu &= \frac{\log(\alpha)}{\log(\alpha\eta)}.
\end{aligned} \tag{1.48}$$

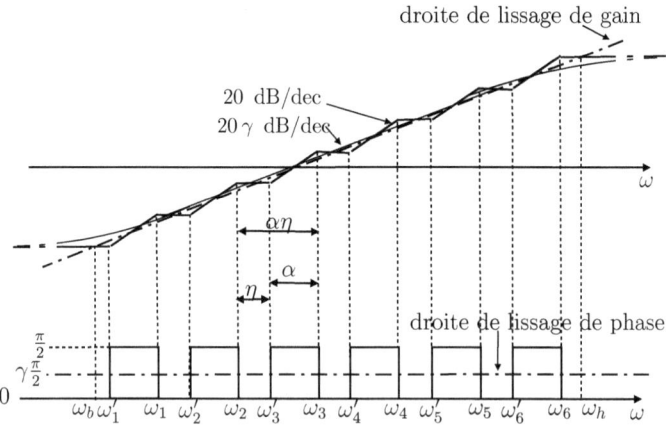

FIGURE 1.4 – Diagrammes asymptotiques de Bode de s^γ et $D_N(s)$ pour $\gamma \in {]}0,1{[}$

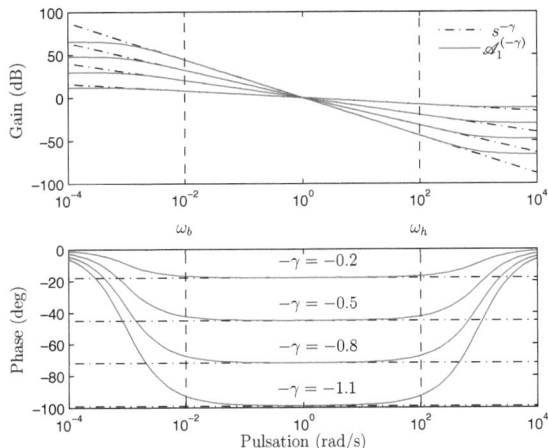

FigURE 1.5 – Diagrammes de Bode de $s^{-\gamma}$ et de son approximation $\mathscr{A}_1^{(-\gamma)}$ dans la bande fréquentielle $[0.01, 100]$ pour $-\gamma = -0.2, -0.5, -0.8$ et -1.1.

Les rapports α et η, définis dans (1.48), sont appelés facteurs récursifs. Pour obtenir une approximation satisfaisante de s^{γ} dans la bande $[\omega_A, \omega_B]$, les pulsations ω_b et ω_h sont fixées de part et d'autre de $[\omega_A, \omega_B]$ conformément à $\omega_b = \chi^{-1}\omega_A$ et $\omega_h = \chi\omega_B$, χ étant généralement fixé à 10 ou 100 [Oustaloup, 1995].

La Fig. 1.5 montre les diagrammes de *Bode* de $s^{-\gamma}$ et de son approximation $\mathscr{A}_1^{(-\gamma)}$ dans la bande de fréquences $[\omega_b, \omega_h]$ qui est satisfaisante pour différentes valeurs de $s^{-\gamma}$; en revanche, l'approximation de la phase se dégrade au voisinage de $\omega_A = 0.01$ et $\omega_B = 100$, dégradation connue sous le nom *d'effet de bord* et pouvant être diminuée en élargissant l'intervalle $[\omega_b, \omega_h]$ par l'intermédiaire de la valeur de χ.

1.5.2 – Discrétisation temporelle de l'opérateur non entier – définition de Grünwald

Une autre approximation de l'opérateur de dérivation non entière est basée sur la généralisation de la définition de *Cauchy* de la dérivée d'ordre $n \in \mathbb{N}$ d'une fonction f [Grünwald, 1867, Miller et Ross, 1993, Oustaloup, 1995] . En partant de la dérivée d'ordre

1 d'une fonction f :

$$f^{(1)}(t) = \lim_{h \to 0} \frac{f(t) - f(t-h)}{h}, \tag{1.49}$$

la dérivation à l'ordre 2 conduit à :

$$f^{(2)}(t) = \lim_{h \to 0} \frac{f(t) - 2f(t-h) + f(t-2h)}{h^2}. \tag{1.50}$$

Cette forme suggère au premier niveau de généralisation à l'ordre $n \in \mathbb{N}$:

$$f^{(n)}(t) = \lim_{h \to 0} \frac{1}{h^n} \sum_{k=0}^{K} (-1)^k \begin{pmatrix} n \\ k \end{pmatrix} f(t-kh). \tag{1.51}$$

L'extension de cette généralisation à des valeurs non entières de l'ordre de dérivation est immédiate, soit :

$$f^{(\gamma)}(t) = \lim_{h \to 0} \frac{1}{h^\gamma} \sum_{k=0}^{\infty} (-1)^k \begin{pmatrix} \gamma \\ k \end{pmatrix} f(t-kh). \tag{1.52}$$

La notation $\begin{pmatrix} \gamma \\ k \end{pmatrix}$ désigne le binôme de *Newton* généralisé à des nombres réels :

$$\begin{pmatrix} \gamma \\ k \end{pmatrix} = \frac{\Gamma(\gamma+1)}{\Gamma(k+1)\,\Gamma(\gamma-k+1)} = \frac{\gamma(\gamma-1)\dots(\gamma-k+1)}{k!}. \tag{1.53}$$

Initialement définie pour des nombres réels positifs, la fonction Gamma est généralisée, par continuité analytique, aux nombres réels négatifs. Γ possédant des singularités pour tout entier négatif, il vient :

$$\begin{pmatrix} \gamma \\ k \end{pmatrix} = 0 \quad pour \quad \gamma - k = -1, -2, -3, \dots \tag{1.54}$$

Pour des ordres de dérivation γ entiers, la somme de (1.52) est limitée à $n+1$ termes. La valeur de la dérivée à chaque instant kh est alors une combinaison linéaire de $n+1$ valeurs de la fonction $f(t-kh)$ pour $k = 0, ..., n$. Pour la dérivée à l'ordre 1, mis à part $k = 0$ et $k = 1$, les coefficients de la pondération $(-1)^k \begin{pmatrix} n \\ k \end{pmatrix}$ sont nuls. La dérivation entière donne ainsi une caractérisation locale de la fonction. En revanche, pour des ordres γ non entiers, les coefficients de pondération $(-1)^k \begin{pmatrix} \gamma \\ k \end{pmatrix}$ ne s'annulent pas. La valeur à chaque instant t est alors une combinaison linéaire de toutes les valeurs de la fonction $f(t-kh)$, $k = 0, ..., \infty$. A l'inverse de la dérivation entière, **la dérivation non entière donne ainsi une caractérisation globale de la fonction**. En effet, la dérivation non entière nécessite la connaissance de tout le passé de la fonction.

1.6 – Contribution à l'extension de l'algèbre des polynômes en X^ν

Le cadre algébrique des modules [Fliess, 1990, 1992b, Mounier, 1995] est valable quelle que soit la définition adoptée pour la dérivation non entière. *Fliess* et *Hotzel* ont introduit des propriétés de base sur les systèmes non entiers à savoir la commandabilité, l'observabilité et la réalisation et ses liens avec les matrices de transfert en vue de faire de la régulation [Fliess et Hotzel, 1997, Hotzel et Fliess, 1998]. Dans ce paragraphe, les polynômes et les matrices polynômiales en X^ν, indispensables pour étendre les notions de platitude aux systèmes non entiers (chapitre 3), sont présentés à des fins de planification de trajectoire. A partir des polynômes en X^ν, la forme de Smith et l'identité de *Bézout* pour matrices polynômiales en X^ν sont également introduites.

1.6.1 – Polynômes en X^ν

1.6.1.1 – Définitions et structure d'anneau des polynômes en X^ν

A partir de la notion d'ordre commensurable ν, un "polynôme en X^ν" s'écrit :

$$P(X^\nu) = a_n X^{n\nu} + a_{n-1} X^{(n-1)\nu} + \ldots + a_1 X^\nu + a_0, \tag{1.55}$$

où les coefficients $(a_0, \ldots, a_n)$ sont des éléments de $\mathfrak{K}$ et X^ν est l'indéterminée du polynôme. Dans l'algèbre classique des polynômes rationnels, ν est fixé à 1.

Définition 1.6.1. L'*ensemble des polynômes en X^ν*, noté $\mathfrak{K}[X^\nu]$, dont les coefficients sont dans un anneau [2] $\mathfrak{K}$, correspond à l'ensemble des suites d'éléments de $\mathfrak{K}$ à support fini (nulles à partir d'un certain rang) .

Propriété 1.6.2. *Soit* $P(X^\gamma) = \sum\limits_{i=0}^{n} a_i X^{i\gamma}$ *dans* $\mathfrak{K}[X^\gamma]$ *et* $Q(X^\alpha) = \sum\limits_{j=0}^{m} b_j X^{j\alpha}$ *dans* $\mathfrak{K}[X^\alpha]$. *Alors le polynôme en* X^γ, $P(X^\gamma)$, *est égal au polynôme en* X^α, $Q(X^\alpha)$, *ssi :*

- *il existe un ordre commensurable ν tel que γ et α en soient multiples ;*
- *il existe :*
  - $\diamond$ $P'(X^\nu) = \sum\limits_{l=0}^{\frac{n\gamma}{\nu}} a'_l X^{l\nu} \in \mathfrak{K}[X^\nu]$ *tel que*

$$\begin{cases} a'_l = a_i & si \quad \forall i \in \mathbb{N}_n, \, \exists l \in \mathbb{N}_{\frac{n\gamma}{\nu}} \, / \, l\nu = i\gamma \\ a'_i = 0 & sinon \end{cases}$$

---

2. Un anneau $\mathfrak{K}$, muni de lois internes $+$ et $\cdot$, est noté plus simplement dans ce manuscrit par $\mathfrak{K}$, plutôt que par le triplet $(\mathfrak{K}, +, \cdot)$. L'association des lois internes $+$ et $\cdot$ est implicite dans cette notation

$$\diamond\ Q'(X^\nu) = \sum_{k=0}^{\frac{m\alpha}{\nu}} b'_k X^{k\nu} \in \mathfrak{K}[X^\nu] \ \textit{tel que}$$

$$\begin{cases} b'_k = b_j & si & \forall j \in \mathbb{N}_n,\ \exists k \in \mathbb{N}_{\frac{m\alpha}{\nu}} \ / \ k\nu = j\alpha \\ b'_k = 0 & sinon \end{cases}$$

tels que $n\gamma = m\alpha$ *et les suites* $(a'_l)_{l\in\mathbb{N}}$ *et* $(b'_k)_{k\in\mathbb{N}}$ *soient identiques.* ■

Exemple

Soient $P(X^{0.3}) = X^{0.6} + 1$ *caractérisé dans l'anneau* $\mathfrak{K}[X^{0.3}]$ *par la suite de coefficients* $(1, 0, 1)$ *et* $Q(X^{0.2}) = X^{0.6} + 1$ *caractérisé dans l'anneau* $\mathfrak{K}[X^{0.2}]$ *par la suite de coefficients* $(1, 0, 0, 1)$. *Alors* $P(X^{0.3})$ *est égal à* $Q(X^{0.2})$ *car :*

– *il existe un ordre commensurable* $\nu = 0.1$

– *et il existe* $P'(X^\nu)$ *et* $Q'(X^\nu)$ *caractérisés dans l'anneau* $\mathfrak{K}[X^{0.1}]$ *par la même suite de coefficients* $(1, 0, 0, 0, 0, 1)$.

Propriété 1.6.3. *L'addition de polynômes dans* $\mathfrak{K}[X^\nu]$ *se fait par l'addition des coefficients associés à la même puissance de l'indéterminée. De même, la multiplication s'effectue en utilisant la propriété de distributivité de la multiplication par rapport à l'addition et les règles suivantes :*

– $X^\nu a = a X^\nu$ *pour tous les éléments* a *de l'anneau* $\mathfrak{K}$ *(commutativité par rapport à la multiplication),*

– $X^\nu X^\gamma = X^{\nu+\gamma}$ *pour tout ordre* ν *et* γ. ■

Définition 1.6.4. Il est alors possible de vérifier que l'ensemble $\mathfrak{K}[X^\nu]$, associé aux deux opérations internes $+$ et $\cdot$, forme lui-même un anneau désigné par $(\mathfrak{K}[X^\nu], +, \cdot)$ ou plus simplement désigné par $\mathfrak{K}[X^\nu]$ sachant qu'implicitement l'anneau est muni des lois internes $+$ et $\cdot$.

1.6.1.2 – Degré d'un polynôme en X^ν

Afin de pouvoir introduire les matrices polynômiales en X^ν, il est nécessaire de définir la notion de degré d'un polynôme en X^ν.

Définition 1.6.5. On appelle degré du polynôme en X^ν $P(X) = \sum_{i=0}^{n} a_i X^{i\nu}$, noté $\deg(P)$, l'ordre n du dernier coefficient a_n non nul dans la suite des coefficients.

Pour le polynôme nul, on convient comme dans le cas rationnel, que $\deg(0) = -\infty$.

Exemple

Le degré du polynôme en $X^{0.2}$ $P(X) = X^{0.8} + X^{0.2} + 3$ est 4.

Soient $P, Q \in \mathfrak{K}[X^\nu]$ deux polynômes en X^ν.

Propriété 1.6.6. $\deg(P + Q) \leq \sup(\deg(P), \deg(Q))$. ∎

Propriété 1.6.7. $\deg(PQ) = \deg(P) + \deg(Q)$. ∎

Démonstration. Supposons que P et Q soient non nuls. Soit $a_p X^{\gamma_p}$ le terme dominant de P et $b_q X^{\alpha_q}$ le terme dominant de Q. Alors, $a_p b_q X^{\gamma_p + \alpha_q}$ est le terme dominant de PQ car $\mathfrak{K}[X^\nu]$ est intègre ($a_p \neq 0$ et $b_q \neq 0 \Rightarrow a_p b_q \neq 0$)[3]. Si P et Q sont nuls, alors $PQ = 0$ et la relation est encore vraie. □

1.6.1.3 – Arithmétique des polynômes en X^ν

– Divisibilité

Définition 1.6.8. Soient deux polynômes en X^ν, P et Q, définis dans l'anneau $\mathfrak{K}[X^\nu]$. $Q|P \Leftrightarrow \exists A \,/\, P = QA$.

Si $Q|P$ et $\deg(Q) > \deg(P)$ alors $P = 0$; en effet, si $P = QR$, alors $\deg(Q) = \deg(P) + \deg(R)$, donc $\deg(R) < 0$. Le seul cas possible est que le degré de R vaille $-\infty$. Ainsi, R est le polynôme nul. Par conséquent, $P = 0$.

Si $Q|P$ et $\deg(Q) = \deg(P)$, alors $P = aQ$ avec $a \in \mathfrak{K}$ et $a \neq 0$.

– Division Euclidienne

Théorème 1.6.9. *Soient P et Q deux polynômes en X^ν de $\mathfrak{K}[X^\nu]$; il existe deux polynômes en X^ν A et B uniques vérifiant :*

$$P = AQ + B \quad et \quad \deg(B) < \deg(Q). \tag{1.56}$$

Par analogie avec les polynômes (classiques), A est appelé le "quotient de la division euclidienne de P par Q" et B le "reste de la division euclidienne de P par Q". ∎

---

3. Ceci est faux dans l'anneau des congruences modulo 6 des polynômes dans $\mathbb{Z}/6\mathbb{Z}[X]$ où $(3X)(2X) = 0$

Démonstration. Soient $P(X) = a_n X^{\gamma_n} + \ldots + a_0$ et $Q(X) = b_q X^{\alpha_q} + \ldots + b_0$ définis dans $\mathfrak{K}[X^\nu]$. On procède par récurrence sur $\deg(P) = \gamma_n$. Deux cas se distinguent :

- La relation (1.56) est satisfaite pour $\deg(P) = \gamma_0 < \alpha_q$ en prenant $A(X) = 0$ et $B(X) = P(X)$.
- L'hypothèse de récurrence (1.56) est supposée vraie pour un polynôme en X^ν de degré γ_{n-1} et on montre la récurrence à l'ordre γ_n.

  On construit le polynôme en X^ν $P_1(X) = P(X) - \frac{a_n}{b_q} Q(X) X^{\gamma_n - \alpha_q}$; le terme de plus haut degré de ce nouveau polynôme est strictement inférieur à γ_n car son terme de degré γ_n est nul.

  L'hypothèse de récurrence s'applique au polynôme $P_1(X)$: il existe donc $A_1(X)$ et $B_1(X)$ tels que $P_1(X) = A_1(X)Q(X) + B_1(X)$ avec $\deg(B_1) < \deg(Q)$. Par conséquent, $P(X) = \left(\frac{a_n}{b_q} X^{\gamma_n - \alpha_q} + A_1(X) \right) Q(X) + B_1(X)$.

  En posant $A(X)$ égal au polynôme X^ν facteur de $Q(X)$ et $B(X) = B_1(X)$, on a $P(X) = A(X)Q(X) + B(X)$ avec $\deg(B) < \deg(Q)$. Ce qui démontre l'existence du quotient et du reste de la division euclidienne à l'ordre γ_n.

  Pour l'unicité, supposons que l'on ait deux solutions $P(X) = A(X)Q(X) + B(X)$ avec $\deg(B) < \deg(Q)$ et $P(X) = A'(X)Q(X) + B'(X)$ avec $\deg(B') < \deg(Q)$. Ceci donne $Q(X)(A(X) - A'(X)) = B'(X) - B(X)$. Or, $\deg(Q(A - A')) = \deg(Q) + \deg(A - A') = \deg(B - B')$ et $\deg(B - B') \leq \sup(\deg(B'), \deg(B)) < \deg(Q)$, ce qui implique $\deg(A - A') < 0$. La seule possibilité c'est que $A'(X) - A(X) = 0$, donc $A(X) = A'(X)$ et par soustraction, $B(X) = B'(X)$, prouvant l'unicité. $\qquad \square$

– **PGCD, PPCM**

Soient P et Q deux polynômes en X^ν de $\mathfrak{K}[X^\nu]$.

Définition 1.6.10. *PGCD : plus grand commun diviseur.* Un plus grand commun diviseur aux polynômes en X^ν P et Q est un polynôme en X^ν, A, de degré le plus grand possible qui divise à la fois P et Q.

Définition 1.6.11. *PPCM : plus petit commun multiple.* Un plus petit commun multiple aux polynômes en X^ν P et Q est un polynôme en X^ν, B, de degré le plus petit possible qui est multiple à la fois de P et de Q.

Définition 1.6.12. *Polynômes en X^ν premiers entre eux.* P et Q sont dits "premiers entre eux" si leur PGCD est une constante non nulle.

Théorème 1.6.13. *L'ensemble des polynômes en X^ν de la forme $PU + QV$, noté $(P) +$ (Q), est un idéal de $\mathfrak{K}[X^\nu]$, qui est donc principal, et dont tout générateur est un PGCD pour P et Q. Réciproquement, tout PGCD de P et Q est un générateur de cet idéal.*

$$\left\{ \begin{array}{l} (P) + (Q) \, est \, un \, idéal \\ A = PGCD(P, Q) \end{array} \right. \quad \Leftrightarrow \quad (P) + (Q) = (A).$$

De même, $(P) \bigcap (Q)$ est un idéal, et B un PPCM de P et Q, est équivalent à $(P) \bigcap (Q) = (B)$. Tout générateur de $(P) \bigcap (Q)$ est un PPCM de P et Q, et réciproquement, tout PPCM de P et Q est générateur de $(P) \bigcap (Q)$. ∎

Démonstration. Compte tenu de la définition d'un idéal, les démonstrations des idéaux $(P) + (Q)$ et $(P) \bigcap (Q)$ sont évidentes.

Soit A_1 un générateur de $(P) + (Q)$; comme $P = P \cdot 1 + Q \cdot 0$, P est dans l'idéal $(P) + (Q)$, donc dans l'idéal (A_1). En conséquence, P est un multiple de A_1 (ou A_1 divise P). De même, A_1 divise Q. Par conséquent, A_1 est un diviseur commun à P et Q.

A_1 est dans (A_1), ou dans $(P) + (Q)$. Donc, A_1 peut s'écrire $A_1 = PU + QV$. Si D est un diviseur commun à P et Q, il en résulte que D divise A_1. Donc, $\deg(D) \leq \deg(A_1)$. A_1 est donc un diviseur commun à P et Q de degré le plus grand possible, donc A_1 est un PGCD de P et Q.

Réciproquement, soit A un PGCD de P et Q. Tout polynôme de la forme $PU + QV$ est un multiple de A; donc A divise A_1 où A_1 est un générateur de $(P) + (Q)$. De plus, A_1 divise P et A_1 divise Q; donc A_1 est un diviseur commun à P et Q; son degré est par conséquent inférieur à celui du PGCD de P et Q, de par la définition du PGCD. Donc $\deg(A_1) \leq \deg(A)$ et A divise A_1. Ces deux conditions entraînent que $A_1 = aA$ où a est un élément non nul de $\mathfrak{K}$; et donc, A est un générateur de $(P) + (Q)$. Ceci achève la démonstration pour le PGCD.

Le démonstration du PPCM suit la même logique. □

Théorème 1.6.14. *Deux polynômes en X^ν, P et Q, sont premiers entre eux s'il existe deux polynômes en X^ν de $\mathfrak{K}[X^\nu]$, U et V, tels que $PU + QV = 1$* ∎

Démonstration. Ce théorème résulte de $(P) + (Q) = (1)$. □

1.6.2 – Matrices polynômiales en X^ν

Définition 1.6.15. Les matrices, dont les éléments appartiennent à l'anneau des polynômes en X^ν, $\mathfrak{K}[X^\nu]$, sont appelées matrices polynômiales en X^ν.

L'inverse d'une matrice polynômiale n'est généralement pas une matrice polynômiale, puisque l'inverse d'un polynôme non constant n'est pas un polynôme. Ainsi, la sous-classe $GL_n\left(\mathfrak{K}\left[X^\nu\right]\right)$ des matrices polynômiales non entières unimodulaires, définie comme l'ensemble des matrices carrées de dimension $n \times n$, inversibles et dont l'inverse est un polynôme (similairement dont le déterminant est une constante), joue un rôle important.

Les principaux résultats sur les matrices polynômiales entières et unimodulaires peuvent être trouvées dans [Gantmacher, 1966, Kailath, 1980, Wolovich, 1974].

1.6.2.1 – Forme de Smith

Définition 1.6.16. Une matrice polynômiale non entière rectangulaire est dite matrice diagonale canonique si elle est de la forme suivante

$$
\begin{bmatrix}
a_1(X) & 0 & \cdots & 0 & 0 & \cdots & 0 \\
0 & a_2(X) & 0 & \cdots & 0 & \cdots & 0 \\
\vdots & \vdots & \ddots & \vdots & \vdots & \cdots & \vdots \\
0 & 0 & \cdots & a_\sigma(X) & 0 & \cdots & 0 \\
0 & 0 & \cdots & \cdots & 0 & \cdots & 0 \\
\vdots & \vdots & \cdots & \vdots & \vdots & \cdots & \vdots \\
0 & 0 & \cdots & 0 & 0 & \cdots & 0
\end{bmatrix},
$$

où

- les polynômes en X^ν, $a_i(X)$, $i = 1, \ldots, \sigma$, ne sont pas identiquement nuls ;
- chacun des polynômes en X^ν, $a_i(X^\nu)$, est divisible par le précédent $a_{i-1}(X)$. De plus, on suppose que les coefficients les plus élevés de tous les polynômes $a_i(X)$ sont égaux à 1.

Théorème 1.6.17. *Soit A une matrice polynômiale en X^ν de dimension $m \times n$, avec $m \le n$ (resp. $m \ge n$), il existe deux matrices $V \in GL_m\left(\mathfrak{K}\left[X^\nu\right]\right)$ et $U \in GL_n\left(\mathfrak{K}\left[X^\nu\right]\right)$ telles que :*

$$
VAU = [\Delta \quad 0] \quad (\text{resp.} \ = \begin{bmatrix} \Delta \\ 0 \end{bmatrix}), \tag{1.57}
$$

où Δ est une matrice diagonale de dimension $m \times m$ (resp. $n \times n$) dont les éléments diagonaux sont $(\delta_1, \ldots, \delta_\sigma, 0, \ldots, 0)$ où tout polynôme en X^ν non nul δ_i, pour $i = 1, \ldots, \sigma$, est un diviseur de δ_j pour tout $\sigma \ge j \ge i$. L'entier σ, qui est inférieur ou égal à $\min(m,n)$, est du même rang que A. ∎

Démonstration. La démonstration du théorème 1.6.17 pour des matrices polynômiales non entières est identique à celle pour des matrices polynômiales entières [Gantmacher, 1966]. Par conséquent, seul le résumé de l'algorithme d'obtention de Δ et des matrices de passages U et V est présenté dans ce paragraphe.

Les matrices unimodulaires V (à gauche) et U (à droite) sont obtenues par un produit de matrices unimodulaires correspondant aux opérations élémentaires à gauche ou à droite suivantes :

- les actions à droite consistent à permuter deux colonnes, à multiplier une colonne par un nombre réel non nul, ou à ajouter à la $i^{ème}$ colonne la $j^{ème}$ colonne multipliée par un polynôme arbitraire, pour i et j arbitraires ;
- les actions à gauche consistent, par analogie, à permuter deux lignes, à multiplier une ligne par un nombre réel non nul, ou à ajouter à la $i^{ème}$ ligne la $j^{ème}$ ligne multipliée par un polynôme arbitraire, pour i et j arbitraires.

Chaque transformation sur une ligne ou une colonne correspond à une matrice unimodulaire élémentaire appliquée à gauche ou à droite et la matrice V (*resp.* U) est finalement obtenue par le produit de toutes les matrices élémentaires unimodulaires ainsi construites appliquées à gauche (*resp.* à droite).

En multipliant les σ premières lignes par des facteurs numériques non nuls convenables, on peut obtenir des coefficients des termes dominants égaux à 1. $\quad\square$

1.6.2.2 – Diviseurs et identité de Bézout

Soient A et B deux matrices polynômiales en X^ν ayant le même nombre de lignes (*resp.* de colonnes).

Propriété 1.6.18. *B est un diviseur à gauche (*resp. à droite*) de A s'il existe une matrice polynômiale en X^ν, Q, de sorte que $A = BQ$ (*resp. $A = QB$*). De même, A est un multiple à gauche (*resp. à droite*) de B.* $\quad\blacksquare$

Propriété 1.6.19. *La matrice polynômiale en X^ν, R, est un diviseur commun à gauche (*resp. à droite*) des matrices polynômiales en X^ν, A et B, ssi R est un diviseur à gauche (*resp. à droite*) de A et de B.* $\quad\blacksquare$

Propriété 1.6.20. *R est le PGCD de A et de B s'il est un multiple à droite (*resp. à gauche*) d'un diviseur à gauche (*resp. à droite*) quelconque de A et de B.* $\quad\blacksquare$

Définition 1.6.21. Si le PGCD à gauche (*resp.* à droite) R est la matrice identité I, A et B sont dits premiers entre eux à gauche (*resp.* à droite).

Théorème 1.6.22. *Identité de Bézout. Soient A et B deux matrices polynômiales en X^ν et R un PGCD à gauche (resp. à droite) de A et de B, alors il existe deux matrices polynômiales en X^ν X et Y telles que A et B soient premières entre elles à gauche (resp. à droite) : $XA + YB = R$ (resp. $AX + BY = R$).* ∎

Pour des lectures plus détaillées sur ce sujet, on peut se référer aux livres de Rosenbrock [1970] et de Kailath [1980] qui traitent des matrices polynômiales entières en les adaptant aux matrices polynômiales en X^ν.

1.7 – Conclusion

Dans ce chapitre, le contexte de la dérivation non entière a été présenté en rappelant les outils employés au sein de la communauté scientifique. Il existe plusieurs façons de représenter les systèmes non entiers : équation différentielle, fonction de transfert ou pseudo-représentation d'état. Le théorème de *Matignon* énonce les conditions de stabilité d'un système non entier commensurable.

De plus, deux approches ont été présentées pour la simulation temporelle de systèmes non entiers. La première utilise la synthèse fréquentielle d'*Oustaloup* [Oustaloup, 1995] du dérivateur non entier. La seconde utilise la discrétisation temporelle de *Grünwald*. Cette dernière approche est relativement coûteuse en temps de calcul et présente également un inconvénient sur la précision des calculs. En effet, la dérivation non entière d'un signal ne pouvant être dépourvue de son passé, elle dépend de la fenêtre d'acquisition de données. Plus la fenêtre est grande, plus le temps de calcul est important.

Les principales contributions apportées dans ce chapitre sont l'introduction de l'algèbre des polynômes en X^ν et de la théorie des matrices polynômiales en X^ν dont les propriétés permettent d'étendre les principes de la platitude aux systèmes non entiers au chapitre 3.

Chapitre 2

Identification par modèle non entier

Contents

2.1 – Introduction

A partir de données expérimentales, on définit l'identification par la recherche de modèles mathématiques de systèmes. Ces modèles fournissent une approximation aussi fidèle que possible du comportement du système physique sous-jacent dans le but d'estimer des paramètres physiques ou de concevoir des algorithmes de simulation, de surveillance, de diagnostic ou de commande. L'identification débute généralement par une étape de planification d'expérience où les grandeurs d'entrées/sorties significatives sont déterminées et mesurées et où les signaux d'excitation sont choisis. Suite à cette première étape, les modèles candidats sont sélectionnés à partir de modèles linéaires ou non linéaires tenant compte du bruit ou pas. A partir de la norme d'un signal d'erreur, un critère d'estimation paramétrique est ensuite choisi parmi les différents types de critères existant (quadratique, en valeur absolue, maximum de vraisemblance, AIC, Young, bayésien, ...). L'estimation des paramètres s'ensuit en minimisant ce critère, puis la variance paramétrique est calculée. Des techniques à base de programmation linéaire, telles que les moindres carrés et la variable instrumentale, ou à base de programmation non linéaire, telles que la méthode du gradient et toutes ses variantes, sont généralement utilisés. Le modèle ainsi obtenu est validé ou invalidé par un test d'invalidation statistique des résidus (hypothèse gaussienne, hypothèse de stationnarité ou hypothèse d'indépendance). A chacune de ces étapes d'identification, une connaissance *a priori* du système peut être injectée.

Les trois dernières décennies ont vu la théorie de l'identification se développer principalement autour de modèles linéaires à temps discret, la boîte à outils "System Identification" de Matlab développée par *Ljung* ayant largement popularisé ces approches, traitées dans de nombreux ouvrages de synthèse [Goodwin et Payne, 1977, Ljung, 1999, Richalet, 1991, Schoukens et Pintelon, 1991, Söderström et Stoica, 1989, Walter et Pronzato, 1994, Young, 1984]. De plus, l'émancipation des calculateurs numériques a favorisé l'utilisation des modèles discrets, les données acquises étant échantillonnées et le développement d'algorithmes d'identification facilité. L'identification par modèle à temps continu a été pendant longtemps délaissée au profit de l'identification à temps discret.

Ces dernières années, les modèles à temps continu ont suscité un regain d'intérêt, avec le développement des boîtes à outils "CAPTAIN" depuis les années 1990 [Young, 2009, Young et Benner, 1991] et "CONTSID" depuis 1999 [Garnier *et al.*, 2008, Garnier et Mensler, 1999]. Ces modèles continus présentent de nombreux avantages. Ils permettent d'identifier les paramètres physiques d'un système. En présence de données sur-échantillonnées, ils améliorent l'estimation paramétrique, car les erreurs numériques d'arrondi sont moindres. De plus, ils éliminent les erreurs dues au passage de modèles discrets aux modèles continus. Dans [Rao et Garnier, 2002], les auteurs ont montré que les algorithmes à temps discret sont très coûteux en termes de calculs sans garantie de convergence vers l'optimum global à cause de problèmes d'initialisation qui conditionnent souvent cette convergence. Ils montrent également que les algorithmes à temps continu présentent une meilleure convergence vers l'optimum global due à une meilleure initialisation. L'identification directe de modèles continus est à présent mature et a de nombreuses applications en traitement du signal, astrophysique [Phadke et Wu, 1974], sciences économiques [Bergström, 1990] ou environnementales [Young et Garnier, 2006]).

L'utilisation de la dérivation non entière pour la modélisation théorique de phénomènes diffusifs généraux remonte aux travaux d'*Oldham* et *Spanier* qui ont montré que ces phénomènes peuvent être modélisés par des fonctions de transfert impliquant des ordres de dérivation multiples de 0.5. D'autre part, en électrochimie par exemple, la diffusion des charges dans les batteries est régie par le modèle de *Randles* [Rodrigues *et al.*, 2000, Sabatier *et al.*, 2006] qui utilise un intégrateur d'ordre 0.5. De plus, concernant les systèmes thermiques semi-infinis, la solution exacte de l'équation de la chaleur lie le flux thermique à la température de surface par une dérivée d'ordre 0.5 [Battaglia *et al.*, 2001]. Ainsi, pour la modélisation de phénomènes de diffusion, la dérivation non entière, qui prend en compte tout le passé d'une fonction, permet d'obtenir des modèles plus compacts (au sens du nombre de paramètres nécessaires) comparés aux modèles rationnels [Cois et Oustaloup, 2000, Malti *et al.*, 2009].

Les méthodes d'identification présentées dans ce chapitre sont restreintes aux systèmes linéaires, invariants dans le temps, mono-entrée mono-sortie, causaux et initialement au repos [1]. De plus, tout le long de ce manuscrit, l'excitation est supposée persistante et les signaux d'entrée et de sortie uniformément échantillonnés. Ces méthodes s'étendent directement aux systèmes à entrées multiples (MISO : Multiple Input Single Output) et pourraient également s'étendre aux systèmes multivariables (MIMO : Multiple Input

---

1. Dans le cas rationnel, plusieurs approches sont envisageables pour prendre en compte l'effet des conditions initiales. L'une d'entre elles consiste à augmenter le vecteur des paramètres et à estimer simultanément des termes supplémentaires liés aux conditions initiales et les paramètres du modèle à temps continu rationnel [Garnier *et al.*, 2003, Gawthrop, 1984, Young, 1965]. La définition de la dérivation non entière prenant en compte tout le passé d'un signal, il faudrait utiliser un vecteur de paramètres considérablement grand. Dans [Hartley et Lorenzo, 2002], les auteurs proposent des méthodes d'approximation de la fonction d'initialisation à partir d'une connaissance des signaux d'entrée et de sortie.

Multiple Output).

Dans le cas général SISO, l'entrée u et la sortie non perturbée y sont liées par l'équation différentielle caractérisée par des ordres de dérivation réels, entiers ou non entiers :

$$y(t) + a_1 y^{(\alpha_1)}(t) + \cdots + a_{m_A} y^{(\alpha_{m_A})}(t) =$$
$$b_0 u^{(\beta_0)}(t) + b_1 u^{(\beta_1)}(t) + \cdots + b_{m_B} u^{(\beta_{m_B})}(t). \quad (2.1)$$

Si dans le cas entier, les coefficients des opérateurs de dérivation suffisent à décrire complètement une équation différentielle, les ordres de dérivation étant distribués implicitement en raison d'un écart unitaire entre deux ordres consécutifs, il en est autrement dans le cas non entier, où la connaissance des ordres de dérivation s'avère aussi nécessaire.

Lors de l'estimation paramétrique, l'équation (2.1) révèle que les coefficients des opérateurs différentiels interviennent linéairement alors que les ordres de dérivation interviennent quant à eux non linéairement. Cette spécificité permet d'estimer les coefficients, dans ce chapitre, par moindres carrés, et les ordres de dérivation, lorsqu'ils sont inconnus, par programmation non linéaire.

L'équation (2.1) peut également s'écrire sous la forme d'une fonction de transfert liant la sortie non perturbée y à l'entrée du système u :

$$y(t) = G(\mathbf{p})u(t) = \frac{B(\mathbf{p})}{A(\mathbf{p})}u(t) = \frac{\sum\limits_{i=0}^{m_B} b_i \mathbf{p}^{\beta_i}}{1 + \sum\limits_{j=1}^{m_A} a_j \mathbf{p}^{\alpha_j}} u(t). \quad (2.2)$$

Lorsque le nombre de paramètres du modèle[2] non entier est inconnu, des techniques de détermination du nombre de paramètres basées sur la minimisation du critère de type AIC ou *Young* peuvent être utilisées.

Afin d'obtenir une bonne estimation statistique, il est primordial de prendre en considération les erreurs inévitables affectant le signal de sortie mesuré. Lorsque le bruit de mesure additif $e(t)$ est blanc, le modèle décrivant le système est entièrement défini par (2.2), avec une sortie bruitée y^* :

$$\begin{cases} y(t) = G(\mathbf{p})\,u(t), \\ y^*(t) = y(t) + e(t). \end{cases} \quad (2.3)$$

---

2. Dans le cas de modèles rationnels, l'expression "ordre du modèle" est généralement utilisée. Cependant, quand les ordres de dérivation sont optimisés, l'ordre du système est modifié sans altérer le nombre de paramètres.

Lorsque le bruit de mesure additif $\xi(t)$ est coloré, le modèle décrivant le système est de type *Box-Jenkins* :

$$\begin{cases} y(t) = G\left(\mathbf{p}\right)u(t), \\ \xi(t) = H(\mathbf{p})e(t), \\ y^*(t) = y(t) + \xi(t), \end{cases} \tag{2.4}$$

où le modèle d'entrée sortie $G(\mathbf{p})$ est décrit par (2.2) et le modèle de bruit $H(\mathbf{p})$ supposé stable et inversible est décrit par un processus AutoRégressif (AR) ou AutoRégressif à Moyenne Ajustée (ARMA) :

$$H(\mathbf{p}) = \frac{C(\mathbf{p})}{D(\mathbf{p})}. \tag{2.5}$$

Compte tenu de la nature échantillonnée des données et de la représentation à temps discret d'un bruit blanc, un modèle de bruit plus adapté est un processus ARMA à temps discret :

$$\mathcal{H}(\mathbf{q}^{-1}) = \frac{\mathcal{C}(\mathbf{q}^{-1})}{\mathcal{D}(\mathbf{q}^{-1})} = \frac{1 + \sum\limits_{i=0}^{v} c_i \mathbf{q}^{-i}}{1 + \sum\limits_{j=1}^{r} d_j \mathbf{q}^{-j}}, \tag{2.6}$$

où $\mathbf{q}$ est l'opérateur discret tel que $\mathbf{q}^{-l}y(t_k) = y(t_{k-l})$.

Un modèle hybride est alors formulé selon les équations

$$\begin{cases} y(t) = G\left(\mathbf{p}\right)u(t) \\ \xi(t_k) = \mathcal{H}(\mathbf{q}^{-1})e(t_k) \\ y^*(t_k) = y(t_k) + \xi(t_k), \end{cases} \tag{2.7}$$

où $e(t_k)$ est un bruit blanc gaussien et à moyenne nulle échantillonné en t_k, le modèle du système à temps continu est donné par (2.2), et le modèle de bruit à temps discret est donné par (2.6).

Après un état de l'art des diverses méthodes d'identification par modèle non entier, présenté au paragraphe 2.2, nos principales contributions en identification de système par modèle non entier sont présentées aux paragraphes 2.3 p.87 et 2.4 p.114.

Au paragraphe 2.3, un algorithme d'estimation paramétrique à variance minimale est développé en présence de bruit de sortie blanc. Cet algorithme permet d'estimer :

– les coefficients lorsque la connaissance *a priori* permet de fixer les ordres de dérivation ; l'algorithme **srivcf** ainsi développé est une extension de la méthode **vi** avec **fve** où les filtres sont optimaux en présence d'un bruit blanc ;

- les coefficients et les ordres de dérivation, lorsque la connaissance *a priori* ne le permet pas ; la méthode **srivcf** est alors combinée à un algorithme de programmation non linéaire (PNL) de type gradient pour l'estimation des ordres.

Au paragraphe 2.4, cet algorithme est étendu à la présence de bruit de sortie coloré. Un modèle hybride de type *Box-Jenkins* est alors proposé où le modèle du système est non entier et à temps continu et le modèle de bruit à temps discret. Cet algorithme permet d'estimer :

- les coefficients du modèle du système et du modèle de bruit lorsque la connaissance *a priori* permet de fixer les ordres de dérivation. L'algorithme **rivcf** ainsi développé est une extension de l'algorithme **srivcf** permettant de tenir compte du modèle de bruit ;
- les coefficients du modèle du système et du modèle de bruit ainsi que les ordres de dérivation lorsque la connaissance *a priori* ne permet pas de fixer les ordres de dérivation ; la méthode **rivcf** est alors combinée à un algorithme de programmation non linéaire (PNL) de type gradient pour l'estimation des ordres.

2.2 – État de l'art de l'identification par modèle non entier

Les travaux sur l'identification par modèle non entier ont été initiés dans les années 90 par Oustaloup [1995], Mathieu *et al.* [1996] et Le Lay [1998]. Depuis, de nombreux développements ont suivi notamment dans les thèses de Lin [2001], Cois [2002], Aoun [2005], Sommacal [2007], et Benoît-Marand [2007].

Les méthodes d'identification par modèle non entier développées jusqu'à présent peuvent être classifiées en deux catégories selon qu'elles soient basées sur la minimisation de l'erreur de sortie ou de l'erreur d'équation. Parmi les premières méthodes développées, certaines d'entre elles dépendent de la façon dont les dérivées non entières sont simulées. Le Lay [1998] procède à la discrétisation de l'équation différentielle par la définition de *Grünwald*, calcule les paramètres à temps discret d'un modèle de type ARX, qui lui permettent de revenir aux paramètres à temps continu. Dans [Trigeassou *et al.*, 1999], les auteurs utilisent, quant à eux, une approximation de l'opérateur non entier borné en fréquences à partir des paramètres de la distribution récursive des pôles et zéros (§1.5.1) : α et η. Ils estiment alors les coefficients du modèle rationnel à temps continu y compris α et η

qui leur permettent ensuite de déduire les paramètres du modèle non entier. L'inconvénient de ces méthodes est qu'elles dépendent du schéma de simulation de la dérivée non entière. Ainsi, la méthode d'identification par discrétisation de l'équation différentielle de *Le Lay* ne peut pas s'appliquer avec le schéma de simulation du dérivateur non entier borné en fréquences (§1.5.1). De même, la méthode développée dans [Trigeassou *et al.*, 1999] ne peut pas s'appliquer avec le schéma de simulation utilisant la discrétisation de l'opérateur non entier.

D'autre part, les méthodes d'identification par modèle non entier élaborées jusqu'à présent ne considèrent qu'un bruit additif en sortie blanc, modélisé par $\mathcal{H}(\mathbf{q}^{-1}) = 1$. L'état de l'art suivant, qui a fait l'objet d'une publication dans [Malti *et al.*, 2008b], présente l'ensemble de ces méthodes.

Les contributions apportées dans ce projet de recherche sont indépendantes de la méthode de simulation de systèmes non entiers (l'état de l'art se présentant dans cet optique) et permettent de tenir compte d'un bruit additif coloré (§2.3 et §2.4).

2.2.1 – Modèles à erreur de sortie

Il existe principalement trois approches d'identification par modèle non entier à erreur de sortie proposées dans la littérature dont le principe est illustré sur la Fig. 2.1. Elles diffèrent dans le mode de représentation de la fonction de transfert. La première approche utilise la forme développée d'une fonction de transfert non entière [Le Lay, 1998]. La seconde est basée sur une décomposition modale [Cois *et al.*, 2000] et enfin, la dernière approche repose sur une décomposition en fonctions orthogonales non entières [Aoun *et al.*, 2007].

Après discrétisation des données d'entrée/sortie, $u(t_k)$ et $y^*(t_k) = y(t_k) + e(t_k)$, $e(t_k)$ étant un bruit blanc de sortie, la norme L_2 de l'erreur de sortie est minimisée et s'écrit :

$$J(\theta) = \frac{1}{K} \sum_{k=0}^{K-1} \varepsilon^2(t_k, \theta), \qquad (2.8)$$

avec

$$\varepsilon(t_k, \theta) = y^*(t_k) - \hat{y}(t_k, \theta). \qquad (2.9)$$

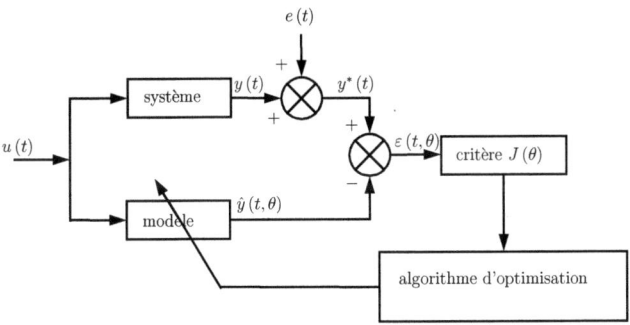

FIGURE 2.1 – Modèle à erreur de sortie

2.2.1.1 – Méthode basée sur la forme développée d'une fonction de transfert

A partir d'une formulation indépendante de la méthode de simulation de l'opérateur non entier proposée dans [Malti *et al.*, 2008b], l'estimation du modèle (2.7) se réduit à l'estimation des paramètres de la fonction de transfert fractionnaire du modèle continu :

$$G(s) = \frac{\sum\limits_{i=0}^{m_B} b_i s^{\beta_i}}{1 + \sum\limits_{j=1}^{m_A} a_j s^{\alpha_j}}, \tag{2.10}$$

à savoir $\theta = [a_1, \ldots a_{m_A}, b_1, \ldots b_{m_B}, \alpha_0, \ldots \alpha_{m_A}, \beta_1, \ldots \beta_{m_B}]^{\mathrm{T}}$. Les ordres de dérivation sont supposés ordonnés pour satisfaire à la contrainte d'identifiabilité :

$$\alpha_1 < \alpha_2 < \ldots < \alpha_{m_A} \quad \text{et} \quad \beta_0 < \beta_1 < \ldots < \beta_{m_B}. \tag{2.11}$$

La sortie estimée $\hat{y}(t_k, \hat{\theta})$ étant non linéaire en $\hat{\theta}$, des algorithmes fondés sur le gradient, tel que l'algorithme de Marquardt [Marquardt, 1963a], sont utilisés pour estimer $\hat{\theta}$ itérativement :

$$\hat{\theta}_{i+1} = \hat{\theta}_i - \left\{ [\mathbf{J}'' + \zeta \mathbf{I}]^{-1} \mathbf{J}' \right\}_{\theta = \hat{\theta}_i} \tag{2.12}$$

$$\begin{cases} \mathbf{J}' = -2 \sum\limits_{k=0}^{K-1} \varepsilon(t_k) \mathbf{S}(t_k, \theta): \text{gradient} \\ \mathbf{J}'' \approx 2 \sum\limits_{k=0}^{K-1} \mathbf{S}(t_k, \theta) \mathbf{S}^{\mathrm{T}}(t_k, \theta): \text{Hessien} \\ \mathbf{S}(t_k, \theta) = \frac{\partial y(t_k, \theta)}{\partial \theta} : \text{fonction de sensibilité de la sortie} \\ \zeta : \text{paramètre de Marquardt} \end{cases} \tag{2.13}$$

Seule la convergence vers un minimum local est garantie par l'algorithme de *Levenberg-Marquardt*.

Les fonctions de sensibilité des sorties sont alors calculées en différenciant (2.10) par rapport aux éléments de θ. Les fonctions de sensibilité de la sortie sont alors obtenues

$$\frac{\partial \hat{y}\,(t,\theta)}{\partial b_i} = \frac{s^{\beta_i}}{1 + \sum\limits_{j=1}^{m_A} a_j s^{\alpha_j}} u(t) \;;\; \frac{\partial \hat{y}\,(t,\theta)}{\partial a_j} = \frac{-\sum\limits_{i=0}^{m_B} b_i s^{\beta_i+\alpha_j}}{\left(1 + \sum\limits_{j=1}^{m_A} a_j s^{\alpha_j}\right)^2} u(t)$$

$$\frac{\partial \hat{y}\,(t,\theta)}{\partial \beta_i} = \frac{b_i \ln(s) s^{\beta_i}}{1 + \sum\limits_{j=1}^{m_A} a_j s^{\alpha_j}} u(t) \;;\; \frac{\partial \hat{y}\,(t,\theta)}{\partial \alpha_j} = \frac{-a_j \ln(s)\sum\limits_{i=0}^{m_B} b_i s^{\beta_i+\alpha_j}}{\left(1 + \sum\limits_{j=1}^{m_A} a_j s^{\alpha_j}\right)^2} u(t).$$

Les deux premières fonctions de sensibilité peuvent être calculées aisément. En revanche, les deux suivantes sont plus problématiques en raison de la présence du terme $\ln(s)$. Les fonctions de sensibilité $\frac{\partial \hat{y}(t,\theta)}{\partial \beta_i}$ et $\frac{\partial \hat{y}(t,\theta)}{\partial \alpha_j}$ sont alors calculées numériquement plutôt qu'analytiquement.

En supposant que le bruit additionnel, e, est gaussien et blanc de moyenne nulle, l'estimation de la matrice de covariance des paramètres est donnée par [Ljung, 1999] :

$$\operatorname{cov}\left(\hat{\theta}\right) = \sigma^2 \left(\sum_{k=0}^{K-1} \mathbf{S}\left(t_k, \hat{\theta}\right) \mathbf{S}^{\mathrm{T}}\left(t_k, \hat{\theta}\right) \right)^{-1}, \tag{2.14}$$

où σ^2 est la vraie variance de e. Or cette variance n'étant pas connue, elle peut être estimée grâce à l'erreur résiduelle :

$$\hat{\sigma}^2 = \frac{1}{K - \dim \theta} \sum_{k=0}^{K-1} \left(y(t_k) - \hat{y}(t_k, \hat{\theta}) \right). \tag{2.15}$$

Les variances des paramètres sont sur la diagonale de $\operatorname{cov}\left(\hat{\theta}\right)$ et les coefficients de corrélation sont en dehors de la diagonale.

Remarque

Quand le nombre de paramètres du système (2.10) est grand, les algorithmes d'optimisation appliqués sur θ sont mal-conditionnés. Une façon de réduire le nombre de paramètres consiste à optimiser l'ordre commensurable ν au lieu d'optimiser tous *les ordres de dérivation. La fonction de transfert fractionnaire s'écrit alors :*

$$G\left(s\right) = \frac{\sum\limits_{i=0}^{m} b_i s^{i\nu}}{1 + \sum\limits_{j=1}^{n} a_j s^{j\nu}}, \tag{2.16}$$

avec $m = \frac{\beta_{m_B}}{\nu}$ *et* $n = \frac{\alpha_{m_A}}{\nu}$. *Les ordres du numérateur et du dénominateur,* $\alpha_{m_A} = n\nu$ *et* $\beta_{m_B} = m\nu$ *resp. , sont fixés comme dans le cas entier. Ainsi, le système est entièrement caractérisé par le vecteur de paramètres* $\theta = [a_1, \ldots, a_{m_A}, b_1, \ldots, b_{m_B}, \nu]$. *Plutôt que d'identifier* $2(m_A + m_B)$ *paramètres du modèle (2.10) seulement* $m_A + m_B + 1$ *paramètres sont identifiés.*

On rappelle que lors de l'identification de systèmes stables non entiers, le théorème 1.4.2 de stabilité restreint les variations de l'ordre commensurable à l'intervalle $]0,2[$. *On reprend alors la même démarche que précédemment en considérant les fonctions de sensibilité des sorties suivantes :*

$$\frac{\partial \hat{y}\left(t,\theta\right)}{\partial a_j} = \frac{-\sum\limits_{i=0}^{n} b_i s^{(i+j)\nu}}{\left(1 + \sum\limits_{j=1}^{m} a_j s^{j\nu}\right)^2} u(t) \quad ; \quad \frac{\partial \hat{y}\left(t,\theta\right)}{\partial b_i} = \frac{s^{i\nu}}{1 + \sum\limits_{j=1}^{m} a_j s^{j\nu}} u(t)$$

$$\frac{\partial \hat{y}\left(t,\theta\right)}{\partial \nu} = \left(\frac{\sum\limits_{i=1}^{n} b_i s^{i\nu} i \left(1 + \sum\limits_{j=0}^{m} b_j s^{j\nu}\right)}{\left(1 + \sum\limits_{j=0}^{m} a_j s^{j\nu}\right)^2} + \frac{\sum\limits_{i=1}^{n} b_i s^{i\nu} \sum\limits_{j=0}^{m} j a_j s^{j\nu}}{\left(1 + \sum\limits_{j=0}^{m} a_j s^{j\nu}\right)^2} \right) \ln\left(s\right) u(t).$$

2.2.1.2 – Méthode basée sur la décomposition modale d'une fonction de transfert

L'idée d'optimiser l'ordre commensurable plutôt que tous les ordres de dérivation a d'abord été introduite dans [Cois *et al.*, 2000] en utilisant la forme modale d'une fonction de transfert :

$$G(s) = \sum_{l=1}^{L} \sum_{q=1}^{v_l} \frac{A_{l,q}}{\left(s^\nu - s_l\right)^q}, \tag{2.17}$$

où $s_l, l = 1, \cdots, L$ représentent les pôles en s^ν de multiplicité v_l. En général, les pôles en s^ν peuvent être réels ou complexes conjugués. Les auteurs ont cependant contraint les

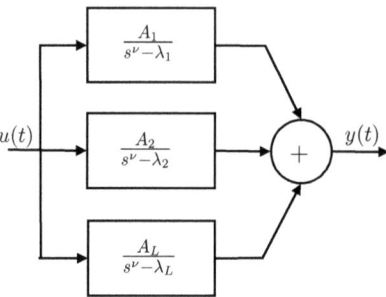

FIGURE 2.2 – Décomposition modale

pôles en s^ν à l'ensemble des réels et leur multiplicité à 1. La classe de modèle restrictive ainsi obtenue s'écrit (voir Fig. 2.2) :

$$G(s) = \sum_{l=1}^{L} \frac{A_l}{s^\nu - s_l}. \tag{2.18}$$

Le vecteur de paramètres correspondant

$$\theta^{\mathrm{T}} = [A_1, s_1, \ldots, A_L, s_L, \nu], \tag{2.19}$$

est donc optimisé par la minimisation de la norme quadratique de l'erreur de sortie (2.8). Dans ce cas, les paramètres sont estimés par la méthode de *Levenberg-Marquadt* selon la formule (2.12), le gradient et le Hessien sont calculés selon (2.13), et les fonctions de sensibilité sont données par :

$$\frac{\partial \hat{y}(t, \theta)}{\partial A_l} = \frac{1}{s^\nu - s_l} u(t), \tag{2.20}$$

$$\frac{\partial \hat{y}(t, \theta)}{\partial s_l} = \frac{A_l}{(s^\nu - s_l)^2} u(t), \tag{2.21}$$

$$\frac{\partial \hat{y}(t, \theta)}{\partial \nu} = \sum_{l=1}^{L} -\frac{A_l s^\nu \ln(s)}{(s^\nu - s_l)^2} u(t). \tag{2.22}$$

On note également la présence de l'élément en $\ln(s)$ dans la dernière fonction de sensibilité rendant ainsi le calcul analytique de la dérivée partielle plus compliqué. En supposant le bruit additionnel e gaussien et blanc de moyenne nulle, l'estimation de la matrice de covariance des paramètres est donnée par :

$$\text{cov}\left(\hat{\theta}\right) = \sigma^2 \left(\sum_{k=0}^{K-1} \mathbf{S}\left(t_k, \hat{\theta}\right) \mathbf{S}^{\text{T}}\left(t_k, \hat{\theta}\right)\right)^{-1}, \tag{2.23}$$

où la variance σ^2 de e est estimée grâce à l'erreur résiduelle par (2.15).

2.2.1.3 – Méthode utilisant les fonctions orthogonales

A partir des travaux de Wahlberg [1991], Aoun *et al.* [2007] et Malti *et al.* [2005] ont étendu la méthode d'identification utilisant les bases orthogonales aux systèmes non entiers. Le système à identifier est représenté par une combinaison linéaire de fonctions orthogonales :

$$G(s) = \sum_{m=m_0}^{M} g_m G_m(s), \tag{2.24}$$

où le vecteur de paramètres $\theta = [g_{m_0}, \ldots, g_M]^{\text{T}}$ est composé de coefficients de *Fourier* et où les G_m, $m = m_0, \ldots, M$, désignent les fonctions orthogonales de la base non entière.

Trois types de fonctions orthogonales non entières ont été développées :
- les fonctions de *Laguerre* non entières [Aoun *et al.*, 2007], caractérisées par la présence d'un pôle en s^ν unique, formées à partir des fonctions génératrices

$$G_m(s) = \frac{1}{(s^\nu + \lambda)^m}, \quad \text{avec} \quad \left\{ \begin{array}{l} \nu \in]0, 2[\\ \lambda \in \mathbb{R}^{*+} \\ m \geq m_0 = \lfloor \frac{1}{2\nu} \rfloor + 1 \end{array} \right. ; \tag{2.25}$$

- les fonctions de *Kautz* non entières [Malti *et al.*, 2004], caractérisées par la présence de deux pôles en s^ν complexes conjugués, formées à partir des fonctions génératrices définies par paires G'_m et G''_m dont la première paire est donnée par

$$\left\{ \begin{array}{l} G'_{m_0}(s) = \dfrac{1}{(s^\nu + \lambda)^{m_0}} \\ G''_{m_0}(s) = \dfrac{1}{(s^\nu + \bar{\lambda})^{m_0}} \end{array} \right., \quad \text{avec} \quad \left\{ \begin{array}{l} \nu \in]0, 2[\\ \lambda \in \mathbb{C} \,/\, \arg(-\lambda) > \nu\frac{\pi}{2} \\ m_0 = \lfloor \frac{1}{2\nu} \rfloor + 1 \end{array} \right., \tag{2.26}$$

où $\bar{\lambda}$ est le conjugué de λ ;
- les fonctions issues de la *Base Orthogonale Généralisée* (BOG) non entière [Malti *et al.*, 2005], caractérisées par des pôles en s^ν choisis soit réels soit complexes conjugués et déduites des bases non entières de *Laguerre* ou de *Kautz*.

En effet, si le premier pôle en s^ν est réel, la première fonction génératrice est identique à celle de la base de *Laguerre* (2.25). Si le premier pôle en s^ν est complexe, alors le deuxième est obligatoirement son conjugué et les deux premières fonctions génératrices sont identiques à celles de la base de *Kautz* (2.26).

Ces fonctions orthogonales sont les plus utilisées en automatique car elles sont denses dans l'espace de *Hardy* $H_2\left(\mathbb{C}^+\right)$ des fonctions $F(s)$ analytiques dans le demi-plan gauche $\mathbb{C}^+$ du plan complexe et qui satisfont à :

$$\frac{1}{2\pi}\int_{-\infty}^{\infty} F(\mathrm{j}\omega)\overline{F(\mathrm{j}\omega)}d\omega < \infty.$$

Par conséquent, la fonction de transfert de tout système stable ayant une réponse impulsionnelle à énergie finie, peut être représentée par une combinaison linéaire des fonctions de la base. Après un choix adéquat des fonctions génératrices et de leur orthogonalisation, seuls les coefficients de *Fourier* g_m sont estimés par minimisation de la norme L_2 de l'erreur de sortie (2.8), quadratique en $\theta = [g_{m_0}, \ldots, g_M]$, selon l'estimateur des moindres carrés :

$$\hat{\theta} = \left(\mathbf{\Phi}^{*\mathrm{T}}\mathbf{\Phi}^*\right)^{-1}\mathbf{\Phi}^{*\mathrm{T}}\mathbf{Y}^*, \tag{2.27}$$

où $\mathbf{Y}^*$ est le vecteur de sortie

$$\mathbf{Y}^* = \begin{bmatrix} y^*(t_0) & y^*(t_1) & \cdots & y^*(t_{K-1}) \end{bmatrix}^{\mathrm{T}},$$

et où $\mathbf{\Phi}^*$ est la matrice de régression dont les colonnes représentent les sorties des différentes fonctions de la base :

$$\mathbf{\Phi}^* = [\varphi_G(t_0), \varphi_G(t_1), \ldots, \varphi_G(t_{K-1})]^{\mathrm{T}},$$
$$\varphi_G(t_k) = [y_{G_{m_0}}(t_k), y_{G_{m_0+1}}(t_k), \ldots, y_{G_M}(t_k)],$$
$$y_{G_m}(t) = G_m(\mathbf{p})u(t). \tag{2.28}$$

La matrice de covariance est alors donnée par :

$$\mathrm{cov}\left(\hat{\mathbf{g}}\right) = \sigma^2 \left(\mathbf{\Phi}^{*\mathrm{T}}\mathbf{\Phi}^*\right)^{-1},$$

où la variance σ^2 est estimée par

$$\hat{\sigma}^2 = \frac{1}{K - (M - m_0 + 1)}\sum_{k=0}^{K-1}\left(\varepsilon\left(t_k, \hat{\theta}\right)\right)^2. \tag{2.29}$$

Remarque

> *Aoun [2005] présente également un autre algorithme d'estimation permettant de*
> *calculer l'ordre ν et les pôles en s^ν optimaux des fonctions orthogonales. Cependant,*
> *si tous les paramètres (pôles et ordre commensurable) des fonctions orthogonales*
> *sont optimisés, l'utilisation des fonctions orthogonales ne présente plus d'intérêt.*
> *C'est pourquoi seul l'algorithme permettant d'optimiser les coefficients de Fourier a*
> *été présenté.*

2.2.2 – Modèles à erreur d'équation

Lorsqu'une analyse préalable permet de fixer *a priori* les ordres de dérivation du modèle du système dynamique

$$G(\mathbf{p}) = \frac{\sum\limits_{i=0}^{m_B} b_i \mathbf{p}^{\beta_i}}{1 + \sum\limits_{j=1}^{m_A} a_j \mathbf{p}^{\alpha_j}}, \tag{2.30}$$

seuls les coefficients font l'objet d'une estimation paramétrique. Basées sur les méthodes à erreur d'équation, les techniques d'optimisation sont linéaires vis-à-vis des paramètres et permettent une estimation directe par moindres carrées. A l'heure actuelle, les méthodes à erreur d'équation développées pour l'identification par modèle non entier ne permettent d'estimer que les coefficients du modèle continu. Une des contributions de ce manuscrit réside dans l'optimisation des ordres de dérivation, ajoutant ainsi une possibilité supplémentaire dans l'estimation paramétrique (voir les paragraphes §2.3.2 et §2.4.2).

L'entrée u et la sortie y sont supposées liées par les relations (2.3) et la sortie est supposée corrompue par un bruit additif, e, blanc. Une fois les ordres de dérivation fixés, l'objectif principal consiste à estimer le vecteur des paramètres

$$\theta = [b_0, b_1, \ldots, \ b_{m_B}, a_1, \ldots, a_{m_A}]^{\mathrm{T}} \tag{2.31}$$

du modèle à temps continu à partir de K couples d'échantillons des signaux d'entrée/sortie par la minimisation de l'erreur d'équation ε (voir Fig. 2.3) :

$$\varepsilon(t, \theta) = y^*(t) - \varphi^*(t)^{\mathrm{T}} \theta, \tag{2.32}$$

avec

$$\varphi^*(t)^{\mathrm{T}} = \left[u^{(\beta_0)}(t), \cdots, u^{(\beta_{m_B})}(t), -y^{*(\alpha_1)}(t), \cdots, -y^{*(\alpha_{m_A})}(t) \right]. \tag{2.33}$$

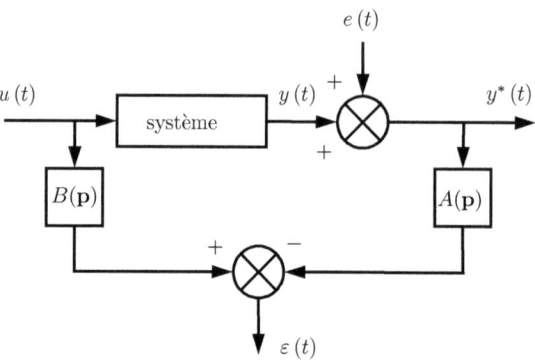

FIGURE 2.3 – Modèle à erreur d'équation

2.2.2.1 – Méthode des moindres carrés (mc)

L'estimation paramétrique se fait en minimisant la norme L_2 de l'erreur d'équation ε :

$$J(\theta) = \frac{1}{K} \sum_{k=0}^{K-1} \varepsilon^2(t_k, \theta), \tag{2.34}$$

par rapport à θ. L'estimé se formule alors comme le problème de minimisation :

$$\hat{\theta}^{mc} = \arg\min_{\theta} \left\| \left[\frac{1}{K} \sum_{k=0}^{K-1} \varphi^*(t_k)\varphi^*(t_k)^{\mathrm{T}} \right] \theta - \left[\frac{1}{K} \sum_{k=0}^{K-1} \varphi^*(t_k)y^*(t_k) \right] \right\|_2, \tag{2.35}$$

et s'obtient par la formule des moindres carrés (mc)

$$\hat{\theta}^{mc} = \left[\mathbf{\Phi}^{*\mathrm{T}}\mathbf{\Phi}^* \right]^{-1} \mathbf{\Phi}^{*\mathrm{T}}\mathbf{Y}^*, \tag{2.36}$$

où $\mathbf{Y}^*$ est le vecteur colonne de sortie et où $\mathbf{\Phi}^*$ est la matrice de régression dont les colonnes sont les dérivées non entières des signaux d'entrée et de sortie :

$$\mathbf{Y}^* = \left[y^*(t_0),\, y^*(t_1),\, \ldots,\, y^*(t_{K-1}) \right]^{\mathrm{T}},$$
$$\mathbf{\Phi}^* = \left[\varphi^*(t_0),\, \varphi^*(t_1),\, \ldots,\, \varphi^*(t_{K-1}) \right]^{\mathrm{T}}. \tag{2.37}$$

La dérivation directe aussi bien fractionnaire qu'entière d'une sortie bruitée amplifie le bruit et par conséquent conduit à des résultats erronés. L'utilisation des filtres à variables d'état est alors préconisée.

2.2.2.2 – Méthode des moindres carrés avec filtres à variables d'état (fve)

Comme dans le cas entier, la dérivée non entière de signaux bruités amplifie le bruit aux hautes fréquences. La méthode des filtres à variables d'état est une méthode conventionnelle d'identification par un modèle à temps continu. Elle repose sur la minimisation de la norme L_2 de l'erreur d'équation et se décompose en deux étapes :

- la première consiste à appliquer un filtrage linéaire aux données échantillonnées afin de reconstruire les dérivées filtrées des signaux d'entrée et de sortie. Cette étape est spécifique aux approches d'identification par un modèle à temps continu de type erreur d'équation ;
- la seconde étape est dédiée à l'estimation paramétrique à l'aide de techniques d'estimation de type moindres carrés ; cette étape n'est pas spécifique aux approches d'identification à temps continu. La plupart des algorithmes d'estimation paramétrique à temps discret peuvent cependant être adaptés à temps continu.

En appliquant l'opérateur différentiel à l'équation différentielle non bruitée (2.1) :

$$y(t) + \sum_{j=1}^{m_A} a_j \mathbf{p}^{\alpha_j} y(t) = \sum_{i=0}^{m_B} b_i \mathbf{p}^{\beta_i} u(t) \tag{2.38}$$

l'application d'un filtre linéaire $F(\mathbf{p}) = 1/E(\mathbf{p})$ à l'équation (2.38) donne :

$$\frac{1}{E(\mathbf{p})} y(t) + \sum_{j=1}^{m_A} a_j \frac{\mathbf{p}^{\alpha_j}}{E(\mathbf{p})} y(t) = \sum_{i=0}^{m_B} b_i \frac{\mathbf{p}^{\beta_i}}{E(\mathbf{p})} u(t). \tag{2.39}$$

Les filtres à variables d'état ($\boldsymbol{fve}$) proposés dans [Cois, 2002] sont les filtres de *Poisson* étendus aux systèmes non entiers

$$F_\gamma(\mathbf{p}) = \frac{\mathbf{p}^\gamma}{E(\mathbf{p})} = \frac{\mathbf{p}^\gamma}{\left(\left(\frac{\mathbf{p}}{\omega_c} \right)^\nu + 1 \right)^{N_f}}, \tag{2.40}$$

où ω_c représente la fréquence de coupure du filtre. L'ordre N_f est souvent choisi de manière à satisfaire la relation :

$$N_f > \frac{\alpha_{m_A}}{\nu}, \ N_f \in \mathbb{N}. \tag{2.41}$$

L'étape de pré-filtrage parallèle des signaux d'entrée/sortie par $\boldsymbol{fve}$ est une pratique courante en identification permettant d'améliorer l'efficacité statistique des estimateurs. Cette étape de pré-filtrage est implicite dans le cas de l'identification directe d'un modèle continu. Le rôle du pré-filtrage est double : le premier est de garder le comportement dérivateur dans la bande fréquentielle d'intérêt et de filtrer le bruit aux hautes fréquences

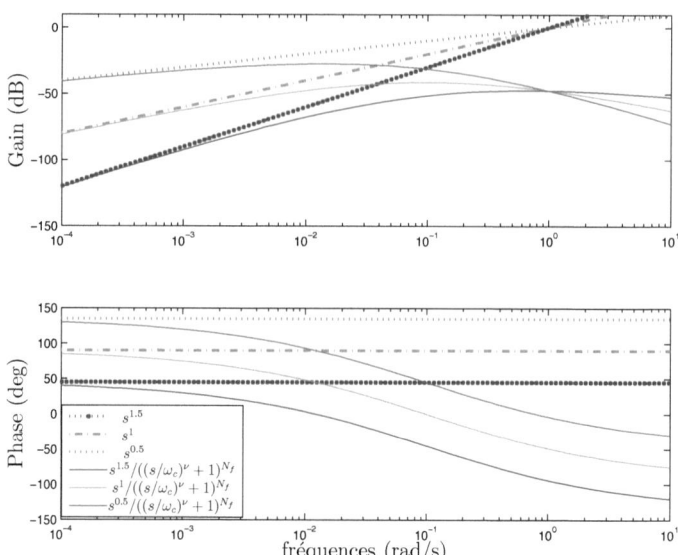

FIGURE 2.4 – Diagrammes de Bode des filtres à variables d'état ($N_f = 4$, $\omega_c = 1$ rad/s, $\nu = 0.5$)). Dérivation aux basses fréquences et filtrage des hautes fréquences

comme le montre les diagrammes de Bode de la Fig. 2.4 ; le second rôle est de diminuer la variance de l'estimateur.

L'équation (2.38) s'écrit alors :

$$F_0\left(\mathbf{p}\right)y(t) + \sum_{j=1}^{m_A} a_j F_{\alpha_j}\left(\mathbf{p}\right)y(t) = \sum_{i=0}^{m_B} b_i F_{\beta_i}\left(\mathbf{p}\right)u(t). \tag{2.42}$$

Remarque

Les filtres (2.40) introduisent néanmoins une distorsion autour de la fréquence de coupure ω_c. De plus, des problèmes numériques peuvent apparaître quand l'ordre ν est très petit résultant alors sur un ordre du filtre N_f très grand (2.41). Au lieu d'utiliser les filtres $F_\gamma\left(\mathbf{p}\right)$ de (2.40), il est préférable d'utiliser les filtres de Poisson *fractionnaires modifiés :*

$$F_\gamma\left(\mathbf{p}\right) = \frac{\mathbf{p}^\gamma}{\left(\frac{\mathbf{p}}{\omega_c} + 1\right)^{N_f}}, \tag{2.43}$$

avec la condition moins restrictive sur l'ordre entier $N_f > \alpha_{m_A}$. *Les deux filtres (2.40) et (2.43) nécessitent néanmoins l'ajustement d'un autre paramètre : la fréquence de coupure* ω_c. *En effet, si la pulsation de coupure* ω_c *est très haute, le bruit de mesure aux hautes fréquences est mal filtré ; si elle est trop basse, le filtre est alors mal adapté et les signaux filtrés sont alors trop appauvris. L'utilisateur doit donc régler ces deux paramètres du filtre : la pulsation de coupure* ω_c *et l'ordre* N_f *du filtre. De manière intuitive, le filtre* **fve** *doit être conforme à la plage de fréquences dans laquelle l'adéquation entre le système et le modèle est recherchée. Une des contributions de ce manuscrit (paragraphes 2.3.1 et 2.4.1) réside dans la mise en œuvre de l'estimateur optimal de la variable instrumentale où le filtre optimal ne nécessite aucun ajustement en amont.*

Cependant, bien que ce filtre introduise une distorsion autour de la fréquence de coupure, l'approximation de la dérivée est généralement suffisante, et permet surtout d'initialiser d'autres algorithmes fondés sur la variable instrumentale optimale comme détaillé aux paragraphes 2.3.1 et 2.4.1. Ainsi, les dérivées filtrées des signaux d'entrée $u_f^{(\beta_i)}$ et de sortie $y_f^{*(\alpha_j)}$ sont obtenues à la sortie des filtres (2.43) :

$$\begin{cases} u_f^{(\beta_i)}(t) = F_{\beta_i}(\mathbf{p})u(t), & i = 1, \ldots, n, \\ y_f^{*(\alpha_j)}(t) = F_{\alpha_j}(\mathbf{p})y^*(t), & j = 0, \ldots, m. \end{cases} \tag{2.44}$$

L'estimation paramétrique se fait en minimisant la norme L_2 :

$$J_f\left(\theta\right) = \frac{1}{K}\sum_{k=0}^{K-1}\varepsilon_f^2\left(t_k, \theta\right), \tag{2.45}$$

de l'erreur d'équation filtrée ε_f, par rapport au vecteur des paramètres θ, avec

$$\begin{aligned} \varepsilon_f(t, \theta) &= y_f^*(t) - \varphi_f^*(t)^{\mathrm{T}}\theta, \\ \varphi_f^*(t)^{\mathrm{T}} &= \left[u_f^{(\beta_0)}\left(t\right), \cdots, u_f^{(\beta_{m_B})}\left(t\right), -y_f^{*(\alpha_1)}\left(t\right), \cdots, -y_f^{*(\alpha_{m_A})}\left(t\right)\right]. \end{aligned} \tag{2.46}$$

L'estimé se formule alors comme le problème de minimisation :

$$\hat{\theta}^{mc/fve} = \arg\min_\theta \left\| \left[\frac{1}{K}\sum_{k=0}^{K-1}\varphi_f^*(t_k)\varphi_f^*(t_k)^{\mathrm{T}}\right]\theta - \left[\frac{1}{K}\sum_{k=0}^{K-1}\varphi_f^*(t_k)y^*(t_k)\right]\right\|_2, \tag{2.47}$$

et s'obtient par la formule des moindres carrés combinée aux **fve** :

$$\hat{\theta}^{mc/fve} = \left[\boldsymbol{\Phi}_f^{*\,\mathrm{T}} \boldsymbol{\Phi}_f^* \right]^{-1} \boldsymbol{\Phi}_f^{*\,\mathrm{T}} \mathbf{Y}_f^*, \tag{2.48}$$

où $\mathbf{Y}_f^*$ est le vecteur colonne de la sortie filtrée et où $\boldsymbol{\Phi}_f^*$ est la matrice de régression filtrée dont les colonnes sont les dérivées fractionnaires filtrées des signaux d'entrée et de sortie :

$$\mathbf{Y}_f^* = \left[y_f^*(t_0),\, y_f^*(t_1),\, \ldots,\, y_f^*(t_{K-1}) \right]^{\mathrm{T}},$$
$$\boldsymbol{\Phi}_f^* = \left[\varphi_f^*(t_0),\, \varphi_f^*(t_1),\, \ldots,\, \varphi_f^*(t_{K-1}) \right]^{\mathrm{T}}. \tag{2.49}$$

Non seulement cette approche n'est pas à variance minimale, mais elle requiert également un affinage des filtres au préalable : l'estimation paramétrique est fortement dépendante de la fréquence de coupure ω_c et de l'ordre N_f du filtre à variables d'état. De plus, comme dans le cas entier, les auteurs de [Cois *et al.*, 2001] ont montré dans le cas fractionnaire que l'estimateur des moindres carrés est biaisé en présence de bruit de mesure car le vecteur de régression $\varphi_f^*(t)$ est corrélé au bruit additif e. Ils proposent alors d'introduire l'estimateur de la variable instrumentale pour remédier au biais.

2.2.2.3 – Méthode de la variable instrumentale avec filtres à variables d'état (**vi/fve**)

L'estimateur de la variable instrumentale est une variante classique de la méthode des moindres carrés [Ljung, 1999, Söderström et Stoica, 1983, 1989] reposant sur des techniques de régression linéaire.

Le principe de la variable instrumentale (**vi**) a été étendu au cas non entier par Cois *et al.* [2001]. Il consiste à introduire un vecteur φ_f^{vi}, dont les composantes sont appelées instruments ou variables instrumentales. Les instruments de φ_f^{vi} doivent être suffisamment corrélés avec le vecteur de régression φ_f^* mais non corrélés avec le bruit additif sur la sortie e (E[.] représentant l'espérance mathématique) [Ljung, 1999] :

$$\begin{cases} \mathrm{E}\left[\varphi_f^{vi}(t)\varphi_f^{*\,\mathrm{T}}(t) \right] \quad \text{est non singulière,} \\ \mathrm{E}\left[\varphi_f^{vi}(t)e(t) \right] = 0. \end{cases} \tag{2.50}$$

L'estimateur de la variable instrumentale à modèle auxiliaire [Young, 1970] nécessite de définir le vecteur de régression des variables instrumentales suivant :

$$\varphi_f^{vi}(t)^{\mathrm{T}} = \left[u_f^{(\beta_0)}(t),\, \cdots,\, u_f^{(\beta_{m_B})}(t),\, -y_f^{vi(\alpha_1)}(t,\theta),\, \cdots,\, -y_f^{vi(\alpha_{m_A})}(t,\theta) \right], \tag{2.51}$$

où y_f^{vi} représente la sortie d'un modèle auxiliaire : $y^{vi}(t, \theta) = \hat{G}(\mathbf{p})u(t)$. Le modèle auxiliaire $\hat{G}(\mathbf{p})$ peut être fixé par l'utilisateur ou calculé par une des méthodes précédentes, la méthode **mc/fve** apportant une meilleure estimation que les moindres carrés classiques.

Le problème d'optimisation de la variable instrumentale s'énonce alors sous la forme :

$$\hat{\theta}^{vi/fve} = \arg\min_{\theta} \left\| \left[\frac{1}{K} \sum_{k=0}^{K-1} \varphi_f^{vi}(t_k)\varphi_f^*(t_k)^{\mathrm{T}} \right] \theta - \left[\frac{1}{K} \sum_{k=0}^{K-1} \varphi_f^{vi}(t_k)y_f^*(t_k) \right] \right\|_2. \qquad (2.52)$$

L'estimateur **vi** à modèle auxiliaire associé aux **fve** est donné par :

$$\hat{\theta}^{vi/fve} = \left[\mathbf{\Phi}_f^{vi\mathrm{T}}\mathbf{\Phi}_f^* \right]^{-1} \mathbf{\Phi}_f^{vi\mathrm{T}}\mathbf{Y}_f^*, \qquad (2.53)$$

où $\mathbf{\Phi}_f^*$ et $\mathbf{Y}_f^*$ sont issus de (2.49), et où

$$\mathbf{\Phi}_f^{vi} = \left[\varphi_f^{vi}(t_0), \varphi_f^{vi}(t_1), \ldots, \varphi_f^{vi}, (t_{K-1}) \right]^{\mathrm{T}}. \qquad (2.54)$$

Afin d'améliorer la corrélation entre les matrices de régression $\varphi_f^{vi}(t)$ et $\varphi_f^*(t)$, une procédure itérative de mise à jour des instruments et du modèle auxiliaire est préconisée dans [Cois *et al.*, 2001] : l'estimation paramétrique est améliorée en s'affranchissant du biais et en réduisant la variance sur les paramètres. Le vecteur des paramètres s'écrit alors :

$$\hat{\theta}_{\mathrm{iter}}^{vi/fve} = \left[\mathbf{\Phi}_f^{vi\mathrm{T}}\mathbf{\Phi}_f^* \right]^{-1} \mathbf{\Phi}_f^{vi\mathrm{T}}\mathbf{Y}_f^*. \qquad (2.55)$$

En présence de bruit blanc, la méthode de la variable instrumentale combinée aux filtres à variables d'état (**vi/fve**) permet d'obtenir une estimation asymptotiquement sans biais ; mais n'étant pas à variance minimale, elle ne peut être considérée comme optimale. D'autre part, elle requiert un affinage des filtres en amont : l'estimation paramétrique est fortement dépendante de la fréquence de coupure ω_c et de l'ordre N_f du filtre. Néanmoins, cette méthode peut s'avérer utile pour fournir une estimation initiale meilleure que (2.48) pour les techniques itératives discutées aux paragraphes 2.3.1 et 2.4.1. Un résumé du mécanisme itératif **vi** est illustré sur la Fig. 2.5.

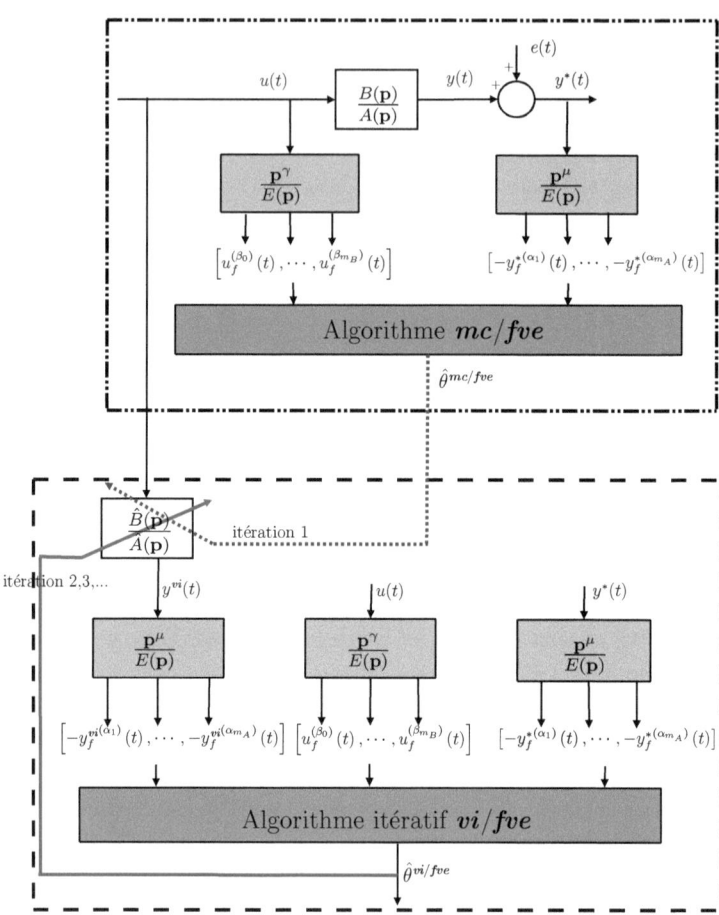

FIGURE 2.5 – Méthode itérative vi/fve pour modèles fractionnaires ($\gamma = \beta_0, \ldots, \beta_{m_B}$ et $\mu = \alpha_1, \ldots, \alpha_{m_A}$)

2.3 – Contribution à l'identification de système en présence de bruit blanc en sortie

Le premier volet des contributions à l'identification par modèle non entier est présenté dans un contexte de bruit blanc.

Dans le premier cas d'étude (paragraphe 2.3.1), les ordres de dérivation sont fixés et seuls les coefficients du modèle sont estimés. Dans la mesure où l'estimateur optimal nécessite la connaissance du vrai modèle du système et comprend un pré-filtrage adaptatif, l'approche stochastique particulièrement performante *sriv* (de l'anglais : *Simplified Refined Instrumental Variable*) a été proposée d'abord pour des modèles rationnels discrets [Young, 1976, 1984, Young et Jakeman, 1979], puis étendue aux modèles rationnels continus [Garnier, 2006, Young, 2002, Young et Jakeman, 1980] sous l'appellation *srivc* (de l'anglais : *sriv for Continuous-time models*). Le terme de "simplified" caractérise la simplification des méthodes *riv* et *rivc* développées dans un contexte de bruit coloré. La méthode *srivc*, qui est un prolongement logique de l'estimateur *vi/fve* et qui entre dans la famille des méthodes *vi* généralisées [Söderström et Stoica, 1983], est étendue aux modèles non entiers et est appelée *srivcf* (*srivc* pour les modèles *non entiers* ou *fractional* en anglais).

Dans le deuxième cas d'étude (paragraphe 2.3.2), les ordres de dérivation sont estimés au même titre que les coefficients du modèle. Une méthode de programmation non linéaire (PNL) de type gradient est utilisée pour l'estimation des ordres de dérivation qui interviennent non linéairement dans le modèle.

2.3.1 – Variable instrumentale optimale avec des ordres de dérivation fixés (*srivcf*)

Lorsque le bruit de mesure additif $e(t)$ est blanc, la sortie bruitée y^* est donnée par :

$$\begin{cases} y(t) = G\left(\mathbf{p}\right) u(t), \\ y^*(t) = y(t) + e(t), \end{cases} \tag{2.56}$$

où

$$G\left(\mathbf{p}\right) = \frac{\sum\limits_{i=0}^{m_B} b_i \mathbf{p}^{\beta_i}}{1 + \sum\limits_{j=1}^{m_A} a_j \mathbf{p}^{\alpha_j}}. \tag{2.57}$$

De plus, lorsque les ordres de dérivation sont connus, le vecteur de paramètres

$$\theta = \rho = [b_0, b_1, \ldots, b_{m_B}, a_1, \ldots, a_{m_A}]^{\mathrm{T}}. \tag{2.58}$$

est composé de $m_A + m_B + 1$ coefficients.

En supposant un bruit blanc gaussien additif en sortie, la minimisation de la norme L_2 du critère de l'erreur de sortie :

$$e(t) = y^*(t) - \frac{B(\mathbf{p})}{A(\mathbf{p})} u(t), \tag{2.59}$$

permet d'obtenir le modèle optimal et apporte ainsi une base pour l'estimation stochastique. L'erreur de sortie s'exprime aussi en factorisant $A(\mathbf{p})$:

$$e(t) = A(\mathbf{p}) \left(\frac{1}{A(\mathbf{p})} y^*(t) \right) - B(\mathbf{p}) \left(\frac{1}{A(\mathbf{p})} u(t) \right). \tag{2.60}$$

Comme montré dans [Young, 1981] pour les modèles rationnels, l'estimateur optimal est obtenu quand les filtres $F_\gamma(\mathbf{p})$ dans (2.40) ou (2.43) sont remplacés par :

$$F_\gamma^{opt}(\mathbf{p}) = \frac{\mathbf{p}^\gamma}{A(\mathbf{p})}, \tag{2.61}$$

où $A(\mathbf{p})$ est le dénominateur de la fonction de transfert du système.

L'erreur $e(t)$ s'écrit alors :

$$\begin{aligned}
e(t) = y_f^*(t) + a_1 y_f^{*(\alpha_1)}(t) + \cdots + a_{m_A} y_f^{*(\alpha_{m_A})}(t) \\
- b_0 u_f^{(\beta_0)}(t) - b_1 u_f^{(\beta_1)}(t) - \cdots - b_{m_B} u_f^{(\beta_{m_B})}(t),
\end{aligned} \tag{2.62}$$

avec

$$\begin{cases}
u_f^{(\beta_i)}(t) = \mathscr{L}^{-1}\left\{ F_{\beta_i}^{opt}(\mathbf{p}) \right\} * u(t), & i = 0, \ldots, m_B \\
y_f^{(\alpha_j)}(t) = \mathscr{L}^{-1}\left\{ F_{\alpha_j}^{opt}(\mathbf{p}) \right\} * y^*(t), & j = 1, \ldots, m_A.
\end{cases} \tag{2.63}$$

2.3.1.1 – Estimateur optimal

Le modèle du système n'étant pas connu en pratique, les méthodes d'estimation de type *vi* [Söderström et Stoica, 1983] nécessitent la mise en place d'un algorithme itératif. A chaque itération, le modèle auxiliaire, utilisé pour générer les instruments, et les préfiltres sont mis à jour, à partir des paramètres estimés à l'itération précédente. Le filtre $F_\gamma^{opt}(\mathbf{p})$ de (2.61) est alors calculé itérativement

$$F_{\gamma,\,\text{iter}}(\mathbf{p}) = \frac{\mathbf{p}^\gamma}{\hat{A}(\mathbf{p})} = \frac{\mathbf{p}^\gamma}{1 + \sum_{j=1}^{m_A} \hat{a}_{j,\text{iter}} \mathbf{p}^{\alpha_j}}, \tag{2.64}$$

où iter $= 1, 2, \ldots$ correspond au numéro de l'itération et $\hat{a}_{j,\text{iter}}$ est l'estimée du coefficient a_j à l'itération iter. L'initialisation de cet algorithme peut se faire à partir de l'estimé obtenu par $\boldsymbol{mc/fve}$ ou par $\boldsymbol{vi/fve}$ (voir paragraphe 2.2.2).

A l'origine développée pour l'identification paramétrique à temps discret [Young, 1976], cet estimateur présente l'avantage de choisir de manière automatique les paramètres du filtre (2.64), contrairement aux $\boldsymbol{fve}$ de (2.40) ou de (2.43) qui nécessitent un affinage de la fréquence de coupure ω_c et de l'ordre N_f.

Les dérivées filtrées de l'entrée, de la sortie et de la variable instrumentale sont recalculées à chaque itération par :

$$
\begin{cases}
u_f^{(\beta_i)}(t) = F_{\beta_i,\,\text{iter}}(\mathbf{p})u(t), & i = 0, \ldots, m_B, \\
y_f^{*(\alpha_j)}(t) = F_{\alpha_j,\,\text{iter}}(\mathbf{p})y^*(t), & j = 1, \ldots, m_A, \\
y_f^{\boldsymbol{vi}(\alpha_j)}(t) = F_{\alpha_j,\,\text{iter}}(\mathbf{p})y^{\boldsymbol{vi}}(t), & j = 1, \ldots, m_A,
\end{cases}
\tag{2.65}
$$

où la sortie du modèle auxiliaire,

$$
y^{\boldsymbol{vi}}(t) = \frac{\hat{B}(\mathbf{p})}{\hat{A}(\mathbf{p})} u(t),
\tag{2.66}
$$

est mise à jour itérativement en fonction des estimés $\hat{B}(\mathbf{p})$ et $\hat{A}(\mathbf{p})$ de l'itération précédente.

On en déduit alors le vecteur de régression $\varphi_f^*(t)$, défini comme dans (2.33), ainsi que le vecteur instrumental $\varphi_f^{\boldsymbol{vi}}(t)$:

$$
\begin{aligned}
\varphi_f^*(t)^{\mathrm{T}} &= \left[\, u_f^{(\beta_0)}(t), \cdots, u_f^{(\beta_{m_B})}(t), -y_f^{*(\alpha_1)}(t), \cdots, -y_f^{*(\alpha_{m_A})}(t) \, \right] \\
\varphi_f^{\boldsymbol{vi}}(t)^{\mathrm{T}} &= \left[\, u_f^{\beta_0}(t), \cdots, u_f^{(\beta_{m_B})}(t), -y_f^{\boldsymbol{vi}(\alpha_1)}(t), \cdots, -y_f^{\boldsymbol{vi}(\alpha_{m_A})}(t) \, \right].
\end{aligned}
\tag{2.67}
$$

Le problème d'optimisation $\boldsymbol{vi}$ se formule selon

$$
\hat{\theta}_{\text{iter}}^{\boldsymbol{srivcf}} = \arg\min_\theta \left\| \left[\frac{1}{K} \sum_{k=0}^{K-1} \varphi_f^{\boldsymbol{vi}}(t_k)\varphi_f^*(t_k)^{\mathrm{T}} \right] \theta - \left[\frac{1}{K} \sum_{k=0}^{K-1} \varphi_f^{\boldsymbol{vi}}(t_k)y_f^*(t_k) \right] \right\|_2,
\tag{2.68}
$$

dont la solution à chaque itération permet d'obtenir :

$$
\hat{\theta}_{\text{iter}}^{\boldsymbol{srivcf}} = \left[\boldsymbol{\Phi}_f^{\boldsymbol{vi}\mathrm{T}} \boldsymbol{\Phi}_f^* \right]^{-1} \boldsymbol{\Phi}_f^{\boldsymbol{vi}\mathrm{T}} \mathbf{Y}_f^*,
\tag{2.69}
$$

avec

$$
\begin{aligned}
\mathbf{Y}_f^* &= \left[y_f^*(t_0), y_f^*(t_1), \ldots, y_f^*(t_{K-1}) \right]^{\mathrm{T}}, \\
\boldsymbol{\Phi}_f^* &= \left[\varphi_f^*(t_0), \varphi_f^*(t_1), \ldots, \varphi_f^*(t_{K-1}) \right]^{\mathrm{T}}, \\
\boldsymbol{\Phi}_f^{\boldsymbol{vi}} &= \left[\varphi_f^{\boldsymbol{vi}}(t_0), \varphi_f^{\boldsymbol{vi}}(t_1), \ldots, \varphi_f^{\boldsymbol{vi}}(t_{K-1}) \right]^{\mathrm{T}}.
\end{aligned}
\tag{2.70}
$$

L'estimation de la matrice de covariance de l'erreur d'estimation associée à $\hat{\theta}^{srivcf}$, obtenue lors de la convergence de $\hat{\theta}^{srivcf}_{\text{iter}}$, est donnée par :

$$\mathbf{P}_{\hat{\theta}^{srivcf}} = \hat{\sigma}^2 \left[\mathbf{\Phi}_{\mathbf{f}}^{vi\,\text{T}} \mathbf{\Phi}_{\mathbf{f}}^{vi} \right]^{-1}, \qquad (2.71)$$

où $\hat{\sigma}^2$, l'estimation empirique de la variance de l'erreur résiduelle $\varepsilon(t_k) = y^*(t_k) - y^{vi}(t_k)$, s'obtient à partir de (2.15).

Comme dans le cas rationnel, l'estimateur **srivcf** est asymptotiquement sans biais quelle que soit la nature du bruit additif à moyenne nulle, et lorsque le bruit additif est blanc, l'estimateur est à variance minimale. Bien qu'il n'y ait aucune démonstration de convergence de ce type d'algorithme itératif, on constate qu'il converge très souvent.

2.3.1.2 – Algorithme *srivcf*

L'estimateur de la variable instrumentale optimale **srivcf** est résumé dans ce paragraphe.

Étape 1 *Initialisation*

Utiliser une des méthodes citées au §2.2.2 (de préférence la méthode **vi/fve**) pour générer une première estimation (iter = 1) du vecteur de paramètres $\hat{\theta}^{srivcf}_{1}$.

Étape 2 *Estimation itérative de la variable instrumentale*

faire

(i)   iter = iter + 1

Générer le vecteur d'instruments y^{vi} à partir de (2.66) et des paramètres estimés à l'itération précédente $\hat{\theta}^{srivcf}_{\text{iter}-1}$.

(ii) Mettre à jour le filtre $F_{\gamma,\text{iter}}(\mathbf{p})$ dans (2.64) avec les nouveaux paramètres estimés. Puis, évaluer les dérivées filtrées de l'entrée u, de la sortie y^* et la variable instrumentale y^{vi} comme énoncé dans (2.65).

(iii) A partir des signaux filtrés, calculer $\hat{\theta}^{srivcf}_{\text{iter}}$ selon la formule (2.69).

tant que $\max\limits_{j} \left| \hat{\theta}^{j,srivcf}_{\text{iter}} - \hat{\theta}^{j,srivcf}_{\text{iter}-1} \right| > \epsilon$

où $\hat{\theta}^{j,srivcf}_{\text{iter}}$ correspond au $j^{\grave{e}me}$ élément du vecteur de paramètres $\hat{\theta}^{srivcf}_{\text{iter}}$ obtenu à l'itération iter.

Étape 3 *Estimation de l'erreur paramétrique*

Calculer la matrice de covariance de l'erreur paramétrique des estimés à partir de l'équation (2.71).

Il peut s'avérer, quand le biais est important, que les paramètres estimés issus de l'**Étape 1** conduisent à un modèle instable. Dans ce cas, une méthode empirique peut être utilisée pour stabiliser les pôles instables.

2.3.1.3 – Propriétés statistiques des estimés *srivcf*

La borne de *Cramér-Rao* (BCR) (voir annexe B) sur la matrice de covariance $\mathbf{P}_\theta$ définit la solution optimale pour toute méthode d'identification asymptotiquement sans biais [Söderström et Stoica, 1983, Wellstead, 1978]. A cet égard, Söderström et Stoica [1983] ont montré, dans le cas de modèles rationnels, que la valeur minimale de la matrice de covariance $\mathbf{P}_\theta$

$$\mathbf{P}_\theta \geq \mathbf{P}_\theta^{opt}, \tag{2.72}$$

existe et est donnée par

$$\mathbf{P}_\theta^{opt} = \sigma^2 \left[\overset{o}{\varphi}_f^{vi}(t) \overset{o}{\varphi}_f^{vi\mathrm{T}}(t) \right]^{-1} \tag{2.73}$$

où $\overset{o}{\varphi}_f^{vi}(t)$ est le vecteur optimal pré-filtré **vi** non bruité associé au filtre optimal

$$F^{opt}(\mathbf{p}) = \frac{1}{A(\mathbf{p})}$$

et où σ^2 est la vraie variance du bruit.

Il est facile de démontrer que la borne de *Cramér-Rao* (2.73) s'applique aussi aux systèmes non entiers où le vecteur instrumental pré-filtré s'écrit :

$$\overset{o}{\varphi}_f^{vi}(t) = F^{opt}(\mathbf{p}) \left[u^{(\beta_0)}(t), \cdots, u^{(\beta_{m_B})}(t), -y^{(\alpha_1)}(t), \cdots, -y^{(\alpha_{m_A})}(t) \right]^{\mathrm{T}}, \tag{2.74}$$

et où le filtre optimal correspond au dénominateur du système non entier :

$$F^{opt}(\mathbf{p}) = \frac{1}{A(\mathbf{p})}.$$

Bien qu'il n'y ait aucune démonstration de convergence, l'algorithme converge souvent [Söderström et Stoica, 1983, Young, 2002] vers le vrai modèle, lorsque le modèle est dans la bonne classe de système, permettant ainsi de s'approcher de la borne de *Cramer-Rao*.

Il est clair que le choix du vecteur instrumental φ_f^{vi} et le pré-filtre $\frac{1}{A(\mathbf{p})}$, utilisé en (2.64), ont une influence considérable sur la matrice de covariance $\mathbf{P}_{\hat{\theta}srivcf}$ de (2.71) issue de l'algorithme d'estimation **vi**. L'algorithme **srivcf**, qui introduit le filtre optimal (2.64), est donc asymptotiquement sans biais et à variance minimale, permettant d'obtenir la

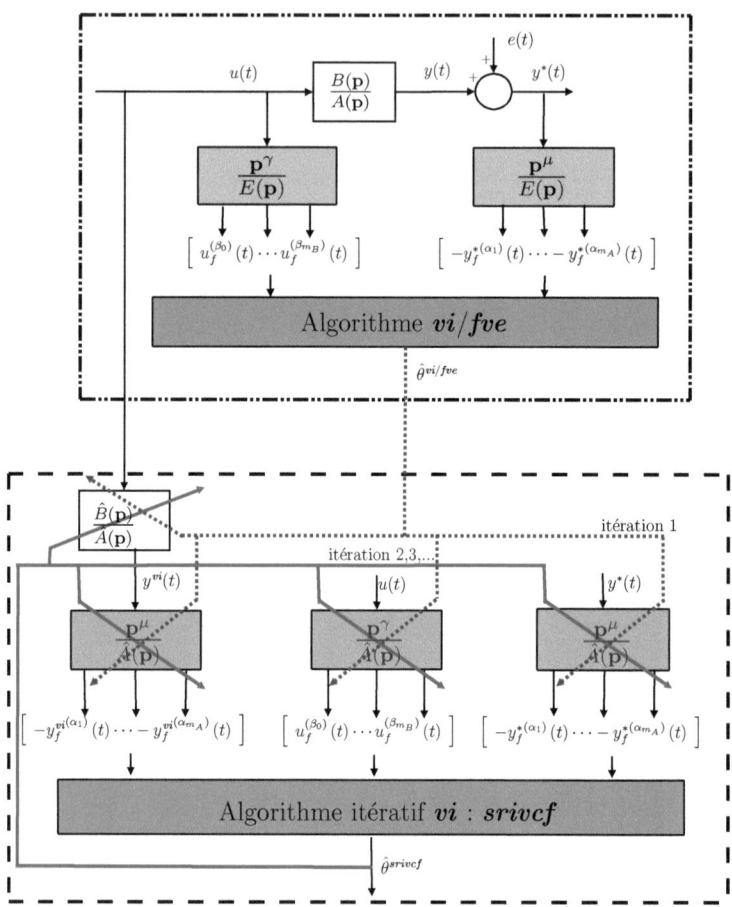

FIGURE 2.6 – Méthode **srivcf** optimale itérative ($\gamma = \beta_0, \ldots, \beta_{m_B}$ et $\mu = \alpha_1, \ldots, \alpha_{m_A}$)

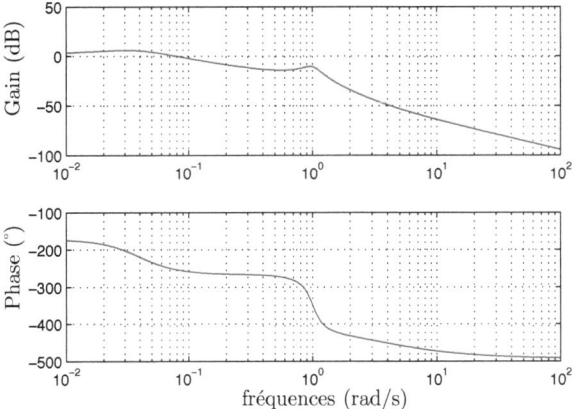

FIGURE 2.7 – Diagramme de Bode du vrai système

matrice de covariance la plus proche de la borne de *Cramér-Rao* en présence d'un bruit additif blanc et gaussien. En revanche, en présence d'un bruit additif coloré, cet estimateur n'est plus optimal. Un algorithme, présentant des propriétés statistiques optimales, est décrit au paragraphe 2.4.1.2 p. 119.

2.3.1.4 – Exemple de simulation

– Description du système à identifier

L'objectif de ce paragraphe est de mettre en avant les avantages et l'efficacité de l'estimateur optimal de la méthode *srivcf* sur un exemple de simulation.

Les données d'entrée/sortie simulées sont issues du modèle de *Rao-Garnier* [Rao et Garnier, 2002] étendu aux cas non entiers, en faisant apparaître l'ordre commensurable ν alors qu'il valait 1 dans [Rao et Garnier, 2002] :

$$G_0(\mathbf{p}^\nu) = \frac{K\left(-T\mathbf{p}^\nu + 1\right)}{\left(\left(\frac{\mathbf{p}}{\omega_1}\right)^{2\nu} + 2\zeta_1\left(\frac{\mathbf{p}}{\omega_1}\right)^\nu + 1\right)\left(\left(\frac{\mathbf{p}}{\omega_2}\right)^{2\nu} + 2\zeta_2\left(\frac{\mathbf{p}}{\omega_2}\right)^\nu + 1\right)}, \qquad (2.75)$$

avec $\nu = 0.5$, $K = -1$, $T = 0.5$, $\omega_1 = 0.2$ rad/s, $\zeta_1 = -0.4$, $\omega_2 = 1$ rad/s et $\zeta_2 = -0.65$. Le diagramme de Bode de cette fonction de transfert est tracé sur la Fig. 2.7.

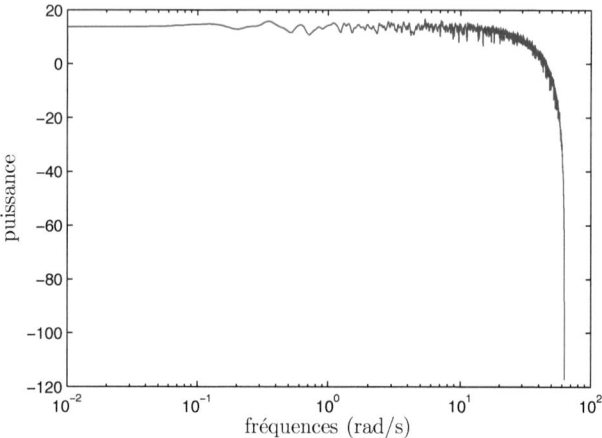

FIGURE 2.8 – Densité spectrale de puissance du signal d'entrée u

Ce système non entier possède deux fréquences transitionnelles : l'une basse à $\omega_1 = 0.2$ rad/s avec un pseudo-facteur d'amortissement $\zeta_1 = -0.4$ et l'autre haute à $\omega_2 = 1$ rad/s avec un pseudo-facteur d'amortissement $\zeta_2 = -0.65$. Malti *et al.* [2008a] ont montré qu'un système non entier de type :

$$\frac{K}{\left(\frac{\mathbf{p}}{\omega_0}\right)^{2\nu} + 2\zeta \left(\frac{\mathbf{p}}{\omega_0}\right)^{\nu} + 1} \tag{2.76}$$

est stable si et seulement si $\zeta > -\cos\left(\nu\frac{\pi}{2}\right)$ et qu'une condition suffisante de résonance est :

$$-\cos\left(\nu\frac{\pi}{2}\right) < \zeta < 0 \quad \text{et} \quad 0 < \nu \le 0.5. \tag{2.77}$$

Le système (2.75) présente un zéro en $\mathbf{p}^{\nu}$, dans la zone d'instabilité des pôles en $\mathbf{p}^{\nu}$ en $\mathbf{p}^{\nu} = 2$. Il est donc à non minimum de phase.

Les données d'entrée/sortie sont engendrées par les relations suivantes :

$$\begin{cases} y(t) = G_0\left(\mathbf{p}^{\nu}\right) u(t), \\ y^*(t) = y(t) + e(t), \end{cases} \tag{2.78}$$

où le signal d'entrée u est une Séquence Binaire Pseudo Aléatoire (SBPA) dont la densité spectrale de puissance est donnée sur la Fig. 2.8 et la sortie associée est tracée sur la Fig.

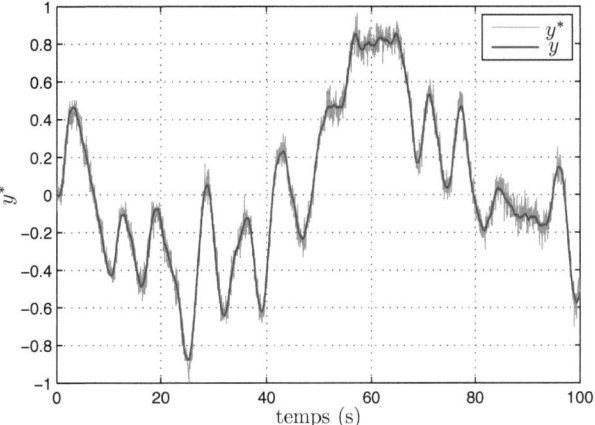

FIGURE 2.9 – Signal de sortie utilisé pour l'identification de système

2.9. Les données d'entrée/ sortie sont échantillonnées avec une période d'échantillonnage de $T_s = 5.10^{-2}s$, ce qui correspond à 8000 couples de données.

La sortie y est corrompue par un bruit e additif, blanc, gaussien, à moyenne nulle et dont le rapport signal-sur-bruit (RSB) vaut 20dB (Fig. 2.9) :

$$RSB = 10 \log \frac{P_{\hat{y}}}{P_e} = 20 \, \text{dB}. \tag{2.79}$$

Les instruments sont calculés selon l'algorithme itératif **srivcf** résumé au paragraphe 2.3.1.2. Afin d'être dans la même classe de modèle que le "vrai" système (2.75), le modèle suivant est choisi :

$$G(\mathbf{p}) = \frac{b_1 \mathbf{p}^\nu + b_0}{a_4 \mathbf{p}^{4\nu} + a_3 \mathbf{p}^{3\nu} + a_1 \mathbf{p}^{2\nu} + a_1 \mathbf{p}^\nu + 1}, \tag{2.80}$$

et l'ordre commensurable ν est fixé au vrai ordre $\nu = 0.5$.

Cependant, lorsque les ordres de dérivation ne sont pas connus, une étude sur le choix optimal de l'ordre commensurable dans l'intervalle $]0, 2[$ pour les systèmes stables (voir théorème 1.4.2 p.51) peut être effectuée.

– **Comparaison des méthodes à erreur d'équation : mc/fve, vi/fve et $srivcf$**

L'objectif est de comparer les performances des méthodes d'identification à erreur d'équation par modèle non entier lorsque le modèle (2.80) est dans la même classe que le vrai système, avec $\nu = 0.5$, sur deux simulations de *Monte-Carlo*. Ces simulations de *Monte-Carlo* mettent en avant la forte influence des paramètres des **fve** (2.40) : l'ordre du filtre N_f et la fréquence de coupure ω_c. Fixer la fréquence de coupure des **fve** s'avère délicat : lorsqu'elle est trop haute, le bruit n'est pas correctement filtré et lorsqu'elle est trop basse, les dynamiques du système sont filtrées en même temps que le bruit. Le compromis n'est pas facile à trouver dans les cas pratiques et nécessite généralement une procédure itérative de type essai-erreur. Les deux paramètres N_f et ω_c ne peuvent donc être fixés qu'approximativement en se basant sur la connaissance du bruit et du système. Pour la première simulation, les paramètres $N_f = n + 1 = 3$ ($n = \frac{\alpha_{m_A}}{\nu} = 2$) et $\omega_c = 10^2$ rad/s ont été choisis, et pour la seconde, $N_f = n + 2 = 4$ et $\omega_c = 1$ rad/s.

Les simulations de *Monte-Carlo* ont été effectuées avec 200 réalisations différentes du bruit ayant un $RSB = 20$ dB. Pour chaque réalisation, les coefficients du modèle (2.80) sont estimés avec les méthodes **mc/fve**, **vi/fve** SR (*Single Run*, abréviation anglaise désignant une seule itération), **vi/fve** (itérative) et la **srivcf**.

Les résultats de cette étude sont reportés aux TAB. 2.1 et TAB. 2.2 et illustrés sur les Fig. 2.10 et Fig. 2.11. Ils montrent que les estimés, obtenus par :
- la méthode **mc/fve**, sont biaisés et conduisent à des modèles instables ;
- la méthode **vi/fve** (SR) avec un modèle auxiliaire calculé en une seule itération, sont très imprécis, lorsque le choix de N_f et ω_c du **fve** est inadapté (TAB. 2.1 et Fig. 2.10) et plus précis mais non optimaux lorsque le choix de N_f et ω_c du **fve** est mieux adapté (TAB. 2.2 et Fig. 2.11) ;
- la méthode **vi/fve** itérative, tendent vers les vraies valeurs, avec une variance très importante lorsque le choix de N_f et ω_c du **fve** est inadapté (TAB. 2.1 et Fig. 2.10) et une variance moins prononcée mais toujours non optimale lorsque le choix de N_f et ω_c du **fve** est plus adapté (TAB. 2.2 et Fig. 2.11) ;
- la méthode **srivcf**, tendent vers les vraies valeurs avec la plus faible variance même lorsque l'estimation initiale est loin de la vraie valeur comme le montrent le TAB. 2.1, la Fig. 2.10, le TAB. 2.2 et la Fig. 2.11.

Les méthodes itératives améliorent nettement la qualité des estimations. D'autre part, la variable instrumentale permet d'obtenir des estimations non biaisées. La première simulation de *Monte-Carlo* montre *a posteriori* que les paramètres du **fve** sont mal adaptés aux signaux d'entrée/sortie, ces paramètres étant difficile à fixer *a priori*. Il est sans équivoque que la **srivcf** est la méthode la plus optimale car non seulement elle amoindrit fortement la variance de l'estimation, mais elle ne nécessite aucun ajustement des filtres.

Une simulation de *Monte-Carlo* a été effectuée avec un bruit blanc de $RSB = 0$dB. Les résultats de cette étude sont reportés au TAB. 2.3 et comparés aux résultats de la simulation de *Monte-Carlo* pour un bruit blanc de $RSB = 20dB$. Ces résultats sont aussi tracés sur la Fig. 2.12. Malgré un niveau de bruit élevé, l'algorithme **srivcf** converge vers les vrais paramètres.

	vrai	mc/fve		vi/fve (SR)		vi/fve		srivcf	
	θ	$\bar{\bar{\theta}}$	σ	$\bar{\bar{\theta}}$	σ	$\bar{\bar{\theta}}$	σ	$\bar{\bar{\theta}}$	σ
a_4	25	0.126	0.0005	30.13	16.115	27.489	1.195	25.024	0.015
a_3	-36.5	-1.133	0.0033	-33.72	14.546	-37.624	1.087	-36.527	0.016
a_2	31.2	3.89	0.0093	30.508	8.718	31.454	0.788	31.23	0.009
a_1	-5.3	-4.045	0.0062	-3.668	5.405	-5.319	0.384	-5.299	0.002
b_1	0.5	0.134	0.0023	0.556	0.763	0.526	0.174	0.5001	0.001
b_0	-1	-0.024	0.002	-1.138	1.327	-1.005	0.090	-1.001	0.0004

TABLE 2.1 – Comparaison des méthodes à erreur d'équation (SR : single run (une itération), $\bar{\bar{\theta}}$ correspond à la moyenne et σ à l'écart-type), avec $N_f = 5$ et $\omega_c = 10^2$ rad/s, $RSB = 20$ dB

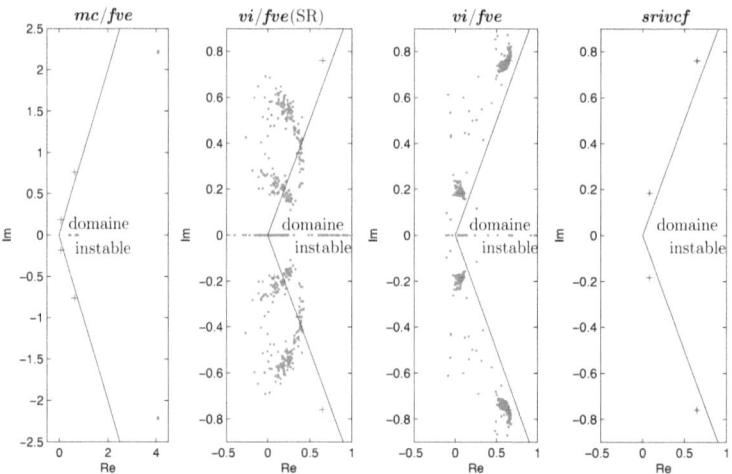

FIGURE 2.10 – Comparaison des méthodes **mc/fve**, **vi/fve** (SR) non itérative, **vi/fve** itérative et **srivcf** itérative (avec $N_f = n + 1$ ($n = \alpha_{m_A}/\nu$) et $\omega_c = 100$ rad/s)

	vrai	mc/fve		vi/fve (SR)		vi/fve		srivcf	
	θ	$\bar{\bar{\theta}}$	σ	$\bar{\bar{\theta}}$	σ	$\bar{\bar{\theta}}$	σ	$\bar{\bar{\theta}}$	σ
a_4	25	12.66	0.071	24.997	0.178	25.035	0.084	25.023	0.014
a_3	-36.5	-17.850	0.0072	-36.513	0.163	-36.5091	0.081	-36.528	0.016
a_2	31.2	27.977	0.028	31.202	0.048	31.202	0.033	31.22	0.009
a_1	-5.3	-4.766	0.007	-5.301	0.010	-5.301	0.008	-5.301	0.002
b_1	0.5	0.696	0.0045	0.501	0.011	0.500	0.0043	0.5001	0.001
b_0	-1	-1.070	0.002	-1.000	0.002	-0.999	0.002	-1.001	0.0005

TABLE 2.2 – Comparaison des méthodes à erreur d'équation (SR : single run (une itération), $\bar{\bar{\theta}}$ est la moyenne et σ l'écart-type), avec $N_f = 6$ et $\omega_c = 1$ rad/s, $RSB = 20$ dB

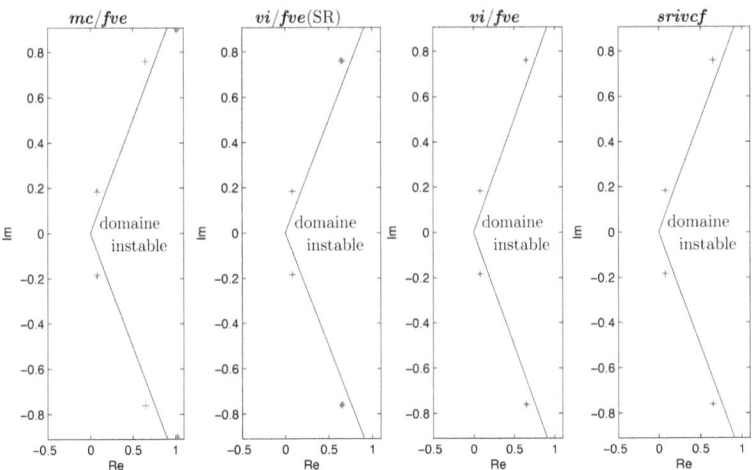

FIGURE 2.11 – Comparaison des méthodes **mc/fve**, **vi/fve** (SR) non itérative, **vi/fve** itérative et **srivcf** itérative (avec $N_f = n + 2$ et $\omega_c = 1$ rad/s)

	vrai	**srivcf** 20 dB		**srivcf** 0dB	
	θ	$\bar{\bar{\theta}}$	σ	$\bar{\bar{\theta}}$	σ
$\mathbf{a_4}$	25	25.023	0.014	25.015	0.482
$\mathbf{a_3}$	-36.5	-36.528	0.016	-36/547	0.543
$\mathbf{a_2}$	31.2	31.221	0.009	31.204	0.277
$\mathbf{a_1}$	-5.3	-5.301	0.002	-5.301	0.068
$\mathbf{b_1}$	0.5	0.5001	0.001	0.503	0.038
$\mathbf{b_0}$	-1	-1.001	0.0005	-1.000	0.015

TABLE 2.3 – Comparaison de la méthode **srivcf** pour différents niveaux de bruit $RSB = 20$dB et $RSB = 0$dB ($\bar{\bar{\theta}}$ est la moyenne et σ l'écart-type)

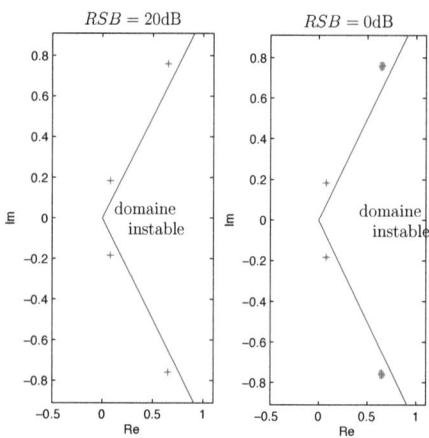

FIGURE 2.12 – Comparaison de la méthode **srivcf** pour différents niveaux de bruit $RSB = 20$dB et $RSB = 0$dB

– **Comparaison avec un modèle rationnel évalué par la méthode srivcf**

L'un des avantages principaux de l'identification par modèle non entier consiste à avoir des modèles plus compacts. En effet, peu de paramètres suffisent pour décrire un système non entier, alors que beaucoup plus de paramètres sont nécessaires à un modèle rationnel pour pouvoir obtenir des performances similaires. Ayant vu l'efficacité de la

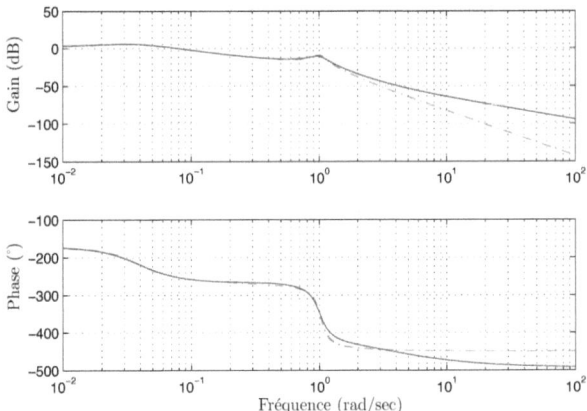

FIGURE 2.13 – Diagramme de Bode des modèles estimés pour 200 réalisations de *Monte-Carlo* : vrai système ($-$), et les modèles rationnels ($\nu = 1$) identifiés par **srivcf** ($-.-$)

méthode **srivcf**, l'intérêt des modèles fractionnaires est suscité ici.

A titre comparatif, la méthode **srivcf** a également été appliquée sur un modèle rationnel (2.80) d'ordre 4, avec $\nu = 1$. Une simulation de *Monte-Carlo* de 200 réalisations est effectuée avec un $RSB = 20$ dB. Pour chaque réalisation de bruit, un modèle rationnel est évalué avec la méthode **srivcf**.

Les réponses fréquentielles des modèles identifiés par la méthode **srivcf** sont tracées sur le diagramme de *Bode* de la Fig. 2.13. Compte tenu des propriétés de la variable instrumentale, les modèles obtenus présentent une très faible dispersion par rapport à la réponse fréquentielle du vrai système. Les modèles rationnels identifiés par la méthode **srivcf** ont un comportement asymptotique bien adapté aux basses fréquences mais perdent leur intérêt aux hautes fréquences. Une distorsion du gain (*resp.* de la phase) est nettement visible aux hautes fréquences. En effet, à ces fréquences, les pentes asymptotiques des modèles rationnels sont des multiples entiers de 20 dB/décade (*resp.* de 90°). L'avantage des modèles fractionnaires est qu'ils permettent d'avoir des pentes asymptotiques quelconques avec une structure plus compacte [Oustaloup, 1995].

En prenant une réalisation de la simulation de *Monte-Carlo* précédente où le signal de sortie est entaché d'un bruit blanc de $RSB = 20$ dB, les réponses temporelles d'un modèle rationnel et d'un modèle non entier identifiés par la méthode *srivcf* sont tracées sur la Fig. 2.14. Il est à noter que la sortie non bruitée a été tracée et non pas la sortie bruitée afin de mieux comparer les réponses temporelles. C'est surtout en traçant les erreurs résiduelles que l'on note les disparités entre les deux modèles. L'erreur résiduelle d'un modèle rationnel ($y - y_{rat}$) est 25 fois supérieure à l'erreur résiduelle d'un modèle non entier($y - y_{NE}$). On remarque également que l'erreur est très importante pour les temps courts, ce qui est normal vu les distorsions en hautes fréquences des réponses fréquentielles des modèles rationnels.

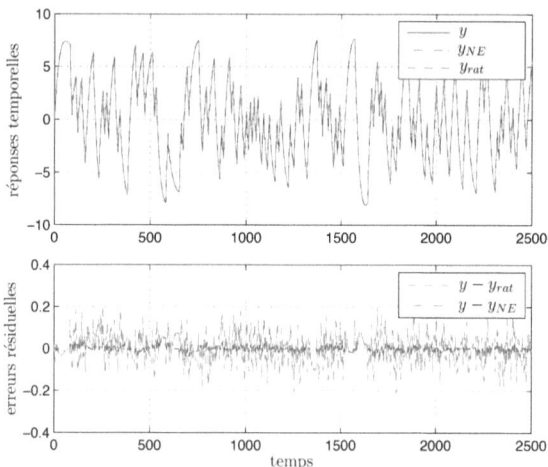

FIGURE 2.14 – Comparaison des réponses temporelles d'un modèle rationnelle (y_{rat}) et d'un modèle non entier (y_{NE}), et erreurs résiduelles par rapport au signal de sortie y non bruité

2.3.1.5 – Résumé de la méthode *srivcf*

Un estimateur optimal en présence de bruit blanc est proposé pour les systèmes fractionnaires : *srivcf*.

Tout d'abord, l'exemple de simulation a mis en évidence les avantages ainsi que l'efficacité de la méthode *srivcf*. Cet estimateur est asymptotiquement sans biais quelle que soit la nature du bruit additif à moyenne nulle, et à variance minimale lorsque le bruit additif est blanc. L'estimateur **vi/fve** fournit des résultats satisfaisants lorsque les paramètres du filtre sont correctement ajustés mais avec une variance plus importante que celle de la méthode **srivcf** qui ne nécessite aucun ajustement paramétrique. La convergence de l'algorithme **srivcf** est moins sensible au choix du vecteur de paramètres initial comparée à la convergence de la méthode **vi/fve**.

Bien que la convergence des méthodes de type **srivcf** n'ait pas pu être démontrée dans la littérature, la méthode **srivcf** exploitant des techniques de régression linéaire, converge très fréquemment et beaucoup plus rapidement (typiquement en 4 itérations dans l'exemple traité alors que la **vi/fve** en nécessite 8) qu'une méthode minimisant une erreur de sortie ($\gg 10$ itérations), beaucoup plus dépendante de l'initialisation.

La comparaison des modèles fractionnaires, avec un ordre commensurable connu *a priori*, et rationnel montre que le choix de l'ordre commensurable est primordial. Cependant, lorsque ce dernier est inconnu, une optimisation peut être envisagée. Mais au préalable, la continuité et la convexité du critère d'erreur en fonction de l'ordre commensurable sont étudiées sur l'exemple précédent.

– **Choix de l'ordre commensurable**

La méthode **srivcf** est appliquée en gardant une structure fixe selon le modèle (2.80) pour des ordres commensurables variant de $\nu = 0.1$ à $\nu = 1.9$ avec un pas de 0.005.

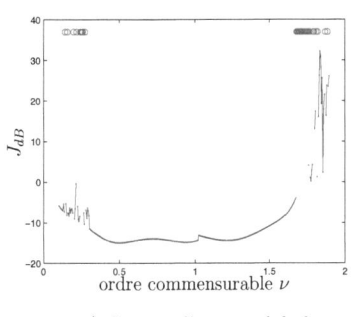

a) Critère d'erreur global

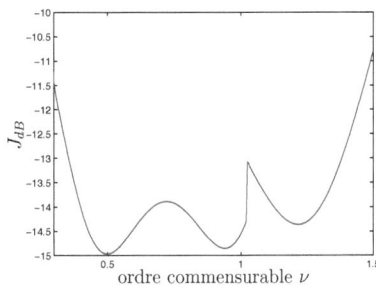

b) Agrandissement du critère d'erreur

FIGURE 2.15 – Critère d'erreur en dB du modèle (2.80) avec $RSB = 15$ dB

La fonction coût est définie sur l'échelle logarithmique par :

$$J_{\mathrm{dB}} = 10 \log \left(\frac{\displaystyle\sum_{k=0}^{K-1} \left(y^{srivcf}(t) - y^*(t)\right)^2}{\displaystyle\sum_{k=0}^{K-1} \left(y^{srivcf}(t)\right)^2} \right), \tag{2.81}$$

où y^{srivcf} est la sortie estimée. Elle est tracée en fonction de l'ordre commensurable ν sur la Fig. 2.15.

Pour chaque modèle stable, le critère d'erreur est tracé par un point bleu, par contre pour un modèle instable, ce critère étant infini, il est marqué d'un cercle rouge (voir Fig. 2.15-a)). Le critère d'erreur présente plusieurs discontinuités dues à la variation de l'ordre du modèle (2.80) de 0.4 à 8 lorsque l'ordre commensurable varie de 0.1 à 2. Cette importante variation de l'ordre du modèle ne permet donc pas d'avoir un critère continu sur la plage de variation complète de l'ordre commensurable $]0, 2[$ d'un système stable (théorème de stabilité de *Matignon*). Le critère d'erreur est cependant continu autour du vrai ordre commensurable du système.

En pratique, les ordres de dérivation ne sont pas nécessairement connus, et pourraient donc être optimisés.

2.3.2 – Variable instrumentale optimale avec optimisation des ordres de dérivation (*oosrivcf*)

Lorsque le modèle

$$G(\mathbf{p}) = \frac{\displaystyle\sum_{i=0}^{m_B} b_i \mathbf{p}^{\beta_i}}{1 + \displaystyle\sum_{j=1}^{m_A} a_j \mathbf{p}^{\alpha_j}}, \tag{2.82}$$

est utilisé et lorsque les ordres de dérivation sont inconnus, le vecteur de paramètres

$$\theta = \begin{bmatrix} \rho \\ \gamma \end{bmatrix} \tag{2.83}$$

est composé du vecteur de $m_A + m_B + 1$ coefficients

$$\rho = [b_0, b_1, \ldots, \ b_{m_B}, a_1, \ldots, a_{m_A}]^{\mathrm{T}}, \tag{2.84}$$

et du vecteur de $m_A + m_B + 1$ ordres de dérivation

$$\gamma = [\beta_0, \ldots, \beta_{m_B}, \alpha_1, \ldots, \alpha_{m_A}]^{\mathrm{T}}. \tag{2.85}$$

Le vecteur de coefficients est optimisé par la méthode *srivcf*, et seul le vecteur des ordres de dérivation est optimisé par une technique de PNL.

Cependant estimer tous les ordres de dérivations nécessite de calculer $m_A + m_B + 1$ termes en plus des $m_A + m_B + 1$ coefficients. De plus, si m_A et/ou m_B sont grands, le critère d'erreur peut présenter plusieurs minima et les algorithmes de PNL peuvent converger vers des minima locaux avec une complexité calculatoire élevée.

Afin de réduire le nombre de paramètres, un modèle commensurable peut être choisi

$$G\left(\mathbf{p}\right) = \frac{\sum\limits_{i=0}^{m_B} b_i \mathbf{p}^{i\nu}}{1 + \sum\limits_{j=1}^{m_A} a_j \mathbf{p}^{j\nu}}, \tag{2.86}$$

où $m_A + m_B + 2$ paramètres sont estimés.

Le vecteur de paramètres

$$\theta = \begin{bmatrix} \rho \\ \gamma \end{bmatrix} \tag{2.87}$$

se réduit alors aux $m_A + m_B + 1$ coefficients

$$\rho = [b_0, b_1, \ldots, \ b_{m_B}, a_1, \ldots, a_{m_A}]^{\mathrm{T}}, \tag{2.88}$$

et à un seul ordre de dérivation, l'ordre commensurable,

$$\gamma = \nu. \tag{2.89}$$

Selon le modèle du système choisi, (2.82) ou (2.86), le vecteur des ordres est estimé itérativement par une technique de PNL en minimisant la norme L_2

$$J(\theta) = \frac{1}{2}\varepsilon(t, \theta)^{\mathrm{T}}\varepsilon(t, \theta) \tag{2.90}$$

de l'erreur de sortie

$$\varepsilon(t, \theta) = y^*(t) - \hat{y}(t), \tag{2.91}$$

où la sortie estimée s'exprime par $\hat{y}(t) = G(\mathbf{p})u(t)$.

En général, le critère d'erreur J est minimisé selon des techniques numériques et itératives telles que les méthodes du gradient [Bertsekas, 1982, Dennis Jr et Schnabel, 1983, Ljung, 1999, Luenberger, 1973].

2.3.2.1 – Méthodes de minimisation

Les méthodes de minimisation numérique d'une fonction J se basent sur une mise à jour itérative du vecteur des estimés. La procédure d'optimisation s'exprime selon :

$$\gamma_{\text{iter}+1} = \gamma_{\text{iter}} + \lambda f_{\text{iter}}, \tag{2.92}$$

où f_{iter} est une direction de recherche basée sur l'information du critère d'erreur $J(\theta)$ acquise aux itérations précédentes, et λ est une constante positive permettant une décroissance appropriée de $J(\theta)$. Selon les définitions de f_{iter}, les méthodes de minimisation numérique sont divisées en trois groupes :

- les méthodes utilisant les valeurs de J ;
- les méthodes utilisant les valeurs de J ainsi que son gradient ;
- les méthodes utilisant les valeurs de J, son gradient et son Hessien (sa dérivée seconde).

Ce dernier groupe de méthodes est utilisé pour l'optimisation des ordres de dérivation. L'algorithme le plus connu est celui de *Newton-Raphson*, où la correction dans la relation (2.92) est choisie selon la direction :

$$f_{\text{iter}} = -\left[J''\right]^{-1} J', \tag{2.93}$$

où le gradient de J s'écrit :

$$J' = \frac{\partial \varepsilon}{\partial \gamma}^{\text{T}} \varepsilon, \tag{2.94}$$

et le Hessien est défini par

$$J'' = \frac{\partial \varepsilon}{\partial \gamma}^{\text{T}} \frac{\partial \varepsilon}{\partial \gamma} - \frac{\partial^2 \varepsilon}{\partial \gamma^2}^{\text{T}} \varepsilon. \tag{2.95}$$

L'information du Hessien n'est cependant pertinente que s'il est défini positif, l'estimé se trouvant alors dans une partie convexe du critère J. Dans le cas contraire, le Hessien n'apporte aucune information pertinente pour la convergence vers un minimum. De plus, le calcul de J'' nécessite l'évaluation de la deuxième dérivée de l'erreur par rapport au vecteur de paramètres. Une alternative au calcul de J'' en (2.95) est l'évaluation du Hessien approché :

$$J'' \approx \mathrm{H}_{app} = \frac{\partial \varepsilon}{\partial \gamma}^{\text{T}} \frac{\partial \varepsilon}{\partial \gamma}, \tag{2.96}$$

cette forme permettant de garantir la semi-positivité du Hessien approché. Il fournit une information d'autant plus pertinente que l'erreur ε est faible, et garantit une descente vers un minimum.

La méthode utilisant le Hessien approché est connue sous le nom de méthode de *Gauss-Newton*, de *Newton-Raphson modifiée*, ou de quasi-linéarisation.

Remarque

Bien que la matrice H_{app} de (2.96) soit toujours semi-définie positive, elle peut être singulière ou en être proche lorsque le modèle est sur-dimensionné ou lorsque les données ne sont pas assez riches. Les techniques de régularisation, dont la plus connue est celle de Levenberg-Marquardt [Levenberg, 1944, Marquardt, 1963b], peuvent être utilisées. Le nouveau Hessien approché est alors défini selon

$$H_{app} = \frac{\partial \varepsilon}{\partial \gamma}^T \frac{\partial \varepsilon}{\partial \gamma} + \zeta I \qquad (2.97)$$

où ζ est un scalaire positif assurant l'inversibilité de la matrice H_{app} et donc la convergence de l'algorithme itératif. Pour $\zeta = 0$, on retrouve l'approche de Gauss-Newton.

Une estimation de la variance des paramètres peut être déduite à partir du Hessien approché [Söderström et Stoica, 1989] selon la formule

$$P_{\hat{\gamma}} = \hat{\sigma}^2 H_{app}^{-1}. \qquad (2.98)$$

où $\hat{\sigma}^2$ représente l'estimation de la variance de l'erreur résiduelle.

2.3.2.2 – Estimation de tous les ordres de dérivation du modèle (2.82)

La méthode de Gauss-Newton est choisie pour l'estimation des ordres de dérivation :

$$\gamma_{\text{iter}+1} = \gamma_{\text{iter}} - \lambda \left[H_{app}^{-1} \frac{\partial J}{\partial \gamma} \right]\Bigg|_{\gamma = \gamma_{\text{iter}}}. \qquad (2.99)$$

Le gradient $\frac{\partial J}{\partial \gamma}$ et le Hessien approché H_{app} sont donc définies respectivement par (2.94) et (2.96).

Les sensibilités du vecteur de l'erreur ε par rapport aux paramètres, nécessaire pour l'évaluation du gradient $\frac{\partial J}{\partial \gamma}$ et du Hessien approché H_{app}, se calculent en fonction de la sensibilité de la sortie du modèle par rapport au vecteur de paramètres :

$$\frac{\partial \varepsilon}{\partial \gamma} = -\frac{\partial \hat{y}}{\partial \gamma},$$

où

$$\frac{\partial \hat{y}}{\partial \gamma} = \left[\frac{\partial \hat{y}}{\partial \beta_0}, \ldots, \frac{\partial \hat{y}}{\partial \beta_{m_B}}, \frac{\partial \hat{y}}{\partial \alpha_1}, \ldots, \frac{\partial \hat{y}}{\partial \alpha_{m_A}} \right]^T,$$

avec

$$\frac{\partial \hat{y}(t,\theta)}{\partial \beta_l}(t) = \frac{b_l \ln(\mathbf{p})\mathbf{p}^{\beta_l}}{1 + \sum\limits_{j=1}^{m_A} a_j \mathbf{p}^{\alpha_j}} u(t), \quad \text{pour} \quad l = 0, \ldots, m_B,$$

$$\frac{\partial \hat{y}(t,\theta)}{\partial \alpha_l}(t) = \frac{-a_l \ln(\mathbf{p}) \sum\limits_{i=0}^{m_B} b_i \mathbf{p}^{\beta_i + \alpha_l}}{\left(1 + \sum\limits_{j=1}^{m_A} a_j \mathbf{p}^{\alpha_j}\right)^2} u(t), \quad \text{pour} \quad l = 1, \ldots, m_A.$$

Toutefois, le calcul de ces fonctions de sensibilité est problématique compte tenu du terme $\ln(\mathbf{p})$. Ainsi, la dérivée $\frac{\partial \varepsilon}{\partial \gamma}$ est calculée numériquement plutôt qu'analytiquement.

2.3.2.3 – Estimation de l'ordre commensurable du modèle (2.86)

Pour réduire le nombre de paramètres à estimer, une procédure d'optimisation de l'ordre commensurable est proposée sachant que le modèle considéré est donné en (2.86). Seul l'ordre commensurable est estimé par la méthode de Gauss-Newton, les coefficients étant estimés par la méthode *srivcf*. Au total, $m_A + m_B + 2$ paramètres sont estimés.

Le vecteur des ordres, se réduisant alors à l'ordre commensurable $\gamma_{\text{iter}+1}$ à l'itération iter $+ 1$, dépend de sa valeur précédente et d'un terme de correction selon :

$$\gamma_{\text{iter}+1} = \gamma_{\text{iter}} - \lambda \left[\mathrm{H}_{app}^{-1} \frac{\partial J}{\partial \gamma} \right]\Bigg|_{\gamma = \gamma_{\text{iter}}}. \tag{2.100}$$

Le gradient $\frac{\partial J}{\partial \gamma}$ et le Hessien approché H_{app} sont donc définies respectivement par (2.94) et (2.96).

La sensibilité du vecteur de l'erreur ε par rapport à l'ordre commensurable, nécessaire pour l'évaluation du gradient $\frac{\partial J}{\partial \gamma}$ et du Hessien approché H_{app}, se calcule en fonction de la sensibilité de la sortie du modèle par rapport à l'ordre commensurable :

$$\frac{\partial \varepsilon}{\partial \gamma} = -\frac{\partial \hat{y}}{\partial \gamma},$$

où

$$\frac{\partial \hat{y}}{\partial \gamma} = \frac{\partial \hat{y}}{\partial \nu}$$

avec

$$\frac{\partial \hat{y}}{\partial \nu} = \ln(\mathbf{p}) \frac{\sum\limits_{i=0}^{n} i b_i \mathbf{p}^{i\nu} + \sum\limits_{i=0}^{m_A} \sum\limits_{j=1}^{m_B} (i-j) b_i a_j \mathbf{p}^{(i+j)\nu}}{\left(1 + \sum\limits_{j=1}^{n} a_j \mathbf{p}^{j\nu}\right)^2} u(t).$$

Toutefois, le calcul de la fonction de sensibilité $\frac{\partial \hat{y}}{\partial \nu}$ est également problématique compte tenu du terme $\ln(\mathbf{p})$. Ainsi, la dérivée $\frac{\partial \varepsilon}{\partial \gamma}$ est calculée numériquement plutôt qu'analytiquement.

2.3.2.4 – Algorithme d'optimisation des ordres de dérivation : *oosrivcf*

L'algorithme proposé permet d'estimer le vecteur de paramètres θ de (2.83) ou de (2.87) selon la méthode de Gauss-Newton pour les ordres de dérivation γ et selon la *srivcf* pour les coefficients : il est intitulé ***oosrivcf*** (*Optimisation des Ordres combinée à la* **srivcf** *ou en anglais* ***Order Optimization combined with*** **srivcf**). Bien que ce type d'algorithme n'ait aucune preuve de convergence, en pratique il converge très souvent vers un minimum du critère (2.90).

Étape 1 *Initialisation*

Initialiser γ_0

Calculer ρ_0 par la méthode ***srivcf***

Calculer $J(\theta_0)$

$iter = 0$

Étape 2 *Méthode d'optimisation de Gauss-Newton*

faire

Initialiser $\lambda = \Lambda$

faire

(i) Affiner l'ordre pour converger jusqu' au minimum :
$$\gamma_{\text{iter}+1} = \gamma_{\text{iter}} - \lambda \left[\mathrm{H}_{app}^{-1} \frac{\partial J}{\partial \gamma} \right] \bigg|_{\gamma_{\text{iter}}}$$
(ii) Calculer ρ_{iter} par la ***srivcf***

(iii) Évaluer le critère d'erreur : $J(\theta_{\text{iter}+1})$.

(iv) $\lambda = \lambda/2$

tant que $J(\theta_{\text{iter}+1}) > J(\theta_{\text{iter}})$ ou $|J(\theta_{\text{iter}+1}) - J(\theta_{\text{iter}})| > \epsilon_1$

iter = iter + 1

tant que $\max_l \left| \gamma_{\text{iter}}^l - \gamma_{\text{iter}-1}^l \right| > \epsilon_2$

où γ_{iter}^l correspond au l-ème élément du vecteur des ordres γ_{iter} à l'itération iter.

Étape 3 *Estimation de l'erreur paramétrique*

Après convergence, calculer la matrice de covariance de l'erreur paramétrique estimée $P_{\hat{\gamma}}$ associée à l'estimé $\hat{\gamma}$ par l'expression (2.98)

L'étape (iv) permet de réduire le pas de l'algorithme au cas où il serait trop important permettant d'affiner la convergence vers un minimum.

Remarque

Que l'on estime le vecteur des ordres de dérivation (2.85) ou uniquement l'ordre commensurable ν, l'algorithme reste inchangé. Seules les fonctions de sensibilité et la condition d'arrêt de l'algorithme changent. La condition d'arrêt devient dans le cas de l'ordre commensurable $|\nu_{\text{iter}} - \nu_{\text{iter}-1}| > \epsilon_2$.

2.3.2.5 – Exemple de simulation

Les données d'entreé/sortie sont générées par le système décrit au paragraphe 2.3.1.4 :

$$G_0(\mathbf{p}) = \frac{K\left(-T\mathbf{p}^\nu + 1\right)}{\left(\left(\frac{\mathbf{p}}{\omega_1}\right)^{2\nu} + 2\zeta_1(\frac{\mathbf{p}}{\omega_1})^\nu + 1\right)\left(\left(\frac{\mathbf{p}}{\omega_2}\right)^{2\nu} + 2\zeta_2(\frac{\mathbf{p}}{\omega_2})^\nu + 1\right)}, \tag{2.101}$$

avec $\nu = 0.5$, $K = -1$, $T = 0.5$, $\omega_1 = 0.2$ rad/s, $\zeta_1 = -0.4$, $\omega_2 = 1$ rad/s et $\zeta_2 = -0.65$. Le signal d'entrée u est une SBPA d'amplitude comprise entre -5 et 5 dont la densité spectrale de puissance est donnée sur la Fig. 2.8 et la sortie y est corrompue par un bruit blanc gaussien e à moyenne nulle ayant différent rapports signal sur bruit (voir Fig. 2.9). Les signaux sont échantillonnées avec une période de $T_s = 5.10^{-2}$ s.

Afin d'être dans la même classe de modèle que le "vrai" système (2.101), le modèle suivant est choisi :

$$G(\mathbf{p}) = \frac{b_1\mathbf{p}^\nu + b_0}{a_4\mathbf{p}^{4\nu} + a_3\mathbf{p}^{3\nu} + a_1\mathbf{p}^{2\nu} + a_1\mathbf{p}^\nu + 1}. \tag{2.102}$$

Le modèle (2.102) étant commensurable, seule l'optimisation de l'ordre commensurable ν, par minimisation du critère J (2.90), nécessite une programmation non linéaire. Les coefficients a_i et b_j sont estimés par la méthode ***srivcf***. Le critère d'erreur, tracé en fonction de l'ordre commensurable sur la Fig. 2.15 p.103 présente plusieurs discontinuités. L'algorithme ***oosrivcf*** doit donc être initialisé dans la zone convexe du minimum global pour qu'il y converge.

Trois simulations de *Monte-Carlo* de 200 réalisations chacune sont effectuées pour trois niveaux de bruit différents avec $RSB = 20$ dB, $RSB = 15$ dB et $RSB = 10$ dB avec $\nu_0 = 0.3$. La méthode ***oosrivcf*** converge vers le vrai ordre commensurable $\nu = 0.5$ du système simulé. La Fig. 2.16 et la Fig. 2.17 illustrent l'acuité de cet algorithme aussi bien pour l'estimation de l'ordre commensurable que pour la consistence des pôles en $\mathbf{p}^\nu$ estimés malgré le bruit.

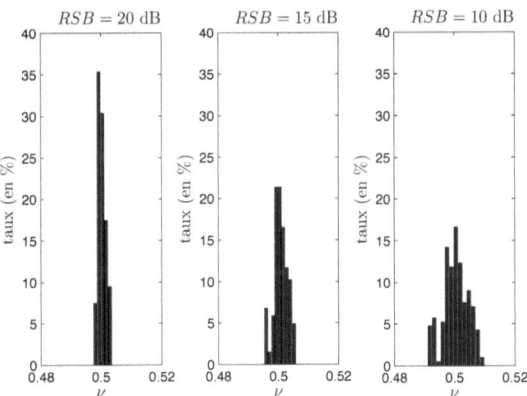

FIGURE 2.16 – Histogrammes de l'estimation de l'ordre commensurable pour 200 réalisations de *Monte-Carlo* obtenus par la méthode **oosrivcf** pour différents niveaux de bruit

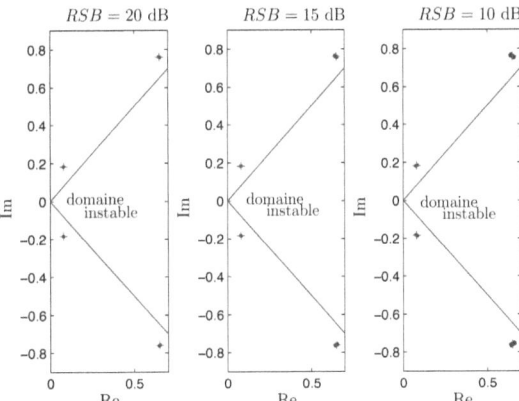

FIGURE 2.17 – Estimés des pôles en $\mathbf{p}^{\nu}$ pour les 200 réalisations de *Monte-Carlo* où '+' représente les vrais pôles en $\mathbf{p}^{\nu}$

vrai	*srivcf*	RSB=20 dB	*srivcf*	RSB=15 dB	*srivcf*	RSB=10 dB
θ	$\overline{\hat{\theta}}$	σ	$\overline{\hat{\theta}}$	σ	$\overline{\hat{\theta}}$	σ
a_4	25	25.07	0.1992	25.116	0.3452	25.074	0.634
a_3	-36.5	-36.56	0.1588	-36.605	0.272	-36.567	0.509
a_2	31.2	31.25	0.142	31.283	0.244	31.25	0.451
a_1	-5.3	-5.29	0.0191	-5.290	0.0348	-5.293	0.061
b_1	0.5	0.50	0.0071	0.497	0.0118	0.4982	0.021
b_0	-1	-1.001	0.0036	-1.002	0.0067	-1.001	0.012
ν	0.5	0.5004	0.0013	0.5007	0.0023	0.5004	0.0041

TABLE 2.4 – Paramètres du modèle (2.102) évalué par la méthode **oosrivcf** ($\overline{\hat{\theta}}$ est la moyenne et σ l'écart-type), pour différents niveaux de bruit

	RSB=20 dB	RSB=15 dB	RSB=10 dB
$P_{\nu,\text{analytique}}$	$8.78\,10^{-7}$	$5.44\,10^{-6}$	$1.68\,10^{-5}$
$P_{\nu,\text{statistique}}$	$8.75\,10^{-7}$	$5.32\,10^{-6}$	$1.73\,10^{-5}$

TABLE 2.5 – Variances estimées analytiquement et statistiquement pour différents niveaux de bruit

Pour différents niveaux de RSB, les simulations de *Monte-Carlo* révèlent une estimation de l'ordre commensurable très précise avec une valeur moyenne très proche du vrai ordre commensurable et un faible écart-type (voir TAB. 2.4). Connaissant les performances et l'efficacité de la méthode **srivcf** (§2.3.1 p.87), la méthode **oosrivcf** fournit une estimation asymptotiquement sans biais. D'autre part, la variance estimée analytiquement de l'ordre commensurable par la formule (2.98) est très proche de la variance estimée statistiquement (voir TAB. 2.5).

2.3.2.6 – Résumé de la méthode *oosrivcf*

Dans un contexte de bruit blanc, la méthode **srivcf** est l'estimateur optimal (variance minimale et asymptotiquement sans biais) quand la connaissance *a priori* permet de fixer les ordres de dérivation. Dans le cas contraire, l'algorithme **oosrivcf** permet d'estimer les ordres de dérivation.

Le critère d'erreur étant étroitement lié aux ordres de dérivation, l'estimation des ordres de dérivation se fait en utilisant une technique de programmation non linéaire, celle de *Gauss-Newton*. Cependant, plus le nombre d'ordres de dérivation est grand, plus la convergence vers le minimum global est compromise. Pour diminuer ce nombre, l'optimisation de l'ordre commensurable est préférée. D'autre part, la variance de l'ordre commensurable peut être estimée analytiquement en utilisant l'estimation du Hessien approché. Un exemple de simulation illustre l'efficacité de la méthode ***oosrivcf*** pour l'estimation de l'ordre commensurable.

Dans un contexte de bruit blanc, les algorithmes ***srivcf*** et ***oosrivcf*** sont asymptotiquement sans biais et à variance minimale. Cependant dans un contexte de bruit coloré, ces algorithmes ne sont plus à variance minimale. Il est alors plus judicieux d'effectuer une étude adaptée à ce contexte.

2.4 – Contribution à l'identification de système en présence de bruit coloré en sortie

La plupart des techniques directes d'identification de système à temps continu permettent d'estimer le modèle du système et négligent l'estimation du modèle de bruit. Il existe aussi des techniques stochastiques permettant d'estimer le modèle de bruit au même titre que le modèle du système. Ces techniques se basent généralement sur des modèles de Box-Jenkins [Pintelon et Schoukens, 2006, Young *et al.*, 2006].

Le deuxième volet des contributions à l'identification par modèle non entier est présenté dans un contexte de bruit coloré. Un modèle hybride de type Box-Jenkins est alors proposé où le modèle du système est non entier et à temps continu et le modèle de bruit est un processus AR ou ARMA à temps discret.

Dans le premier cas d'étude (paragraphe 2.4.1), les ordres de dérivation sont fixés et les coefficients des modèles du système et de bruit sont estimés. Bien que la méthode *srivc* permette d'obtenir des estimés asymptotiquement sans biais, ceux-ci ne sont pas à variances minimales car les pré-filtres ne sont pas conçus pour prendre en compte un bruit coloré. Par conséquent, l'approche stochastique *riv* (de l'anglais : *Refined Instrumental Variable*) a été proposée d'abord pour des modèles rationnels discrets [Young, 1976, Young et Jakeman, 1979], dans un contexte de maximum de vraisemblance (ML : *Maximum Likelihood*), puis étendue aux modèles rationnels continus (de l'anglais : *rivc for Continuous-time models*) [Garnier *et al.*, 2007, Young, 2008, Young *et al.*, 2006, Young et Jakeman, 1980]. Cette méthode, qui fournit des estimés asymptotiquement sans biais à variance minimale en présence de bruit coloré, est étendue aux modèles non entiers de type Box-Jenkins et est appelée *rivcf* (*rivc* pour les modèles *non entiers* ou *fractional* en anglais).

Dans le deuxième cas d'étude (2.4.2), les ordres de dérivation du modèle du système sont estimés au même titre que les coefficients des modèles de système et de bruit. Comme pour l'algorithme *oosrivcf*, une méthode de PNL de type gradient est utilisée pour l'estimation des ordres de dérivation.

2.4.1 – Variable instrumentale optimale pour des modèles de type Box-Jenkins avec des ordres de dérivation fixés (*rivcf*)

L'algorithme *rivc* a été développé dans un contexte de maximum de vraisemblance aboutissant a une forme pseudo-linéaire [Solo, 1978] et utilisant des filtres optimaux [Young, 1976, Young *et al.*, 1996]. Une analyse similaire peut être menée dans le cas des systèmes non entiers puisque le problème y est similaire.

L'algorithme *rivcf* est un algorithme itératif, qui permet d'estimer à chaque itération un modèle discret de bruit et un modèle continu du système, utilisés dans la mise à jour des filtres, nécessaires pour atténuer le bruit en dehors de la bande de fréquences d'intérêt et pour blanchir le bruit à l'intérieur de celle-ci. De plus, ces filtres permettent de calculer d'une façon pratique les dérivées filtrées de l'entrée et de la sortie, nécessaires pour l'estimation des modèles du système et de bruit à l'itération suivante.

Lorsque le bruit de mesure ξ est coloré, la sortie bruitée y^*, issue du modèle de BJ, est donnée par :

$$\begin{cases} y(t) = G(\mathbf{p})\, u(t) \\ \xi(t_k) = \mathcal{H}(\mathbf{q}^{-1}) e(t_k) \\ y^*(t_k) = y(t_k) + \xi(t_k), \end{cases} \tag{2.103}$$

où le modèle du système est à temps continu et non entier :

$$G(\mathbf{p}) = \frac{B(\mathbf{p})}{A(\mathbf{p})} = \frac{\sum\limits_{i=0}^{m_B} b_i \mathbf{p}^{\beta_i}}{1 + \sum\limits_{j=1}^{m_A} a_j \mathbf{p}^{\alpha_j}}, \tag{2.104}$$

et le modèle de bruit est à temps discret :

$$\mathcal{H}(\mathbf{q}^{-1}) = \frac{\mathcal{C}(\mathbf{q}^{-1})}{\mathcal{D}(\mathbf{q}^{-1})} = \frac{1 + \sum\limits_{i=0}^{v} c_i \mathbf{q}^{-i}}{1 + \sum\limits_{j=1}^{r} d_j \mathbf{q}^{-j}}. \tag{2.105}$$

Un bruit blanc étant défini comme un signal discontinu en tout point, car il ne peut y avoir une corrélation entre deux (voire plusieurs) échantillons consécutifs, la représentation à temps discret du bruit est choisie.

De plus lorsque les ordres de dérivation sont connus, le vecteur de paramètres

$$\theta = \begin{bmatrix} \rho \\ \eta \end{bmatrix}, \tag{2.106}$$

115

se compose du vecteur des $m_A + m_B + 1$ coefficients du modèle du système

$$\rho = [b_0, b_1, \ldots, b_{m_B}, a_1, \ldots, a_{m_A}]^{\mathrm{T}},$$

et du vecteur des $r + v + 1$ coefficients du modèle de bruit

$$\eta = [c_0, c_1, \ldots, c_v, d_1, \ldots, d_r]^{\mathrm{T}}.$$

En suivant l'approche classique de minimisation de l'erreur de prédiction dans le cas hybride, qui correspond à une estimation du maximum de vraisemblance compte tenu des hypothèses gaussiennes sur e, la fonction d'erreur à l'instant t_k est donnée par

$$e(t_k) = \frac{\mathcal{D}\left(\mathbf{q}^{-1}\right)}{\mathcal{C}\left(\mathbf{q}^{-1}\right)} \left\{ y^*(t_k) - \frac{B(\mathbf{p})}{A(\mathbf{p})} u(t_k) \right\}, \tag{2.107}$$

qui peut également s'écrire

$$e(t_k) = \frac{\mathcal{D}\left(\mathbf{q}^{-1}\right)}{\mathcal{C}\left(\mathbf{q}^{-1}\right)} \left\{ A(\mathbf{p}) \left(\frac{1}{A(\mathbf{p})} y^*(t_k) \right) - B(\mathbf{p}) \left(\frac{1}{A(\mathbf{p})} u(t_k) \right) \right\}, \tag{2.108}$$

où le pré-filtre discret $\frac{\mathcal{D}(\mathbf{q}^{-1})}{\mathcal{C}(\mathbf{q}^{-1})}$ correspond à l'inverse du modèle de bruit $ARMA(v, r)$.

Il est à noter que, dans ces deux dernières équations, les opérateurs discrets et continus sont utilisés afin d'indiquer la nature hybride du problème d'estimation. Ainsi, les opérations telle que $\frac{B(\mathbf{p})}{A(\mathbf{p})} u(t_k)$ impliquent que la variable $u(t_k)$ soit interpolées.

La minimisation du critère d'erreur des moindres carrés sur $e(t_k)$ étant à la base de l'estimation stochastique, l'équation (2.108) peut être considérée sous la forme alternative

$$e(t_k) = A(\mathbf{p}) y_f^*(t_k) - B(\mathbf{p}) u_f(t_k), \tag{2.109}$$

où $y_f^*(t_k)$ et $u_f(t_k)$ représentent les sorties échantillonnées des opérations de pré-filtrage hybride (voir Fig. 2.18), à savoir un filtrage à temps continu de l'entrée u et de la sortie y^* par le dénominateur du modèle du système :

$$F_c^{opt}(\mathbf{p}) = \frac{1}{A(\mathbf{p})}, \tag{2.110}$$

et un filtrage à temps discret de l'erreur e par le modèle inverse de bruit :

$$F_d^{opt}(\mathbf{q}^{-1}) = \frac{\mathcal{D}(\mathbf{q}^{-1})}{\mathcal{C}(\mathbf{q}^{-1})}. \tag{2.111}$$

En appliquant les deux filtres, l'erreur de prédiction s'écrit :

$$\epsilon(t_k) = y_f^*(t_k) + a_1 y_f^{*(\alpha_1)}(t_k) + \cdots + a_{m_A} y_f^{*(\alpha_{m_A})}(t_k)$$
$$- b_0 u_f^{(\beta_0)}(t_k) - b_1 u_f^{(\beta_1)}(t_k) - \cdots - b_{m_B} u_f^{(\beta_{m_B})}(t_k), \tag{2.112}$$

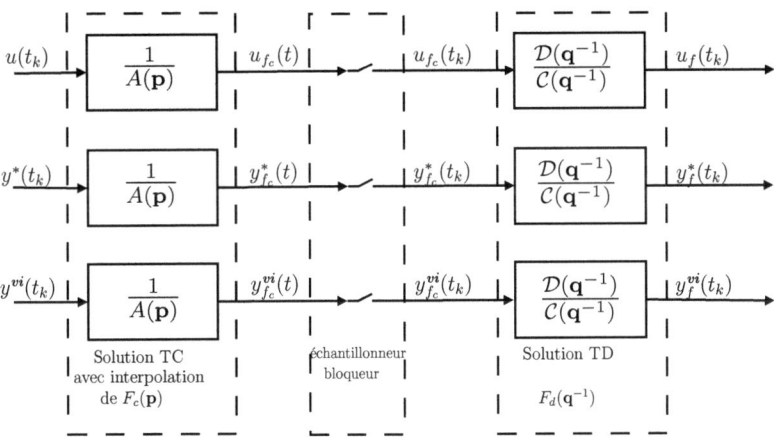

FIGURE 2.18 – Opérations hybrides de préfiltrage utilisés pour l'estimation **rivcf**

où les dérivées filtrées de l'entrée et de la sortie

$$\begin{cases} u_f^{(\beta_i)}(t_k) = F_d^{opt}(\mathbf{q}^{-1})u_{fc}^{(\beta_i)}(t_k), & i = 0, \dots, m_B, \\ y_f^{(\alpha_j)}(t_k) = F_d^{opt}(\mathbf{q}^{-1})y_{fc}^{*(\alpha_j)}(t_k), & j = 1, \dots, m_A, \end{cases} \quad (2.113)$$

sont définies à partir de

$$\begin{cases} u_{fc}^{(\beta_i)}(t) = \mathbf{p}^{\beta_i}F_c^{opt}(\mathbf{p})u(t), & i = 0, \dots, m_B, \\ y_{fc}^{(\alpha_j)}(t) = \mathbf{p}^{\alpha_j}F_c^{opt}(\mathbf{p})y^*(t), & j = 1, \dots, m_A. \end{cases} \quad (2.114)$$

Les pré-filtres nécessaires sont bien entendu plus complexes que dans l'algorithme **srivcf** puisqu'ils nécessitent la mise en place d'opérations de filtrages hybrides (2.110) et (2.111) comme le montre la Fig. 2.18.

2.4.1.1 – Estimateur optimal

Les modèles du système et de bruit n'étant pas connus en pratique, les méthodes d'estimation **vi** [Garnier et al., 2008, Young et al., 2006] nécessitent une démarche itérative. A chaque itération, le modèle auxiliaire, utilisé pour générer à la fois les instruments et le pré-filtre continu, ainsi que le modèle de bruit, inverse du pré-filtre discret, sont mis à jour, à partir des paramètres obtenus à l'itération précédente. Les pré-filtres optimaux F_c^{opt} de (2.110) et F_d^{opt} de (2.111) sont respectivement remplacés par

$$F_{c,\text{iter}}(\mathbf{p}) = \frac{1}{\hat{A}(\mathbf{p})} \tag{2.115}$$

et

$$F_{d,\text{iter}}(\mathbf{q}^{-1}) = \frac{\hat{\mathcal{D}}(\mathbf{q}^{-1})}{\hat{\mathcal{C}}(\mathbf{q}^{-1})}, \tag{2.116}$$

calculés itérativement où iter correspond au numéro de l'itération et $\hat{A}$, $\hat{\mathcal{C}}$ et $\hat{\mathcal{D}}$ correspondent respectivement à l'estimation de A calculée à l'itération précédente (iter -1), et aux estimations de $\mathcal{C}$ et $\mathcal{D}$ calculées à l'itération courante (iter).

De plus, à chaque itération, la variable instrumentale est générée à partir de la sortie du modèle auxiliaire continu

$$y^{vi}(t) = \frac{\hat{A}(\mathbf{p})}{\hat{B}(\mathbf{p})} u(t). \tag{2.117}$$

Les dérivées filtrées de l'entrée, de la sortie et de la variable instrumentale sont calculées à chaque itération par :

$$\begin{cases} u_f^{(\beta_i)}(t_k) = F_{d,\text{iter}}(\mathbf{q}^{-1}) u_{fc}^{(\beta_i)}(t_k), & i = 0, \ldots, m_B, \\ y_f^{*(\alpha_j)}(t_k) = F_{d,\text{iter}}(\mathbf{q}^{-1}) y_{fc}^{*(\alpha_j)}(t_k), & j = 1, \ldots, m_A, \\ y_f^{vi(\alpha_j)}(t_k) = F_{d,\text{iter}}(\mathbf{q}^{-1}) y_{fc}^{vi(\alpha_j)}(t_k), & j = 1, \ldots, m_A, \\ u_{fc}^{(\beta_i)}(t) = \mathbf{p}^{\beta_i} F_{c,\text{iter}}(\mathbf{p}) u(t), & i = 0, \ldots, m_B, \\ y_{fc}^{*(\alpha_j)}(t) = \mathbf{p}^{\alpha_j} F_{c,\text{iter}}(\mathbf{p}) y^*(t), & j = 1, \ldots, m_A, \\ y_f^{vi(\alpha_j)}(t) = \mathbf{p}^{\alpha_j} F_{c,\text{iter}}(\mathbf{p}) y^{vi}(t), & j = 1, \ldots, m_A. \end{cases} \tag{2.118}$$

On en déduit alors le vecteur de régression $\varphi_f^*(t_k)$ ainsi que le vecteur instrumental $\varphi_f^{vi}(t_k)$:

$$\begin{aligned} \varphi_f^*(t_k)^{\mathrm{T}} &= \left[u_f^{(\beta_0)}(t_k), \cdots, u_f^{(\beta_{m_B})}(t_k), -y_f^{*(\alpha_1)}(t_k), \cdots, -y_f^{*(\alpha_{m_A})}(t_k) \right], \\ \varphi_f^{vi}(t_k)^{\mathrm{T}} &= \left[u_f^{(\beta_0)}(t_k), \cdots, u_f^{(\beta_{m_B})}(t_k), -y_f^{vi(\alpha_1)}(t_k), \cdots, -y_f^{vi(\alpha_{m_A})}(t_k) \right], \end{aligned} \tag{2.119}$$

qui dépendent des estimations du vecteur de paramètres ρ à l'itération iter -1, $\hat{\rho}_{\text{iter}-1}$, et du vecteur de paramètres η à l'itération iter, $\hat{\eta}_{\text{iter}}$.

Le problème d'optimisation **vi** se formule alors selon

$$\hat{\rho}_{\text{iter}}^{rivcf} = \arg\min_\rho \left\| \left[\frac{1}{K} \sum_{k=0}^{K-1} \varphi_f^{vi}(t_k) \varphi_f^*(t_k)^{\mathrm{T}} \right] \rho - \left[\frac{1}{K} \sum_{k=0}^{K-1} \varphi_f^{vi}(t_k) y_f^*(t_k) \right] \right\|_2, \tag{2.120}$$

dont la solution à chaque itération permet d'obtenir

$$\hat{\rho}_{\text{iter}}^{\boldsymbol{rivcf}} = \left[\sum_{k=0}^{K-1} \varphi_f^{\boldsymbol{vi}}(t_k)\varphi_f^*(t_k)^{\mathrm{T}} \right]^{-1} \sum_{k=0}^{K-1} \varphi_f^{\boldsymbol{vi}}(t_k)y_f^*(t_k), \tag{2.121}$$

ou sous la forme matricielle

$$\hat{\rho}_{\text{iter}}^{\boldsymbol{rivcf}} = \left[\boldsymbol{\Phi}_f^{\boldsymbol{vi}^{\mathrm{T}}} \boldsymbol{\Phi}_f^* \right]^{-1} \boldsymbol{\Phi}_f^{\boldsymbol{vi}^{\mathrm{T}}} \mathbf{Y}_f^*, \tag{2.122}$$

avec

$$\begin{aligned}
\mathbf{Y}_f^* &= \left[y_f^*(t_0), y_f^*(t_1), \ldots, y_f^*(t_{K-1}) \right]^{\mathrm{T}}, \\
\boldsymbol{\Phi}_f^* &= \left[\varphi_f^*(t_0), \varphi_f^*(t_1), \ldots, \varphi_f^*(t_{K-1}) \right]^{\mathrm{T}}, \\
\boldsymbol{\Phi}_f^{\boldsymbol{vi}} &= \left[\varphi_f^{\boldsymbol{vi}}(t_0), \varphi_f^{\boldsymbol{vi}}(t_1), \ldots, \varphi_f^{\boldsymbol{vi}}(t_{K-1}) \right]^{\mathrm{T}}.
\end{aligned} \tag{2.123}$$

L'estimation du vecteur de paramètres $\hat{\eta}_{\text{iter}}$ à chaque itération se fait, quant à elle, en appliquant n'importe quel algorithme d'estimation de modèle ARMA ([Ljung, 1999, Söderström et Stoica, 1989]) sur l'erreur de sortie, assimilée au bruit coloré à chaque itération :

$$\hat{\xi}(t_k) = y^*(t_k) - y^{\boldsymbol{vi}}(t_k). \tag{2.124}$$

L'estimation de la matrice de covariance $\mathbf{P}_\rho$ de l'erreur d'estimation associée à l'estimé $\hat{\rho}^{\boldsymbol{rivcf}}$, obtenue lors de la convergence de $\hat{\rho}_{\text{iter}}^{\boldsymbol{rivcf}}$, est donnée par :

$$\mathbf{P}_{\hat{\rho}^{\boldsymbol{rivcf}}} = \hat{\sigma}^2 \left[\sum_{k=0}^{K-1} \varphi_f^{\boldsymbol{vi}}(t_k)\varphi_f^{\boldsymbol{vi}}(t_k)^{\mathrm{T}} \right]^{-1}, \tag{2.125}$$

où $\varphi_f^{\boldsymbol{vi}}(t_k)$ est le vecteur instrumental obtenu après convergence et $\hat{\sigma}^2$ est l'estimation empirique de la variance de l'erreur de prédiction.

2.4.1.2 – Algorithme *rivcf*

L'estimateur de la variable instrumentale optimale ***rivcf***, permettant d'obtenir une estimation optimale des modèles du système et de bruit dans un contexte de bruit coloré, est résumé dans ce paragraphe.

Étape 1 *Initialisation*

Utiliser l'algorithme ***srivcf*** décrit au §2.3.1.2 p. 90 pour obtenir l'estimation à l'itération iter = 1 du vecteur de paramètres $\hat{\rho}_1$, cette estimation étant utilisée pour générer le pré-filtre initial à temps continu $F_{c,1}(\mathbf{p})$. $\hat{\theta}_1 = [\hat{\rho}_1, \hat{\eta}_1]^{\mathrm{T}}$ où $\hat{\eta}_1$ est initialisé à un vecteur de 1.

Étape 2 *Estimation itérative de la variable instrumentale et pré-filtrage hybride*

faire

(i)   iter = iter + 1

Générer le vecteur d'instruments $y^{vi}(t)$ à partir de (2.117) et des paramètres estimés à l'itération précédente $\hat{\rho}_{\text{iter}-1}$.

(ii) Mettre à jour le filtre à temps continu $F_{c,\text{iter}}(\mathbf{p})$ dans (2.115) avec le nouveau vecteur de paramètres estimés $\hat{\rho}_{\text{iter}-1}$. Puis évaluer les dérivées filtrées de l'entrée $u(t)$, de la sortie $y^*(t)$ et la variable instrumentale $y^{vi}(t)$.

(iii) Obtenir un estimé du vecteur de paramètres du modèle de bruit $\hat{\eta}_{\text{iter}}$ en utilisant un algorithme d'estimation ARMA appliqué sur l'erreur de sortie $\hat{\xi}(t_k)$ (2.124).

(iv) Mettre à jour le filtre à temps discret $F_{d,\text{iter}}(\mathbf{q}^{-1})$ dans (2.116) avec le vecteur de paramètres estimé $\hat{\eta}_{\text{iter}}$. Puis, filtrer les dérivées des signaux calculés en (ii), à savoir les dérivées de $u_{f_c}(t_k)$, $y^*_{f_c}(t_k)$ et $y^{vi}_{f_c}(t_k)$ (Fig. 2.18), afin de définir le vecteur de régression $\varphi^*_f(t_k)$ et le vecteur instrumental $\varphi^{vi}_f(t_k)$, conformément à (2.119).

(v) A partir de ces signaux filtrés, calculer le nouveau vecteur de paramètres $\hat{\rho}_{\text{iter}}$ selon la formule (2.121). Le vecteur de paramètres global $\hat{\theta}^{rivcf}_{\text{iter}} = [\hat{\rho}_{\text{iter}}, \hat{\eta}_{\text{iter}}]^{\text{T}}$ est ainsi obtenu à l'itération iter.

tant que $\max_{j} \left| \hat{\theta}^{j,rivcf}_{\text{iter}} - \hat{\theta}^{j,rivcf}_{\text{iter}-1} \right| > \epsilon$

où $\hat{\theta}^{j,rivcf}_{\text{iter}}$ correspond au $j^{ème}$ élément du vecteur de paramètres $\hat{\theta}^{rivcf}_{\text{iter}}$ obtenu à l'itération iter.

Étape 3 *Estimation de l'erreur paramétrique*

Calculer la matrice de covariance de l'erreur paramétrique des estimés $\hat{\rho}$ à partir de l'équation (2.125).

2.4.1.3 – Propriétés statistiques des estimés *rivcf*

S'il y a convergence, les paramètres estimés ***rivcf*** sont asymptotiquement sans biais et à variance minimale quand le bruit additif a une distribution de probabilité gaussienne. Ce paragraphe présente une analyse formelle vérifiant l'optimalité des estimés et confirmant par ailleurs l'indépendance asymptotique des paramètres des modèles du système et de bruit.

– **Optimalité de l'estimation *rivcf***

Söderström et Stoica [1983] ont montré, dans le cas de modèles rationnels et dans un contexte de bruit coloré, que la valeur minimale de la matrice de covariance $\mathbf{P}_\rho$

$$\mathbf{P}_\rho \geq \mathbf{P}_\rho^{opt}, \tag{2.126}$$

existe et est donnée par la borne de *Cramér-Rao* pour les méthodes d'identification asymptotiquement sans biais [Söderström et Stoica, 1983, Wellstead, 1978] :

$$\mathbf{P}_\rho^{opt} = \sigma^2 \left[\overset{o\,vi}{\varphi}_f (t)\, \overset{o\,vi\mathrm{T}}{\varphi}_f (t) \right]^{-1}, \tag{2.127}$$

où $\overset{o\,vi}{\varphi}_f (t_k)$ est le vecteur optimal pré-filtré *vi* non bruité associé au filtre optimal $F(\mathbf{p}) = \frac{D(\mathbf{p})}{C(\mathbf{p})A(\mathbf{p})}$ et où σ^2 est la vraie variance du bruit.

Il est facile de démontrer que la borne de *Cramér-Rao* (2.127) s'applique aussi aux systèmes non entiers où le vecteur instrumental pré-filtré s'écrit :

$$\overset{o\,vi}{\varphi}_f (t_k) = F^{opt}(\mathbf{p}) \left[u^{(\beta_0)}(t_k), \cdots, u^{(\beta_{m_B})}(t_k), -y^{vi(\alpha_1)}(t_k), \cdots, -y^{vi(\alpha_{m_A})}(t_k) \right]^{\mathrm{T}}, \tag{2.128}$$

et où le filtre optimal correspond au dénominateur du système non entier associé au modèle inverse à temps continu du bruit :

$$F^{opt}(\mathbf{p}) = \frac{D(\mathbf{p})}{C(\mathbf{p})A(\mathbf{p})}. \tag{2.129}$$

Bien qu'il y n'y ait aucune démonstration de convergence, l'algorithme converge souvent vers le vrai modèle de *Box-Jenkins*, lorsque le modèle est dans la bonne classe de système, permettant ainsi de s'approcher de la borne de *Cramér-Rao*.

Il est clair que le choix du vecteur de la variable instrumentale φ_f^{vi} et des pré-filtres continu (2.115) et discret (2.116) ont une influence non négligeable sur la matrice de covariance $\mathbf{P}_{\hat{\rho}rivcf}$ issue de l'algorithme d'estimation *vi*.

– **Indépendance asymptotique des paramètres estimés du modèle du système et du modèle de bruit**

La motivation du maximum de vraisemblance de l'estimation *vi* [Young, 1976, Young *et al.*, 1996] est basée sur la décomposition du problème d'estimation en deux sous-problèmes séparés. Comme décrit dans l'algorithme *rivcf*, tout d'abord, les paramètres du modèle du système sont estimés en supposant que les paramètres du modèle de bruit soient connus ; puis, les paramètres du processus de bruit ARMA sont estimés sous l'hypothèse que les paramètres du système soient connus.

Le théorème suivant a d'abord été démontré dans le cas discret dans [Pierce, 1972], puis utilisé dans le cas continu dans [Young $et\ al.$, 2008]. Il peut aussi s'appliquer au cas de modèle de $Box\text{-}Jenkins$ hybride non entier.

Théorème 2.4.1. *Si dans le modèle*

$$\begin{cases} y(t) = G\,(\mathbf{p})\,u(t) \\ \xi(t_k) = \mathcal{H}(\mathbf{q}^{-1})e(t_k) \\ y^*(t_k) = y(t_k) + \xi(t_k), \end{cases} \tag{2.130}$$

(i) le signal e dans l'équation du modèle de bruit ARMA est indépendant et identiquement distribué à moyenne nulle, de variance σ^2, de dissymétrie k_1 et de kurtosis k_2 ;

(ii) le modèle est stable et identifiable ;

(iii) le signal u est persistant ;

alors les estimés du maximum de vraisemblance de $\hat{\rho}$, $\hat{\eta}$ et $\hat{\sigma}^2$ obtenus à partir d'un jeu de K données, ont une distribution normale limitée telle que les résultats suivants tiennent :

(a) la matrice de covariance asymptotique des erreurs d'estimation associée à $\hat{\rho}$ est de la forme

$$\boldsymbol{P}_\rho = \frac{\hat{\sigma}^2}{K}\left[plim\left\{\frac{1}{K}\sum_{k=0}^{K-1}\overset{o}{\varphi}_f^{\,\mathbf{vi}}(t_k)\overset{o}{\varphi}_f^{\,\mathbf{vi}}(t_k)^{\mathrm{T}}\right\}\right]^{-1} \tag{2.131}$$

(b) l'estimé $\hat{\eta}$ est asymptotiquement indépendant de $\hat{\rho}$ et a une matrice de covariance de la forme

$$\boldsymbol{P}_\eta = \frac{\hat{\sigma}^2}{K}\left[\overline{E}\left\{\psi_{f_{d1}}(t_k)\psi_{f_{d1}}^{\mathrm{T}}(t_k)\right\}\right]^{-1} \tag{2.132}$$

(c) l'estimé $\hat{\sigma}^2$ a une variance asymptotique $(2\sigma^4/K)(1+0.5k_2)$ et, si $k=0$, est indépendant des estimés au-dessus. ∎

Dans la mesure où l'algorithme $\boldsymbol{riv}$, et donc $\boldsymbol{rivcf}$, découle du contexte de maximum de vraisemblance [Young et Jakeman, 1979, Young $et\ al.$, 1996], les équations (2.131) et (2.132) fournissent une estimation fiable des matrices de covariance associées aux vecteurs de paramètres ρ et η.

Dans ce théorème, $\psi_{f_{d1}}(t_k) = F_{d1}(\mathbf{q}^{-1})\psi(t_k)$ est le vecteur de bruit filtré défini par

$$\psi_{f_{d1}}(t_k)^{\mathrm{T}} = \left[\ -e_{f_{d1}}(t_{k-1}), \cdots, -e_{f_{d1}}(t_{k-r}), -\xi_{f_{d1}}(t_{k-1}), \cdots, -\xi_{f_{d1}}(t_{k-v}) \ \right] \quad (2.133)$$

où $\xi_{f_{d1}}$ et $e_{f_{d1}}$ sont obtenus, respectivement, en filtrant la variable de bruit coloré ξ et la variable de bruit blanc e par le pré-filtre

$$F_{d1}(\mathbf{q}^{-1}) = \frac{\mathcal{D}_o(\mathbf{q}^{-1})}{\mathcal{C}_o(\mathbf{q}^{-1})}. \quad (2.134)$$

2.4.1.4 – Exemple de simulation

Un exemple de simulation est proposé pour illustrer l'amélioration apportée par l'algorithme **rivcf** comparée à l'algorithme **srivcf** dans un contexte de bruit coloré.

Le système décrit au §2.3.1.4 p. 93 est repris :

$$G_0(\mathbf{p}) = \frac{K\left(-T\mathbf{p}^\nu + 1\right)}{\left(\left(\frac{\mathbf{p}}{\omega_1}\right)^{2\nu} + 2\zeta_1\left(\frac{\mathbf{p}}{\omega_1}\right)^\nu + 1\right)\left(\left(\frac{\mathbf{p}}{\omega_2}\right)^{2\nu} + 2\zeta_2\left(\frac{\mathbf{p}}{\omega_2}\right)^\nu + 1\right)}, \quad (2.135)$$

avec $\nu = 0.5$, $K = -1$, $T = 0.5$, $\omega_1 = 0.2$ rad/s, $\zeta_1 = -0.4$, $\omega_2 = 1$ rad/s et $\zeta_2 = -0.65$.

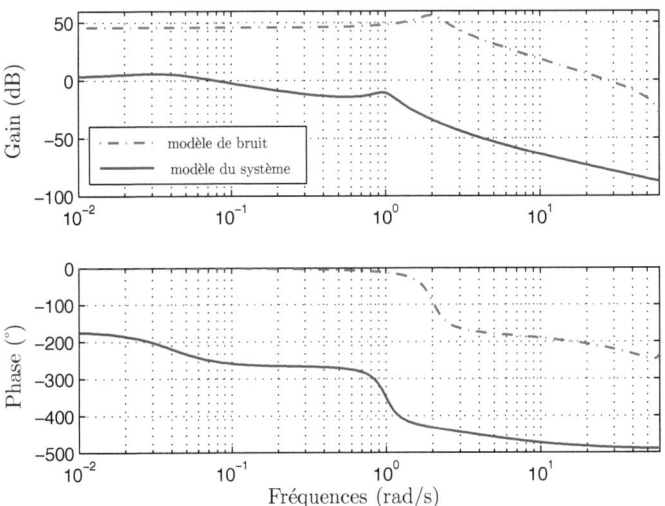

FIGURE 2.19 – Modèles du système (2.135) et de bruit (2.138) ($T_s = 5.10^{-2}$ s)

Les données d'entrée/sortie sont générées par

$$\begin{cases} y\left(t\right) = G_0\left(\mathbf{p}\right) u\left(t\right) \\ y^*\left(t_k\right) = y\left(t_k\right) + \xi\left(t_k\right) \end{cases}, \tag{2.136}$$

où $\xi\left(t_k\right)$ est un bruit additif coloré de $RSB = 10$ dB généré par

$$\xi\left(t_k\right) = \mathcal{H}\left(\mathbf{q}^{-1}\right)^{-1} e\left(t_k\right) \tag{2.137}$$

et issu d'un processus ARMA(2,1) :

$$\mathcal{H}\left(\mathbf{q}^{-1}\right) = \frac{1 + 0.920\mathbf{q}^{-1}}{1 - 1.960\mathbf{q}^{-1} + 0.970\mathbf{q}^{-2}}. \tag{2.138}$$

Le produit de $\mathcal{H}$ par un gain permet de modifier le niveau de bruit sur la sortie.

Les diagrammes de *Bode* des modèles du système et de bruit sont tracés sur la Fig. 2.19.

Le signal d'entrée u est une SBPA d'amplitude comprise entre -5 et 5 dont la densité spectrale de puissance est donnée sur la Fig. 2.8. Les données de sortie du modèle du système ainsi qu'une réalisation du bruit blanc et du bruit coloré résultant sont tracées respectivement sur les Fig. 2.20 et Fig. 2.21. La période d'échantillonnage est fixée à $T_s = 5.10^{-2}$s comme précédemment.

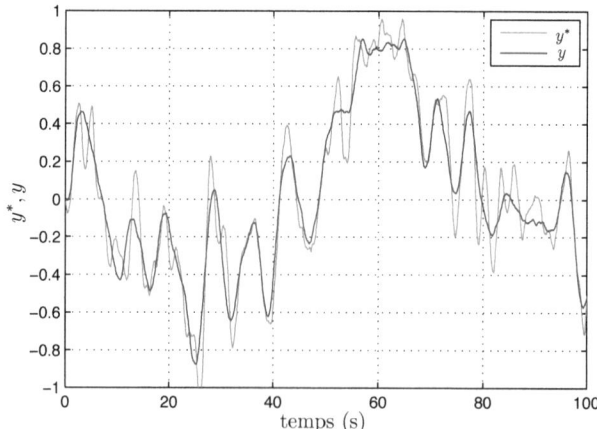

FIGURE 2.20 – Signal de sortie du modèle du système (2.136)

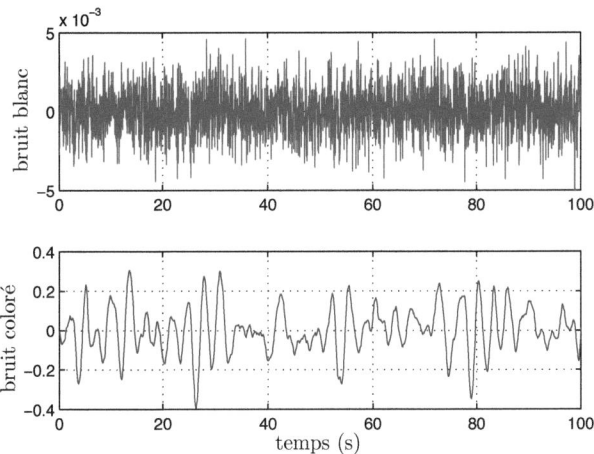

FIGURE 2.21 – Signaux d'entrée/sortie du modèle de bruit (2.138)

Afin d'être dans la même classe de modèle que le "vrai" système, la structure du modèle du système est fixée à

$$G(\mathbf{p}) = \frac{b_1 \mathbf{p}^\nu + b_0}{a_4 \mathbf{p}^{4\nu} + a_3 \mathbf{p}^{3\nu} + a_1 \mathbf{p}^{2\nu} + a_1 \mathbf{p}^\nu + 1}, \qquad (2.139)$$

et celle du modèle de bruit à

$$\mathcal{H}\left(\mathbf{q}^{-1}\right) = \frac{1 + c_1 \mathbf{q}^{-1}}{1 + d_1 \mathbf{q}^{-1} + d_2 \mathbf{q}^{-2}}. \qquad (2.140)$$

Quel que soit le gain multipliant $\mathcal{H}$ pour modifier le niveau de bruit sur la sortie, les algorithmes d'estimation des modèles de bruit ARMA n'identifient que des modèles normalisés ($c_0 = 1$ et $d_0 = 1$).

Les instruments sont calculés selon l'algorithme itératif *rivcf*, énoncé au §2.4.1.2 p.119, permettant ainsi d'affiner l'estimation paramétrique. L'ordre commensurable du modèle est supposé connu ($\nu = 0.5$) et seuls les coefficients du modèle du système et du modèle de bruit sont estimés.

Une analyse par simulation de *Monte-Carlo* (MCS) de 200 réalisations est effectuée avec un bruit blanc gaussien additif, en entrée du modèle de bruit $ARMA$, différent pour chaque réalisation. Les résultats de cette analyse obtenus à partir des algorithmes *srivcf* et de la *rivcf* figurent au TAB. 2.6 et sont illustrés sur la Fig. 2.22.

	vrai	*srivcf*		*rivcf* (SR)		*rivcf*	
	θ	$\bar{\bar{\theta}}$	σ	$\bar{\bar{\theta}}$	σ	$\bar{\bar{\theta}}$	σ
a_4	25	24.837	1.444	25.001	0.559	25.000	0.396
a_3	-36.5	-36.265	1.688	-36.487	0.732	-36.505	0.512
a_2	31.2	31.073	1.117	31.19	0.559	31.201	0.356
a_1	-5.3	-5.277	0.277	-5.301	0.097	-5.301	0.085
b_1	0.5	0.516	0.138	0.499	0.012	0.500	0.011
b_0	-1	-1.003	0.057	-0.998	0.023	-0.999	0.021
c_1	0.920			0.922	$4.94\,10^{-3}$	0.920	$4.70\,10^{-3}$
d_2	0.970			0.968	$3.34\,10^{-3}$	0.970	$3.06\,10^{-3}$
d_1	-1.960			-1.964	$3.29\,10^{-3}$	-1.960	$3.04\,10^{-3}$

TABLE 2.6 – Paramètres du modèle (2.80) évalués par les méthodes *srivcf*, *rivcf* (SR : Single Run) et *rivcf* ($\bar{\bar{\theta}}$ est la moyenne et σ l'écart-type), pour un niveau de bruit $RSB = 10$ dB

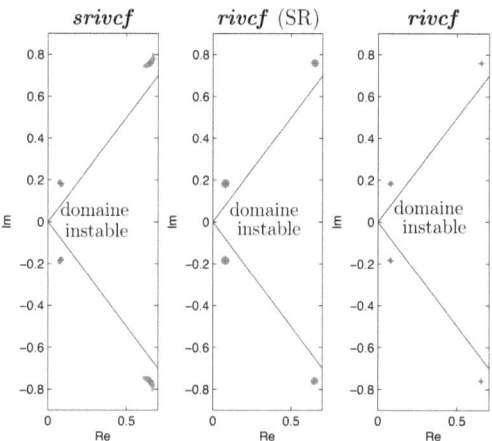

FIGURE 2.22 – Pôles en $\mathbf{p}^\nu$ estimés par les méthodes *srivcf*, *rivcf* (SR) et *rivcf* pour les 200 réalisations de *Monte-Carlo* où '+' représente les vrais pôles en $\mathbf{p}^\nu$

A partir des deux premières lignes du TAB. 2.6, la méthode *srivcf* révèle des résultats satisfaisants : les estimés sont asymptotiquement sans biais mais à variance non minimale. L'algorithme hybride *rivcf* améliore nettement cette variance (voir l'écart-type σ_θ de chaque paramètre estimé). De plus, cette approche génère des estimés du modèle de bruit $ARMA$ cohérents : une seule itération ne suffit pas pour avoir une bonne estimation du modèle de bruit, en revanche, l'algorithme itératif permet de converger vers le vrai modèle de bruit.

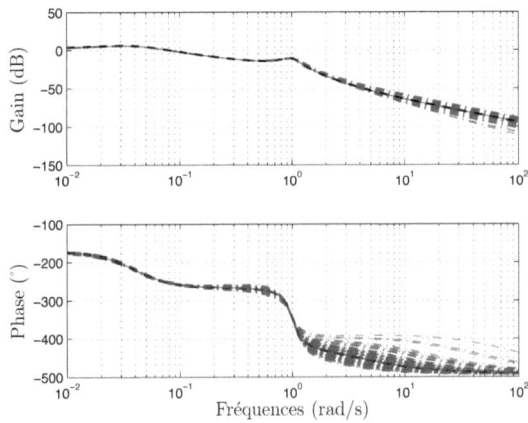

FIGURE 2.23 – Diagrammes de Bode du vrai système $(-)$, et des modèles obtenus pour 200 réalisations de *Monte-Carlo* par la méthode *srivcf* $(-.-)$ et par la méthode *rivcf* $(--)$

Les diagrammes de *Bode* des modèles identifiés par la méthode *srivcf* et la méthode *rivcf* sont tracés sur la Fig. 2.23 pour les modèles continus identifiés du système, et sur la Fig. 2.24 pour les modèles de bruit discrets identifiés avec un $RSB = 10$dB. Sur la Fig. 2.23, les diagrammes de gain des 200 modèles identifiés par l'algorithme *rivcf* coïncident parfaitement avec le vrai système ; les 200 modèles identifiés par la *srivcf* convergent également vers le vrai système mais avec une dispersion plus importante. Sur la Fig. 2.24, les diagrammes de gain des 200 modèles de bruit identifiés coïncident parfaitement avec le vrai modèle de bruit. Cette simulation de *Monte-Carlo* permet ainsi de valider la méthode *rivcf* et montre son efficacité compte-tenu du niveau de bruit considéré.

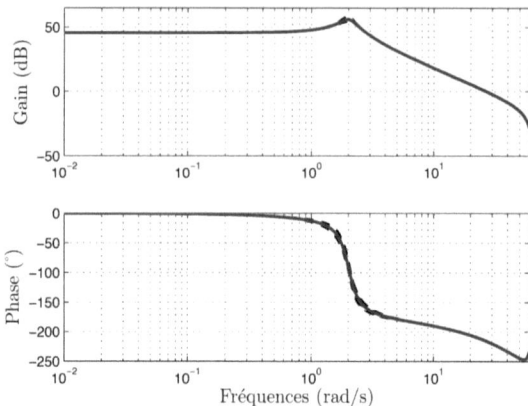

FIGURE 2.24 – Diagrammes de Bode du vrai modèle de bruit (−) et des modèles obtenus pour 200 réalisations de *Monte-Carlo* par la méthode ***rivcf*** (−−)

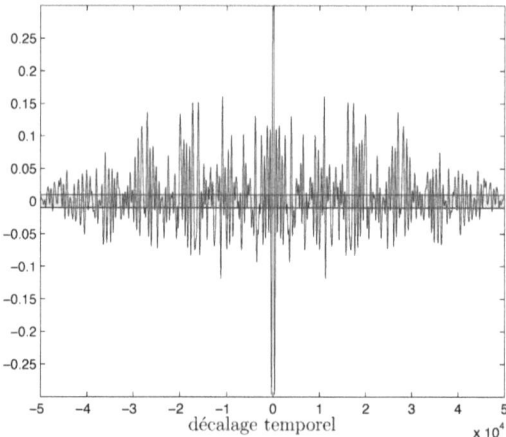

FIGURE 2.25 – Fonction d'autocorrélation normalisée (en 0, l'amplitude vaut 1) de l'erreur de simulation issue de la méthode ***srivcf*** ainsi que l'intervalle de confiance ▨ à 99%.

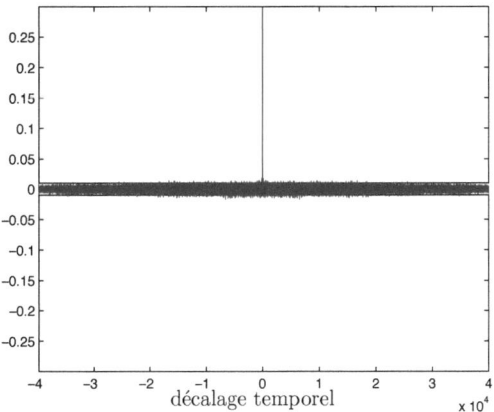

FIGURE 2.26 – Fonction d'autocorrélation normalisée (en 0, l'amplitude vaut 1) de l'erreur de simulation ainsi que l'intervalle de confiance ⬚ à 99%

A titre comparatif, en conservant une structure du modèle (2.139), l'identification du modèle du système par la méthode *srivcf* avec un modèle de bruit supposé blanc ($\mathcal{H}(\mathbf{q}^{-1}) = 1$) pour un jeu de données quelconques conduit à :

$$G(\mathbf{p}) = \frac{0.674\mathbf{p}^\nu - 1.044}{22.673\mathbf{p}^{4\nu} - 33.830\mathbf{p}^{3\nu} + 29.600\mathbf{p}^{2\nu} - 4.996\mathbf{p}^\nu + 1}. \qquad (2.141)$$

Les coefficients estimés par la méthode *srivcf* s'éloignent des vrais coefficients du modèle du système. En effet, le TAB. 2.6 montre une variance importante sur les paramètres estimés par la méthode *srivcf*.

La fonction d'autocorrélation de l'erreur de simulation (Fig. 2.25) montre que celle-ci ne satisfait pas au test de blancheur pour un intervalle de confiance à 99%. La méthode *srivcf* ne permet donc pas de capturer toute la dynamique du système et du bruit.

Un test de blancheur de l'erreur de simulation est effectuée sur une des réalisations de *Monte-Carlo* afin de vérifier que l'erreur de simulation corresponde à un bruit blanc (voir Fig. 2.26). Les fonctions d'auto-corrélation normalisées de l'erreur de simulation estimée et l'erreur de simulation réelle sont identiques et présentent la même allure. On retrouve bien les fonctions d'auto-corrélation de l'erreur de simulation à l'intérieur de la zone de confiance à 99 % : l'erreur de simulation estimée est donc blanche.

Une simulation de *Monte-Carlo* a été effectuée avec un bruit coloré de $RSB = 0$dB. Les résultats de cette étude sont reportés sur le TAB. 2.7 et sur la Fig. 2.27 et les diagrammes de *Bode* des modèles du système et de bruit sont tracés sur les Fig. 2.28 et Fig. 2.29. Malgré un niveau de bruit élevé, l'algorithme ***rivcf*** converge vers les vrais paramètres.

	vrai	***rivcf***	10 dB	***rivcf***	0dB
	θ	$\bar{\hat{\theta}}$	σ	$\bar{\hat{\theta}}$	σ
a_4	25	25.001	0.396	24.963	1.275
a_3	-36.5	-36.504	0.511	-36.472	1.642
a_2	31.2	31.202	0.355	31.177	1.186
a_1	-5.3	-5.301	0.083	-5.283	0.294
b_1	0.5	0.500	0.012	0.501	0.038
b_0	-1	-1.001	0.022	-1.003	0.073

TABLE 2.7 – Comparaison de la méthode ***srivcf*** pour différents niveaux de bruit $RSB = 10$dB et $RSB = 0$dB ($\bar{\hat{\theta}}$ est la moyenne et σ l'écart-type)

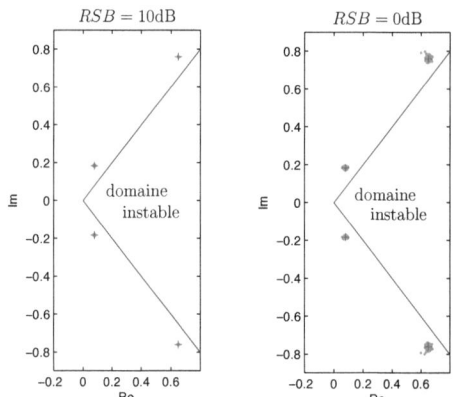

FIGURE 2.27 – Comparaison de la méthode ***rivcf*** pour différents niveaux de bruit $RSB = 10$dB et $RSB = 0$dB

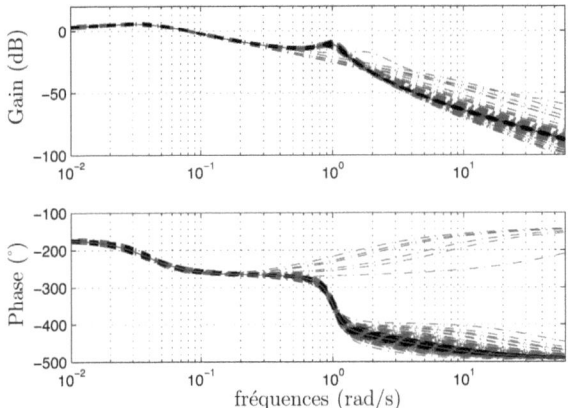

FIGURE 2.28 – Diagramme de Bode des modèles estimés pour 200 réalisations de *Monte-Carlo* avec $RSB = 0$dB : vrai système $(-)$, les modèles identifiés par la méthode **srivcf** $(-.-)$ et les modèles identifiés par la méthode **rivcf** $(-.-)$

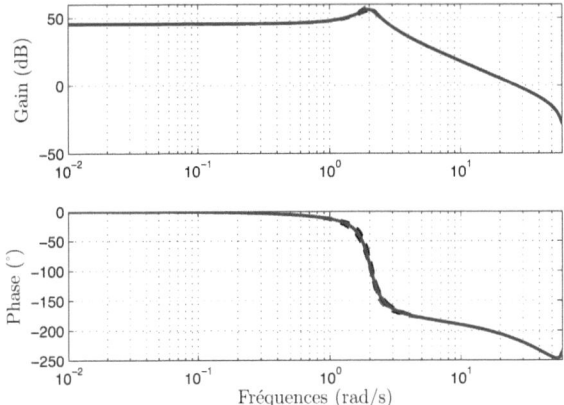

FIGURE 2.29 – Diagrammes de Bode du vrai modèle de bruit $(-)$ et des modèles obtenus pour 200 réalisations de *Monte-Carlo* par la méthode **rivcf** $(--)$

2.4.1.5 – Résumé de la méthode *rivcf*

Un estimateur optimal en présence de bruit coloré est proposé pour les systèmes fractionnaires : ***rivcf***. Il est basé sur les modèles hybrides de *Box-Jenkins*, où le modèle du système est non entier et à temps continu et le modèle de bruit est un processus AR ou ARMA à temps discret.

L'exemple de simulation a mis en évidence les avantages ainsi que l'efficacité de l'algorithme ***rivcf*** comparé à l'algorithme ***srivcf*** qui ne tient pas compte du modèle de bruit. Cet estimateur est asymptotiquement sans biais et à variance minimale en présence d'un bruit coloré.

En pratique, les ordres de dérivation ne sont pas nécessairement connus et pourraient être optimisés par une méthode de type gradient.

2.4.2 – Variable instrumentale optimale pour des modèles de type Box-Jenkins avec optimisation des ordres de dérivation (*oorivcf*)

Lorsque le modèle continu du système :

$$G(\mathbf{p}) = \frac{B(\mathbf{p})}{A(\mathbf{p})} = \frac{\sum\limits_{i=0}^{m_B} b_i \mathbf{p}^{\beta_i}}{1 + \sum\limits_{j=1}^{m_A} a_j \mathbf{p}^{\alpha_j}}, \qquad (2.142)$$

et le modèle discret de bruit :

$$\mathcal{H}(\mathbf{q}^{-1}) = \frac{\mathcal{C}(\mathbf{q}^{-1})}{\mathcal{D}(\mathbf{q}^{-1})} = \frac{\sum\limits_{i=0}^{v} c_i \mathbf{q}^{-i}}{1 + \sum\limits_{j=1}^{r} d_j \mathbf{q}^{-j}}, \qquad (2.143)$$

sont utilisés et lorsque les ordres de dérivation sont inconnus, le vecteur de paramètres

$$\theta = \begin{bmatrix} \rho \\ \eta \\ \gamma \end{bmatrix}, \qquad (2.144)$$

se compose du vecteur des $m_A + m_B + 1$ coefficients du modèle du système

$$\rho = [b_0, b_1, \dots, b_{m_B}, a_1, \dots, a_{m_A}]^{\mathrm{T}},$$

du vecteur des $r + v + 1$ coefficients du modèle de bruit :

$$\eta = [c_0, c_1, \dots, c_v, d_1, \dots, d_r]^{\mathrm{T}},$$

et du vecteur des $m_A + m_B + 1$ ordres de dérivation du modèle du système

$$\gamma = [\beta_0, \dots, \beta_{m_B}, \alpha_1, \dots, \alpha_{m_A}]^{\mathrm{T}}.$$

Les vecteurs de coefficients ρ et η sont optimisés par la méthode *rivcf*, et seul le vecteur des ordres de dérivation γ est optimisé par une technique de PNL. Cependant estimer tous les ordres de dérivations nécessite de calculer $m_A + m_B + 1$ termes en plus des $m_A + m_B + r + v + 2$ coefficients. De plus, si m_A et/ou m_B sont grands, le critère d'erreur peut présenter plusieurs minima et les algorithmes de PNL peuvent converger vers des minima locaux avec une complexité calculatoire élevée.

Afin de réduire le nombre de paramètres à estimer par PNL, et en conservant le modèle de bruit (2.143), un modèle commensurable peut être choisi pour le modèle du système

$$G\left(\mathbf{p}\right) = \frac{\sum\limits_{i=0}^{m} b_i \mathbf{p}^{i\nu}}{1 + \sum\limits_{j=1}^{n} a_j \mathbf{p}^{j\nu}}, \tag{2.145}$$

où $m_A + m_B + r + v + 3$ paramètres sont estimés.

Le vecteur des ordres de dérivation γ de (2.144) se réduit alors à un seul ordre de dérivation, l'ordre commensurable,

$$\gamma = \nu.$$

Selon le modèle du système choisi, (2.142) ou (2.145), le vecteur des ordres γ est estimé itérativement par des techniques de PNL en minimisant la norme L_2

$$J(\theta) = \frac{1}{2}\varepsilon(t,\theta)^{\mathrm{T}}\varepsilon(t,\theta), \tag{2.146}$$

de l'erreur de sortie disrétisée

$$\varepsilon(t_k,\theta) = \mathcal{H}(\mathbf{q}^{-1})\left(y^*(t_k) - \hat{y}(t_k)\right), \tag{2.147}$$

où le modèle de bruit s'écrit $\mathcal{H}(\mathbf{q}^{-1}) = \frac{\mathcal{D}(\mathbf{q}^{-1})}{\mathcal{C}(\mathbf{q}^{-1})}$ et où la sortie estimée s'exprime par la discrétisation de l'expression $\hat{y}(t) = G(\mathbf{p})u(t)$.

En général, le critère d'erreur J est minimisée par des techniques numériques et itératives dont les grandes lignes sont énoncées au §2.3.2.1, p. 106. Connaissant l'efficacité de la méthode **oosrivcf** dans un contexte de bruit blanc, une approche similaire est proposée dans la suite pour un contexte de bruit coloré.

Comme pour l'algorithme **oorivcf**, l'algorithme de *Gauss-Newton* est utilisé pour l'optimisation des ordres de dérivation et une estimation de la variance des ordres de dérivation peut être déduite à partir du Hessien approché [Söderström et Stoica, 1989] selon la formule suivante :

$$P_{\hat{\gamma}} = \hat{\sigma}^2 \mathrm{H}_{app}^{-1}, \tag{2.148}$$

où $\hat{\sigma}^2$ représente l'estimation de la variance de l'erreur résiduelle.

2.4.2.1 – Estimation de tous les ordres de dérivation du modèle du système (2.142)

La méthode de Gauss-Newton est choisie pour l'estimation des ordres de dérivation :

$$\gamma_{\text{iter}+1} = \gamma_{\text{iter}} - \lambda \left[H_{app}^{-1} \frac{\partial J}{\partial \gamma} \right] \Bigg|_{\gamma=\gamma_{\text{iter}}}, \tag{2.149}$$

Le gradient $\frac{\partial J}{\partial \gamma}$ est défini par

$$\frac{\partial J}{\partial \gamma} = 2 \frac{\partial \varepsilon}{\partial \gamma}^{\text{T}} \varepsilon, \tag{2.150}$$

et le Hessien approché par

$$H_{app} = 2 \frac{\partial \varepsilon}{\partial \gamma}^{\text{T}} \frac{\partial \varepsilon}{\partial \gamma}. \tag{2.151}$$

Les sensibilités du vecteur de l'erreur ε par rapport aux paramètres, nécessaires pour l'évaluation du gradient $\frac{\partial J}{\partial \gamma}$ et du Hessien approché H_{app}, se calculent en fonction de la sensibilité du modèle par rapport au vecteur de paramètres :

$$\frac{\partial \varepsilon}{\partial \gamma} = -\frac{\mathcal{D}(\mathbf{q}^{-1})}{\mathcal{C}(\mathbf{q}^{-1})} \frac{\partial \hat{y}}{\partial \gamma}$$

où

$$\frac{\partial \hat{y}}{\partial \gamma} = \left[\frac{\partial \hat{y}}{\partial \beta_0}, \dots, \frac{\partial \hat{y}}{\partial \beta_{m_B}}, \frac{\partial \hat{y}}{\partial \alpha_1}, \dots, \frac{\partial \hat{y}}{\partial \alpha_{m_A}} \right]^{\text{T}},$$

avec

$$\frac{\partial \hat{y}(t,\theta)}{\partial \beta_l}(t) = \frac{b_l \ln(\mathbf{p}) \mathbf{p}^{\beta_l}}{1 + \sum\limits_{j=1}^{m_A} a_j \mathbf{p}^{\alpha_j}} u(t), \quad \text{pour} \quad l = 0, \dots, m_B,$$

$$\frac{\partial \hat{y}(t,\theta)}{\partial \alpha_l}(t) = \frac{-a_l \ln(\mathbf{p}) \sum\limits_{i=0}^{m_B} b_i \mathbf{p}^{\beta_i + \alpha_l}}{\left(1 + \sum\limits_{j=1}^{m_A} a_j \mathbf{p}^{\alpha_j} \right)^2} u(t), \quad \text{pour} \quad l = 1, \dots, m_A.$$

Toutefois, le calcul de ces fonctions de sensibilité $\frac{\partial \hat{y}}{\partial \gamma}$ est problématique compte tenu du terme $\ln(\mathbf{p})$. Ainsi, la dérivée $\frac{\partial \varepsilon}{\partial \gamma}$ est calculée numériquement plutôt qu'analytiquement.

2.4.2.2 – Estimation de l'ordre commensurable du modèle du système (2.145)

Par soucis de convergence vers un minimum global et de réduction de nombre de paramètres à estimer, une procédure d'optimisation de l'ordre commensurable est proposée telle que présentée au paragraphe 2.3.2.3 p.108. Seul l'ordre commensurable est estimé par la méthode de *Gauss-Newton*, et les coefficients des modèles complets sont estimés par la **rivcf** : $m_A + m_B + r + v + 3$ paramètres sont alors estimés.

Le vecteur des ordres, se réduisant alors à l'ordre commensurable $\nu_{\text{iter}+1}$ à l'itération iter $+ 1$, dépend de sa valeur précédente et d'un terme de correction selon :

$$\nu_{\text{iter}+1} = \nu_{\text{iter}} - \lambda \left[\mathrm{H}_{app}^{-1} \frac{\partial J}{\partial \gamma} \right] \Bigg|_{\nu = \nu_{\text{iter}}} . \tag{2.152}$$

Le gradient $\frac{\partial J}{\partial \gamma}$ et le Hessien approché H_{app} sont alors définis respectivement par (2.150) et (2.151).

La sensibilité du vecteur de l'erreur ε par rapport à l'ordre commensurable, nécessaire pour l'évaluation du gradient $\frac{\partial J}{\partial \gamma}$ et du Hessien approché H_{app}, est définie en fonction de la sensibilité de la sortie du modèle par rapport à ce paramètre :

$$\frac{\partial \varepsilon}{\partial \gamma} = -\frac{\mathcal{D}(\mathbf{q}^{-1})}{\mathcal{C}(\mathbf{q}^{-1})} \frac{\partial \hat{y}}{\partial \gamma}$$

où

$$\frac{\partial \hat{y}}{\partial \gamma} = \frac{\partial \hat{y}}{\partial \nu},$$

avec

$$\frac{\partial \hat{y}}{\partial \nu}(t) = \ln(\mathbf{p}) \frac{\displaystyle\sum_{i=0}^{n} i b_i \mathbf{p}^{i\nu} + \sum_{i=0}^{n}\sum_{j=1}^{m} (i-j)\, b_i a_j \mathbf{p}^{(i+j)\nu}}{\left(1 + \displaystyle\sum_{j=1}^{n} a_j \mathbf{p}^{j\nu}\right)^2} u(t) . \tag{2.153}$$

Toutefois, le calcul de la fonction de sensibilité $\frac{\partial \hat{y}}{\partial \nu}$ étant problématique compte tenu du terme $\ln(\mathbf{p})$, la dérivée $\frac{\partial \varepsilon}{\partial \nu}$ est calculée numériquement plutôt qu'analytiquement.

2.4.2.3 – Algorithme d'optimisation des ordres de dérivation : *oorivcf*

L'algorithme proposé permet d'estimer le vecteur de paramètres de (2.144) selon la méthode de Gauss-Newton pour les ordres de dérivation γ et selon la **rivcf** pour les coefficients du modèle du système et du modèle de bruit : il est intitulé **oorivcf** (***O**ptimisation des **O**rdres combinée à la **rivcf*** ou en anglais ***O**rder **O**optimization combined with **rivcf***). Bien que ce type d'algorithme n'ait aucune preuve de convergence, en pratique il converge très souvent vers un minimum du critère (2.146).

Étape 1 *Initialisation*

Initialiser γ_0

Calculer ρ_0 et η_0 par la méthode **_rivcf_**

évaluer $J(\theta_0)$

iter $= 0$

Étape 2 _Méthode d'optimisation de Gauss-Newton_

faire

Initialiser $\lambda = \Lambda$

faire

(i) Affiner l'ordre pour converger jusqu' au minimum :

$$\gamma_{\text{iter}+1} = \gamma_{\text{iter}} - \lambda \left[\text{H}_{app}^{-1} \frac{\partial J}{\partial \gamma} \right]\Big|_{\gamma_{\text{iter}}}$$

(ii) Calculer ρ_{iter} et η_{iter} par la **_rivcf_**

(iii) Évaluer le critère d'erreur : $J(\theta_{\text{iter}+1})$.

(iv) $\lambda = \lambda/2$

tant que $J(\theta_{\text{iter}+1}) > J(\theta_{\text{iter}})$ ou $\left| J(\theta_{\text{iter}+1}) - J(\theta_{\text{iter}}) \right| > \epsilon_1$

iter $=$ iter $+ 1$

tant que $\max\limits_{l} \left| \gamma_{\text{iter}}^l - \gamma_{\text{iter}-1}^l \right| > \epsilon_2$

Étape 3 _Estimation de l'erreur paramétrique_

Après convergence, calculer la matrice de covariance de l'erreur paramétrique estimée $P_{\hat{\gamma}}$ associée à l'estimé $\hat{\gamma}$ par l'expression (2.148).

L'étape (iv) permet de réduire le pas afin d'augmenter la précision autour d'un minimum local.

Remarque

L'algorithme proposé est identique que l'on estime le vecteur des ordres de dérivation ou uniquement l'ordre commensurable ν. Pour ce dernier, on aurait un seul ordre de dérivation à estimer par PNL, et la condition d'arrêt se résumerait alors à $\left| \nu_{\text{iter}} - \nu_{\text{iter}-1} \right| > \epsilon_2$.

2.4.2.4 – Exemple de simulation

Le système décrit au §2.4.1.4 p.123 est repris :

$$G_0(\mathbf{p}) = \frac{K\left(-T\mathbf{p}^\nu + 1\right)}{\left((\frac{\mathbf{p}}{\omega_1})^{2\nu} + 2\zeta_1(\frac{\mathbf{p}}{\omega_1})^\nu + 1 \right)\left((\frac{\mathbf{p}}{\omega_2})^{2\nu} + 2\zeta_2(\frac{\mathbf{p}}{\omega_2})^\nu + 1 \right)}, \tag{2.154}$$

avec $\nu = 0.5$, $K = -1$, $T = 0.5$, $\omega_1 = 0.2$ rad/s, $\zeta_1 = -0.4$, $\omega_2 = 1$ rad/s et $\zeta_2 = -0.65$.

Les données d'entrée/sortie sont générés par

$$\begin{cases} y(t) = G_0(\mathbf{p}) u(t) \\ y^*(t_k) = y(t_k) + \xi(t_k) \end{cases}, \tag{2.155}$$

où $\xi(t_k)$ est un bruit additif coloré généré par

$$\xi(t_k) = \mathcal{H}\left(\mathbf{q}^{-1}\right)^{-1} e(t_k), \tag{2.156}$$

et issu d'un processus ARMA(2,1) :

$$\mathcal{H}\left(\mathbf{q}^{-1}\right) = \frac{1 + 0.920\mathbf{q}^{-1}}{1 - 1.960\mathbf{q}^{-1} + 0.970\mathbf{q}^{-2}}. \tag{2.157}$$

Comme dans l'exemple précédent, les données d'entrée/sortie sont identiques et échantillonnées avec une période $T_s = 5.10^{-2}$ s. Le signal d'entrée u est une SBPA d'amplitude comprise entre -5 et 5 (voir Fig. 2.20), et l'entrée du modèle de bruit est un bruit blanc (voir Fig. 2.21). Comme vu dans l'exemple de simulation de la méthode **rivcf** §2.4.1.4 p.123, les fonctions d'auto-corrélation du bruit en entrée e et du bruit coloré ξ sont identiques. La fonction d'auto-corrélation du bruit coloré ξ présente une allure non homogène, caractéristique d'un bruit non blanc.

Afin d'être dans la même classe de modèle que le "vrai" système, la structure du modèle du système est fixée à

$$G(\mathbf{p}) = \frac{b_1\mathbf{p}^\nu + b_0}{a_4\mathbf{p}^{4\nu} + a_3\mathbf{p}^{3\nu} + a_2\mathbf{p}^{2\nu} + a_1\mathbf{p}^\nu + 1}, \tag{2.158}$$

et celle du modèle de bruit à

$$\mathcal{H}\left(\mathbf{q}^{-1}\right) = \frac{1 + c_1\mathbf{q}^{-1}}{1 + d_1\mathbf{q}^{-1} + d_2\mathbf{q}^{-2}}. \tag{2.159}$$

Le modèle (2.158) étant commensurable, seule l'optimisation de l'ordre commensurable ν, par minimisation du critère J (2.146), nécessite une programmation non linéaire. Les coefficients des modèles du système et de bruit sont estimés par la méthode **rivcf**. Comme dans le cas de la **oosrivcf**, l'algorithme **oorivcf** doit être initialisé dans une zone continue à proximité du minimum global pour qu'il y converge.

Trois simulations de *Monte-Carlo* de 200 réalisations chacune sont effectuées pour trois niveaux de bruit coloré différents avec $\nu_0 = 0.3$: $RSB = 20$ dB, $RSB = 15$ dB et $RSB = 10$ dB. La méthode **oorivcf** converge vers le vrai ordre commensurable $\nu = 0.5$

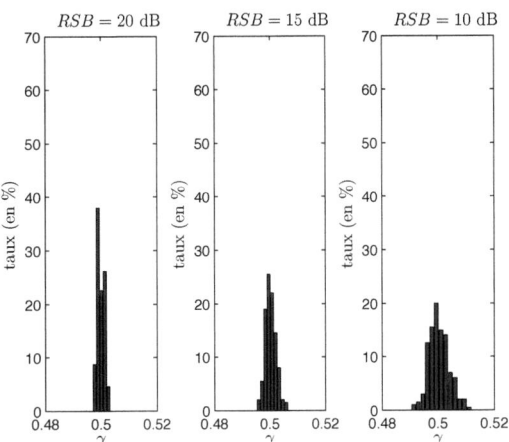

FIGURE 2.30 – Histogramme de l'ordre commensurable estimé pour 200 réalisations de *Monte-Carlo* obtenus par la ***oorivcf***

du système simulé. La Fig. 2.30 et la Fig. 2.31 illustrent l'acuité de cet algorithme aussi bien pour l'estimation de l'ordre commensurable que pour la consistence des pôles en $\mathbf{p}^\nu$ estimés malgré le bruit.

Pour différents niveaux de RSB, les simulations de *Monte-Carlo* révèlent une estimation de l'ordre commensurable très précise avec une valeur moyenne très proche du vrai ordre commensurable et un faible écart-type comme le montre le TAB. 2.6. Connaissant les performances et l'efficacité de la ***rivcf*** (§2.4.1 p.115), la méthode ***oorivcf*** fournit une estimation asymptotiquement sans biais de l'ordre commensurable. D'autre part, la variance estimée analytiquement de l'ordre commensurable par la formule (2.148) est très proche de la variance estimée statistiquement (voir TAB. 2.7).

A titre comparatif, en conservant une structure du modèle (2.158), l'identification du modèle du système par la méthode ***oosrivcf*** avec un modèle de bruit supposé blanc ($\mathcal{H}(\mathbf{q}^{-1}) = 1$) a conduit pour un jeu de données à :

$$G(\mathbf{p}) = \frac{0.456\mathbf{p}^\nu - 1.025}{27.357\mathbf{p}^{4\nu} - 39.774\mathbf{p}^{3\nu} + 33.761\mathbf{p}^{2\nu} - 5.685\mathbf{p}^\nu + 1} \quad \text{avec} \quad \nu = 0.502. \quad (2.160)$$

L'ordre commensurable est correctement estimé, cependant, les coefficients le sont moins.

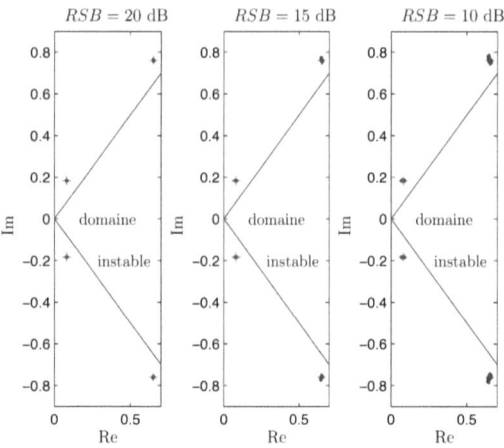

FIGURE 2.31 – Pôles en $\mathbf{p}^\nu$ estimés pour les 200 réalisations de *Monte-Carlo* où '+' représente les vrais pôles en $\mathbf{p}^\nu$

	vrai	*rivcf*	RSB=20 dB	*rivcf*	RSB=15 dB	*rivcf*	RSB=10 dB
	θ	$\overline{\hat{\theta}}$	σ	$\overline{\hat{\theta}}$	σ	$\overline{\hat{\theta}}$	σ
a_4	25	24.994	0.166	25.003	0.271	25.012	0.499
a_3	-36.5	-36.484	0.164	-36.479	0.288	-36.473	0.526
a_2	31.2	31.183	0.135	31.194	0.227	31.196	0.417
a_1	-5.3	-5.297	0.054	-5.291	0.082	-5.283	0.156
b_1	0.5	0.500	$7.74\,10^{-3}$	0.501	$1.21\,10^{-2}$	0.501	$2.28\,10^{-2}$
b_0	-1	-1.000	$1.24\,10^{-2}$	-1.001	$1.90\,10^{-2}$	-1.002	$3.50\,10^{-2}$
c_1	0.920	0.920	$4.47\,10^{-3}$	0.920	$4.68\,10^{-3}$	0.920	$4.68\,10^{-3}$
d_2	0.970	0.970	$2.96\,10^{-3}$	0.970	$3.05\,10^{-3}$	0.970	$3.06\,10^{-3}$
d_1	-1.960	-1.960	$2.93\,10^{-3}$	-1.960	$3.05\,10^{-3}$	-1.960	$3.05\,10^{-3}$
ν	0.5	0.500	$1.26\,10^{-3}$	0.500	$1.99\,10^{-3}$	0.500	$3.70\,10^{-3}$

TABLE 2.8 – Paramètres du modèle (2.80) évalués par la méthode **oorivcf** ($\overline{\hat{\theta}}$ est la moyenne et σ l'écart-type), pour différents niveaux de bruit

	RSB=20 dB	RSB=15 dB	RSB=10 dB
$\mathbf{P}_{\nu,\mathbf{analytique}}$	$3.52\,10^{-11}$	$1.84\,10^{-10}$	$3.65\,10^{-10}$
$\mathbf{P}_{\nu,\mathbf{statistique}}$	$3.35\,10^{-11}$	$1.97\,10^{-10}$	$3.69\,10^{-10}$

TABLE 2.9 – Variances estimées et obtenues statistiquement pour différents niveaux de bruit

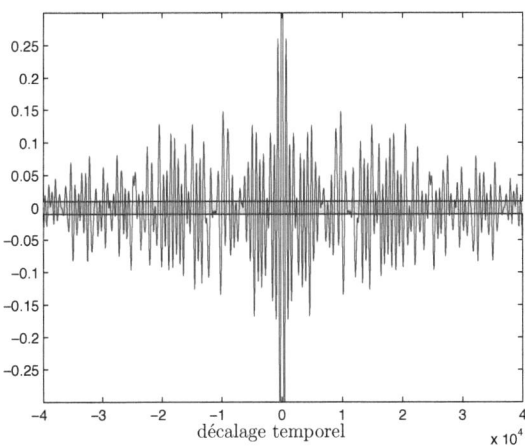

FIGURE 2.32 – Fonction d'autocorrélation normalisée (en 0, l'amplitude vaut 1) de l'erreur de simulation issue de la méthode **oosrivcf** ainsi que l'intervalle de confiance à 99%.

141

La fonction d'autocorrélation de l'erreur de simulation, tracée sur la Fig. 2.32, montre que celle-ci ne satisfait pas au test de blancheur pour un intervalle de confiance à 99%. La méthode **oosrivcf** ne permet donc pas de capturer toute la dynamique du système et du bruit.

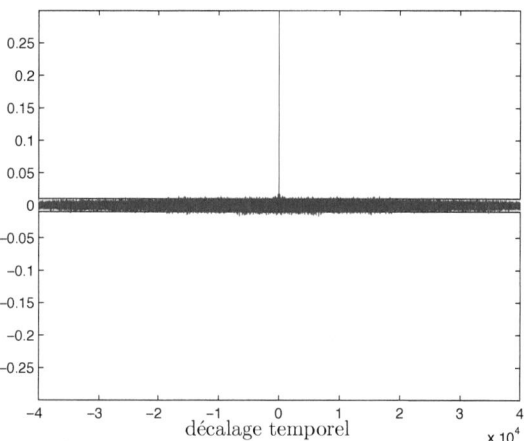

FIGURE 2.33 – Fonction d'autocorrélation normalisée (en 0, l'amplitude vaut 1) de l'erreur de simulation ainsi que l'intervalle de confiance ▨ à 99%.

Un test de blancheur de l'erreur de simulation est effectuée sur une réalisation de *Monte-Carlo* afin de vérifier que l'erreur de simulation correspond à un bruit blanc (voir Fig. 2.33). Les fonctions d'auto-corrélation normalisées de l'erreur de simulation estimée et de l'erreur de simulation réelle sont identiques et sont à l'intérieur de la zone de confiance à 99% : la blancheur de l'erreur résiduelle est donc validée.

2.4.2.5 – Résumé de la méthode *oorivcf*

Dans un contexte de bruit coloré, les différentes approches par erreur d'équation ou par erreur de sortie qui ne prennent pas en compte le modèle de bruit sont moins adaptées que celles qui prennent en compte le modèle du bruit comme la **rivcf** et la **oorivcf**.

Dans un contexte de bruit gaussien coloré, la **rivcf** est l'estimateur optimal (variance minimale et asymptotiquement sans biais) quand la connaissance *a priori* permet de fixer les ordres de dérivation. Dans le cas contraire, l'algorithme ***oorivcf*** établit une approche permettant d'estimer les ordres de dérivation.

Le critère d'erreur étant étroitement lié aux ordres de dérivation, l'estimation des ordres de dérivation se fait en utilisant une technique de programmation non linéaire, celle de *Gauss-Newton*. Cependant, plus le nombre d'ordres de dérivation est grand, plus la convergence vers le minimum global est compromise. Pour diminuer ce nombre de paramètres, l'optimisation de l'ordre commensurable est proposée. D'autre part, la variance de l'ordre commensurable peut être évaluée théoriquement en utilisant l'estimation du Hessien approché. Un exemple de simulation illustre l'efficacité de la méthode ***oorivcf*** pour l'estimation de l'ordre commensurable.

2.5 – Conclusion

Les ordres de dérivation non entiers permettent d'obtenir des modèles plus compacts, adaptés à la modélisation de la diffusion thermique, électrochimique, biologique, visco-élastique, etc. Après avoir choisi la structure du modèle figeant ainsi le nombre de paramètres, l'utilisateur est confronté au problème de l'estimation des ordres de dérivation qui vient se rajouter à l'estimation des coefficients.

Un état de l'art des méthodes d'identification par modèle non entier est d'abord présenté dans ce chapitre. Deux types de modèles ont été principalement détaillés : les modèles à erreur de sortie, où les coefficients et les ordres de dérivation sont estimés, et les modèles à erreur d'équation, où seuls les coefficients sont calculés. Si le nombre de paramètres est grand, une façon de le réduire consiste à optimiser l'ordre commensurable au lieu d'optimiser tous les ordres de dérivation.

Jusqu'à présent les algorithmes d'identification par modèle non entier ont été développés uniquement dans un contexte de bruit blanc, ou par facilité dans un contexte de bruit coloré spécifique aux modèles ARX. En se plaçant dans un contexte de bruit coloré quelconque, ces algorithmes sont inadaptés, introduisant un biais dans l'estimation paramétrique du modèle du système. **Une des contributions majeures de ce chapitre est la mise en place de modèles hybrides de type _Box-Jenkins_ où le modèle à temps continu du système est non entier et où le modèle de bruit est à temps discret.**

Nos contributions se sont orientées vers l'estimateur de la variable instrumentale optimale à la fois en présence de bruit blanc et de bruit coloré. Cet estimateur optimal se fonde sur les filtres optimaux qui s'appuient sur le modèle du système lorsque le bruit est blanc, et sur le modèle du système et le modèle de bruit lorsque le bruit est coloré. Ainsi, des algorithmes d'estimation paramétrique asymptotiquement sans biais et à variance minimale sont développés permettant d'estimer :

– les coefficients lorsque la connaissance _a priori_ permet de fixer les ordres de dérivation ; l'algorithme **_srivcf_** permet en conséquence d'estimer les coefficients du modèle du système lorsque le bruit est blanc et l'algorithme **_rivcf_** permet d'estimer les coefficients du modèle du système et du modèle de bruit lorsque le bruit est coloré ;

– les coefficients et les ordres de dérivation, lorsque la connaissance *a priori* ne le permet pas ; l'algorithme ***oosrivcf*** permet ainsi d'estimer les coefficients et les ordres de dérivation du modèle du système lorsque le bruit est blanc et l'algorithme ***oorivcf*** permet d'estimer les coefficients des modèle du système et du modèle de bruit ainsi que les ordres de dérivation du modèle du système lorsque le bruit est coloré.

Tout au long de ce chapitre, nous nous sommes attachés à développer des méthodes d'identification totalement indépendantes des méthodes de simulation de systèmes non entiers.

Lorsque le nombre de paramètres du modèle non entier est inconnu, une des perspectives intéressantes est d'utiliser des techniques de détermination du nombre de paramètres basées sur la minimisation d'un critère de type AIC ou Young permettant ainsi de trouver les structures du modèle du système et du modèle de bruit les plus adéquates.

De nombreux systèmes physiques étant multivariables, il serait utile d'étendre les algorithmes développés dans ce manuscrit au cas multivariable en présence de bruit coloré.

Il serait également intéressant de développer des algorithmes d'identification à Erreur en les Variables permettant non seulement de tenir compte d'un bruit additif en sortie mais aussi d'un bruit additif en entrée pouvant être aussi bien blanc que coloré.

Ces dernières années ont vu apparaître des méthodes d'identification en boucle fermée qui pourraient elles aussi être adaptées au cas des modèles non entiers.

Une autre perspective intéressante est la prise en compte des conditions initiales lors de l'identification de système par modèle non entier. Cet objectif ne peut pas être atteint aussi simplement que dans le cas entier car la dérivation non entière nécessite la prise en compte de tout le passé du signal. Il a été montré dans [Lorenzo et Hartley, 2000, Sabatier *et al.*, 2010a] que l'effet du passé peut être pris en compte par une fonction d'initialisation au lieu d'un nombre fini de points.

Chapitre 3

Extension de la platitude aux systèmes linéaires non entiers

Contents

3.1 – Introduction

Les asservissements ont une longue histoire dans l'ingénierie. En 1681, *Hooke* a introduit un système mécanique à boules tournant autour d'un axe et dont la vitesse de rotation était directement proportionnelle à celle du moulin à vent : plus les boules tournent vite, plus elles s'éloignent de l'axe actionnant les ailes du moulin afin de réduire la vitesse de rotation. Avec la révolution industrielle, *Watt* adapta ce régulateur à boules pour les machines à vapeur : plus les boules tournent vite, plus elles ouvrent une soupape qui laisse échapper la vapeur. En baissant la pression de la chaudière, la vitesse diminue. Le problème majeur consistait à maintenir une vitesse de la machine constante malgré les variations de charge. En 1868, le physicien *Maxwell* publia une première analyse mathématique expliquant certains comportements observés sur les régulateurs en service à l'époque. Ce fut alors le départ de nombreux travaux sur la stabilité dont on citera principalement ceux des mathématiciens *Hurwitz* et *Routh*. Jusque dans les années 50, tous les développements s'effectuaient dans le cadre des systèmes linéaires monovariables. Ce n'est qu'après que les développements théoriques et technologiques permirent le traitement des systèmes multivariables linéaires et non linéaires. Dans la décennie qui suit, on cite les contributions importantes de *Bellman* pour la programmation dynamique [Brassard et Bratley, 1996], de *Kalman* pour le filtrage [Kalman, 1960] et la commande linéaire quadratique et *Pontryagin* pour la commande optimale [Pontryagin *et al.*, 1962]. Leurs contributions alimentent toujours les recherches en théorie de la commande.

La théorie des systèmes linéaires telle que la commandabilité et la forme canonique de *Brunovský* est rappelée dans la section 3.2, car elle représente une première approche pour résoudre les problèmes liés à la génération ("path planning" ou "motion planning" en anglais) et à la poursuite ("path tracking" en anglais) de trajectoire. La notion de planification de trajectoire consiste en la génération de trajectoires hors-ligne et des commandes associées. Ces thématiques peuvent également être étudiées dans un contexte de systèmes non linéaires de dimension finie, à savoir des systèmes décrits par un ensemble d'équations différentielles non linéaires à entrées (ou commandes) finies. A partir d'une connaissance *a priori* du modèle du système et sans perturbation, ces trajectoires lient un état initial à un état final en boucle ouverte. Elles sont appelées "trajectoires de référence" ou "trajectoires nominales" et leurs commandes associées sont nommées "commandes de référence" ou "commandes nominales". La poursuite se définit dans la conception d'une loi de commande permettant de suivre les trajectoire de référence. En l'absence de perturbations, les commandes coïncident avec leurs références, et en présence de perturbations, les lois de commande en boucle fermée permettent la poursuite des trajectoires de référence du système.

Ces deux aspects sont particulièrement simple à résoudre pour la classe de systèmes linéaires ou non linéaires appelés "systèmes différentiellement plats" ou plus simplement "systèmes plats", introduits par *Michel Fliess, Jean Lévine, Philippe Martin* et *Pierre Rouchon* [Fliess *et al.*, 1995b, 1999]. La notion de platitude caractérise une certaine classe de systèmes linéaires ou non linéaires permettant d'appliquer une commande simple et robuste [Ayadi, 2002, Dubois, 2000, Lavigne, 2003, Louembet, 2007, Morio, 2009]. En se limitant aux systèmes linéaires et invariant dans le temps (LTI), il s'avère que ces systèmes sont commandables si et seulement si (*ssi*) il est possible de trouver des variables appelées "sorties plates" issues de la forme canonique de commandabilité de *Brunovský*. Les sorties plates résument, à elles seules, toutes les dynamiques du système. En d'autres termes, l'état et la commande du système peuvent être exprimés comme des fonctions différentielles de la sortie plate et de ses dérivées, sans la nécessité d'intégrer des équations différentielles. Il s'agit principalement de trouver l'expression de ces sorties plates en fonction des variables du système et de ses dérivées.

Hilbert [1912] avait remarqué la possibilité d'une paramétrisation ne nécessitant pas d'intégrations d'équations différentielles, sans la définir formellement. Ces systèmes ont pu être formulés grâce à l'algèbre différentielle [Fliess *et al.*, 1995b, 1992]. Leur présentation dans le langage des *diffiétés* de *Vinogradov*, *i.e.* dans une géométrie différentielle des jets infinis, a été introduit dans [Fliess *et al.*, 1993] et [Fliess *et al.*, 1999]. Il existe également d'autres définitions de la platitude par géométrie différentielle telles que celles de Pomet [1995], ou similairement telles que celles de Van Nieuwstadt *et al.* [1998] où on utilise le langage des formes extérieures de *Cartan*.

Kalman [1969] a introduit les modules en commande pour les systèmes linéaires de dimension finie, les modules étant des structures algébriques qui généralisent les espaces vectoriels et les idéaux d'un anneau. Il l'a fait pour la représentation d'état et a abouti à un module de torsion sur un anneau principal de dimension finie. L'équivalence entre systèmes linéaires et modules, due à *Fliess* dans [Fliess, 1990, 1992a], prend en compte toutes les variables sans nécessairement faire de distinctions entre ces variables. Il existe de nombreuses œuvres dans la littérature traitant de ces diverses propriétés structurelles, des systèmes à retards, ainsi que des équations aux dérivées partielles (voir [Fliess, 2000] pour un tour d'horizon, ainsi que les références mentionnées dans cet article).

De nombreuses applications concrètes ont été menées avec succès traduisant l'intérêt de la platitude :

- sur de nombreux domaines telles que la robotique [Kiss *et al.*, 1999], les véhicules non holonomes [Fliess *et al.*, 1995a], l'aéronautique [Martin *et al.*, 1996], les moteurs électriques [Marquez et Delaleau, 1999, Zribi *et al.*, 2001], les paliers magnétiques [Lévine *et al.*, 1996], l'hydraulique [Bindel *et al.*, 2000], en génie chimique [Petit, 2000, Rothfuß *et al.*, 1996], ainsi que dans l'industrie automobile [Bitauld *et al.*, 1997, Lévine et Rémond, 2000] ;
- sur les systèmes à retards appliqués à l'aérodynamique, au raffinage et aux antennes [Mounier *et al.*, 1997, Petit *et al.*, 1997] ;
- sur les systèmes régis par des équations aux dérivées partielles qui sont également commandables par platitude : la commande de l'équation des cordes vibrantes a été appliquée à des verges flexibles [Mounier *et al.*, 1998]. L'équation de la chaleur a été utilisée pour un réacteur chimique [Fliess *et al.*, 1998b] ainsi que pour un échangeur de chaleur [Rudolph, 2000]. L'équation des télégraphistes [Fliess *et al.*, 1998a] a conduit à une restauration d'un signal le long d'un câble.

La platitude est bien adaptée pour la planification de trajectoire et favorise directement la génération de trajectoire. En effet, elle a en commun avec la commande prédictive de mettre l'accent sur les trajectoires de référence dont les conditions initiales sont fixées. L'un des intérêts de la platitude réside dans la possibilité de calculer directement la commande, permettant alors de générer la trajectoire désirée en sortie en l'absence de perturbation.

Dans un premier temps, les principes de la platitude pour les systèmes rationnels sont rappelés pour mieux cerner ce concept. A partir des notions de modules, la commandabilité au sens de *Kalman* est rappelée pour en déduire une équivalence sur la propriété de platitude des systèmes linéaires. Les sorties plates se caractérisent alors par des modules libres [Fliess et Marquez, 2000] ou à l'aide de matrices polynômiales [Lévine et Nguyen, 2003]. La platitude est ensuite étendue aux systèmes non entiers, dont une première analyse est établie par analogie aux systèmes linéaires abstraits. Une approche par fonction de transfert est proposée pour des systèmes monovariables ainsi qu'une poursuite de trajectoire par commande CRONE de deuxième génération. Cette approche est illustrée sur un système non entier : le barreau métallique (ou thermique) dont la diffusion est régie par des équations différentielles non entières. Une comparaison entre une loi de commande par PID et par régulateur CRONE de deuxième génération est menée mettant en évidence la robustesse de la poursuite de trajectoire. Enfin, l'extension de la platitude se poursuit aux systèmes non entiers multivariables dont la commandabilité aboutit à la caractérisation des sorties plates par matrices polynômiales non entières. Une loi de commande du type CRONE de troisième génération est proposée pour assurer la robustesse de la poursuite de trajectoire face aux perturbations ainsi que face aux incertitudes paramétriques. Cette approche multivariable est illustrée autour d'un exemple de simulation : un barreau métallique soumis à deux sources de chaleur.

3.2 – Principes de la platitude appliqués aux systèmes rationnels

Les liens entre le problème de planification de trajectoire, la platitude et la forme canonique de commandabilité de *Brunovský* ont été présentés dans [Fliess *et al.*, 1995b, 1999], montrant en particulier que, même pour les systèmes linéaires LTI, la platitude est utile pour concevoir une trajectoire, un retour d'état (*feedforward*) [Bitauld *et al.*, 1997, Desailly *et al.*, 2000], ou une commande prédictive [Fliess et Marquez, 2000]. La génération de trajectoire pour les systèmes plats a connu un essor important à la fin des années 90 [Fliess *et al.*, 1999, Rouchon, 2001]. *Agrawal et al.* de l'Université de Delaware se sont intéressés à la génération de trajectoires pour les systèmes linéarisables par bouclage dynamique [Agrawal *et al.*, 1998, Ferreira, 2001], alors que le département Ingénierie et Sciences Appliquées de l'Université Cal Tech a développé des outils de génération de trajectoires en temps réel en résolvant la commande optimale par collocation et optimisation non linéaire [Milham, 2003, Van Nieuwstadt, 1997].

En se limitant aux systèmes LTI rationnels, il s'avère que ces systèmes sont plats si et seulement s'ils sont commandables et que l'on peut obtenir une sortie plate particulière sous la forme canonique de commandabilité de *Brunovský* [Brunovský, 1970, Kailath, 1980, Luenberger, 1967]. Cependant, une méthode générale pour trouver toutes les sorties plates possibles d'un système et les paramétriser n'existe pas encore à l'heure actuelle.

Une méthode simple pour la prise en compte des contraintes (actionneurs, saturation, puissance,...) est alors donnée : l'évolution de la sortie plate est choisie de forme polynômiale avec des coefficients respectant les conditions initiales des trajectoires de référence. L'ajout d'une contrainte supplémentaire se traduira par un allongement de la durée de la trajectoire de manière à satisfaire celles-ci. Dans [Lévine et Nguyen, 2003], les auteurs expriment les variables du système en fonction des sorties plates linéaires et de ses dérivées à l'aide de matrices polynômiales issues d'une caractérisation directe. Ce résultat est bien adapté pour la planification de trajectoire : les relations inverses exprimant les coordonnées des sorties plates en fonction de celles des variables du système ne sont plus nécessaires.

3.2.1 – Concept de la platitude

Ce premier paragraphe permet de se situer dans le contexte des systèmes rationnels et d'en rappeler les définitions. La notion de "contrôlabilité" ou de "commandabilité" a été établie en 1960 par *Kalman* [Kalman, 1963] à propos des systèmes linéaires définis par les relations :

$$\begin{cases} \dot{x} = \boldsymbol{A}x + \boldsymbol{B}u \\ y = \boldsymbol{C}x + \boldsymbol{D}u, \end{cases} \tag{3.1}$$

où $x \in \mathbb{R}^{n \times 1}$ et $u \in \mathbb{R}^{m \times 1}$ sont respectivement l'état et la commande, et $\boldsymbol{A} \in \mathbb{R}^{n \times n}$, $\boldsymbol{B} \in \mathbb{R}^{n \times m}$, $\boldsymbol{C} \in \mathbb{R}^{r \times n}$ et $\boldsymbol{D} \in \mathbb{R}^{r \times m}$ sont des matrices constantes.

Définition 3.2.1. Le système (3.1) est dit "commandable" ou "contrôlable" en temps $T > 0$ si et seulement si pour x_0 et $x_{fin} \in \mathbb{R}^n$, il existe une loi horaire $t \in [0, T] \mapsto u(t) \in \mathbb{R}^m$, dite commande en boucle ouverte, qui amène le système de l'état $x(0) = x_0$ à l'état $x(T) = x_{fin}$, c'est-à-dire telle que la solution du problème de Cauchy vérifie $x(T) = q$.

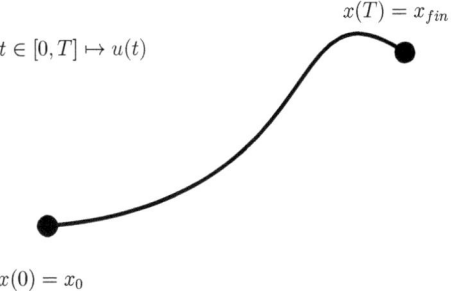

$$x(T) = x_{fin}$$

$$t \in [0, T] \mapsto u(t)$$

$$x(0) = x_0$$

FIGURE 3.1 – Planification de trajectoire

Comme l'illustre la Fig. 3.1, la commandabilité est une propriété topologique très naturelle. En général, la commande en boucle ouverte $t \in [0, T] \mapsto u(t)$ n'est pas unique.

Cette étape s'appelle la "planification de trajectoire" : calculer $t \mapsto u(t)$ à partir de la connaissance des équations du système (3.1), x_0 et x_{fin} constitue l'une des questions majeures de l'automatique qui est loin d'être résolue actuellement.

Un système (3.1), d'entrée $u(t)$ et de sortie $y(t)$ peut être représenté par la fonction de transfert :

$$A(\mathbf{p})y(t) = B(\mathbf{p})u(t), \tag{3.2}$$

où $A(\mathbf{p})$ et $B(\mathbf{p})$ sont des polynômes premiers entre eux donnés par :

$$\begin{aligned} A(\mathbf{p}) &= \mathbf{p}^n + \sum_{i=0}^{n-1} a_i \mathbf{p}^i, \\ B(\mathbf{p}) &= \sum_{i=0}^{n-1} b_i \mathbf{p}^i. \end{aligned} \tag{3.3}$$

Par le théorème de *Bézout*, il existe des matrices $N(\mathbf{p})$ et $S(\mathbf{p}) \in \mathbb{R}[\mathbf{p}]$ telles que $N(\mathbf{p})B(\mathbf{p}) + S(\mathbf{p})A(\mathbf{p}) = 1$. On introduit avec *Rosenbrock* "l'état partiel z" (voir [Kailath, 1980]) par

$$z(t) = N(\mathbf{p})y(t) + S(\mathbf{p})u(t). \tag{3.4}$$

Si le système (3.2) est strictement propre, *i.e.* deg $B <$ deg A, et est défini par une représentation d'état commandable et observable, on peut alors montrer que z est une combinaison linéaire de l'état x [Kailath, 1980]. Les quantités $u(t)$, $y(t)$ et $z(t)$ satisfont alors à :

$$\begin{aligned} u(t) &= A(\mathbf{p})z(t), \\ y(t) &= B(\mathbf{p})z(t). \end{aligned} \tag{3.5}$$

Ces équations rappellent les propriétés non linéaires de la platitude, et on appelle alors z "une sortie plate" : $u(t)$ et $y(t)$ sont des combinaisons linéaires de $z(t)$ et d'un nombre fini de ses dérivées, et de même, $z(t)$ est une combinaison linéaire de $u(t)$ et de $y(t)$ et d'un nombre fini de leurs dérivées.

Remarque

$y(t)$ est une sortie plate si et seulement si le polynôme $B(\mathbf{p})$ est constant.

L'extension de la commandabilité aux systèmes non linéaires de dimension finie et de dimension infinie a suscité une littérature considérable. Les auteurs ont considéré des généralisations du système (3.1). Pour le non linéaire de dimension finie, on utilise le système rationnel non linéaire suivant :

$$\dot{x} = f(x, u), \tag{3.6}$$

où $x \in \mathbb{R}^n$ appartient à une variété différentiable, $u \in \mathbb{R}^m$ est le vecteur des commandes, $m \leq n$ et $f = (f_1, ..., f_n)$ est une fonction régulière de x et de u. Or, il existe des systèmes que l'on ne peut pas écrire sous la forme (3.1) ou (3.6) comme décrit dans [Fliess *et al.*, 1993] pour la modélisation de la grue.

La commandabilité doit donc recevoir une définition intrinsèque, indépendante de toute représentation particulière. A un système linéaire de dimension finie, on associe un $\mathbb{R}[\mathbf{p}]$-module Λ de type fini. Les structures des modules sont rappelées dans [Fliess, 1990, Fliess et Marquez, 2000]. Le système est commandable si et seulement si Λ est libre [1].

En résumé, un système linéaire de dimension finie est plat si et seulement s'il existe un vecteur $z \in \mathbb{R}^m$ ayant les propriétés suivantes :

– z et ses dérivées successives $\dot{z}, \ddot{z}, \ldots$, sont indépendantes ;

– z est une fonction scalaire de x, u et d'un nombre fini β de dérivées des composantes de u,

$$z = h(x, u, \dot{u}, \ldots, u^{(\beta)}), \quad z \in \mathbb{R}^m; \qquad (3.7)$$

– x et u peuvent s'exprimer en fonction des composantes de z et d'un nombre fini de leurs dérivées :

$$x = \mathscr{A}(z, \dot{z}, \ldots, z^{(\alpha)}), \quad u = \mathscr{B}(z, \dot{z}, \ldots, z^{(\alpha+1)}). \qquad (3.8)$$

Remarque

Pour un multi-entier $\alpha = (\alpha_1, \ldots, \alpha_m)$, $y^{(\alpha)} = (y_1^{(\alpha_1)}, \ldots, y_m^{(\alpha_m)})$.

Les systèmes non linéaires plats apparaissent comme des analogues non linéaires des systèmes linéaires commandables. Un système linéaire de dimension finie est donc plat si et seulement s'il est commandable : *la platitude est une généralisation de la commandabilité de Kalman.*

Les variables du vecteur z sont appelées "sorties plates" ou "sorties linéarisantes" et sont utilisées à partir d'un nombre fini de dérivées, inconnu à l'avance. Il est nécessaire d'effectuer un calcul préliminaire détaillé sur les équations du système pour pouvoir déterminer le nombre de dérivées nécessaires des sorties plates. Bien que ces variables n'admettent pas forcément de définition physique concrète, des exemples concrets peuvent être trouvés dans la littérature, mettant en évidence une interprétation physique claire

---

1. On rappelle qu'une famille $(v_i)_{1 \leq i \leq n}$ est constituée de vecteurs linéairement indépendants si toute combinaison linéaire nulle des vecteurs v_i a nécessairement des coefficients tous nuls

des sorties plates z dans [Fliess *et al.*, 1995b, 1999, Kiss *et al.*, 1999, Rouchon *et al.*, 1993].

Il résulte de (3.8) que la sortie du système s'exprime également en fonction de la sortie plate :

$$y = \mathscr{C}\left(z, \dot{z}, \ldots, z^{(\sigma)}\right), \tag{3.9}$$

où σ est un multi-entier.

De même, l'équation différentielle (3.6) est identiquement vérifiée :

$$\dot{\mathscr{A}} = f(\mathscr{A}, \mathscr{B}). \tag{3.10}$$

Ainsi, en imposant une trajectoire de référence réalisable à une telle sortie plate z, toutes les variables du système x et u peuvent être déduites des relations (3.8), sans avoir à intégrer les équations différentielles du système. Il est préférable de ne pas considérer z comme un signal mesuré et bruité.

La notion de platitude a en commun avec la "commande prédictive" [Fliess et Marquez, 2000] de mettre l'accent sur les trajectoires prédites (feedforward), c'est-à-dire sur la construction directe de trajectoires de référence dont les conditions initiales et finales sont fixées, et qui sont éventuellement soumises à des contraintes supplémentaires. Un des intérêts de la platitude réside alors dans la possibilité de calculer directement (sans intégration et sans recours à des méthodes d'optimisation) la commande de référence qui permette de générer la trajectoire de sortie voulue en l'absence de perturbations.

Une autre conséquence de (3.8) est, qu'en posant $z^{(\alpha+1)} = v$, ce système est équivalent au système (3.6) dans le sens où toute trajectoire de ce dernier système, commandé par le vecteur v, est l'image d'une trajectoire de (3.6) commandé par u. Inversement, toute trajectoire de (3.6) est l'image d'une trajectoire du système linéaire commandable $z^{(\alpha+1)} = v$. On peut donc, grâce à cette équivalence, stabiliser (localement) par retour d'état linéaire, n'importe quelle trajectoire de référence, à condition que les perturbations ne fassent pas sortir l'état x, d'un voisinage à déterminer, de sa trajectoire de référence.

Ces deux aspects réunis, planification de trajectoire et stabilisation de la trajectoire par bouclage d'état ou de sortie, constituent ce qu'on appelle généralement la "commande plate". Il s'agit plus d'une approche que l'on adapte sur chaque cas particulier en fonction de la nature et des performances des actionneurs et des capteurs disponibles, que d'une approche générale. Ainsi, même pour des systèmes linéaires commandés par PID, elle a l'avantage de rester simple et de coller au plus près des possibilités dynamiques du système. En effet, en utilisant la platitude, plutôt que de modifier la forme du régulateur, ce sont surtout les commandes de référence utilisées dans le calcul des écarts entre les variables observées et leurs trajectoires de référence nominales, qui doivent l'être. Ainsi, nous pouvons appliquer tout type de régulateur, notamment un régulateur CRONE. Les propriétés de la platitude apportent des progrès sensibles dans le suivi de trajectoires rapides avec des actionneurs aux capacités limitées et un nombre réduit de capteurs, et permettent donc d'abaisser les coûts matériels, sans détériorer sensiblement les performances en stabilité, précision et robustesse.

3.2.2 – Systèmes linéaires abstraits

Kalman a introduit la notion de commandabilité à partir de systèmes représentés sous formes de représentation d'état. C'est un concept clé pour mieux comprendre les propriétés de stabilisation [D'Andréa Novel et Cohen de Lara, 1993, Kailath, 1980, Sontag, 1998]. Bien qu'il existe d'autres formes de représentation des systèmes, tels que l'expression (3.6) en non linéaire, Rosenbrock [1970] montre que ces représentations ne sont pas adaptées pour définir la commandabilité de tels systèmes. La commandabilité doit donc avoir une définition indépendante de toute représentation particulière. La notion de modules est alors introduite pour donner une définition intrinsèque de la commandabilité. Ces modules définissent les systèmes linéaires abstraits établis dans [Fliess, 2000]. Les notions de ce paragraphe seront étendues aux systèmes non entiers au paragraphe 3.3.

3.2.2.1 – Généralités

Soit $\mathfrak{K}$ un anneau commutatif sans diviseur de zéro supposé noethérien [2].

Un système $\mathfrak{K}$-linéaire ou un $\mathfrak{K}$-système Λ est un $\mathfrak{K}$-module de type fini. On note $\mathfrak{K}[\mathbf{p}]$ l'anneau idéal principal des opérateurs différentiels linéaires.

Soit M un $\mathfrak{K}[\mathbf{p}]$-module.

Définition 3.2.2. Un élément $w \in M$ est appelé "torsion" si et seulement s'il existe un polynôme $\pi \in \mathfrak{K}[\mathbf{p}]$, $\pi \neq 0$, tel que $\pi w = 0$.

Définition 3.2.3. L'ensemble M_{tor} de tous les éléments torsions de M est un sous-module de M. Il est dit "trivial" si et seulement si $M_{tor} = 0$.

---

2. Un anneau "noethérien" est un anneau munis d'une addition et d'une multiplication compatible avec l'addition, au sens de la distributivité

Définition 3.2.4. Un $\mathfrak{K}[\mathbf{p}]$-module est dit "torsion" si et seulement si tous ces éléments sont des torsions : $M = M_{tor}$. Il est dit "torsion-libre" si et seulement si M_{tor} est trivial.

Une entrée est une partie finie $u \subset \Lambda$ qui peut être vide, telle que le module quotient $\Lambda/span_{\mathfrak{K}}(u)$ soit une torsion. L'entrée u est dite "indépendante" si le $\mathfrak{K}$-module $span_{\mathfrak{K}}(u)$ est libre, de base u. Une $\mathfrak{K}$-dynamique D est un $\mathfrak{K}$-système muni d'une entrée u.

Une sortie est une partie finie $y \in \Lambda$. Un $\mathfrak{K}$-système entrée-sortie S est une $\mathfrak{K}$-dynamique munie d'une sortie.

On considère un $\mathfrak{K}[\mathbf{p}]$-module généré de type fini M.

Définition 3.2.5. M est dit "libre" si et seulement s'il existe une base, *i.e.* un ensemble fini $z = (z_1, \ldots, z_m)$ d'éléments dans M tel que :

  – tout élément $w \in M$ dépend $\mathfrak{K}[\mathbf{p}]$-linéairement de z, *i.e.* w est une combinaison finie $\mathfrak{K}$-linéaire des composantes de z et de ses dérivées ;

  – les composantes de z sont $\mathfrak{K}[\mathbf{p}]$-linéairement indépendantes, *i.e.* les composantes de z et de ses dérivées sont $\mathfrak{K}$-linéairement indépendantes.

Le rang de ce module libre vaut m.

Propriété 3.2.6. *M peut s'écrire selon*

$$M \simeq M_{tor} \oplus \Phi \tag{3.11}$$

où $\Phi \simeq M/M_{tor}$ est un module libre. Le rang de M est par définition celui de Φ. Aussi, M est de rang nul ssi c'est une torsion.

Propriété 3.2.7. *M est une torsion $\Leftrightarrow$ la dimension $dim_{\mathfrak{K}} M$ de M, comme un $\mathfrak{K}$-espace vectoriel, est fini.*

Propriété 3.2.8. *M est torsion-libre $\Leftrightarrow$ M est libre.*

3.2.2.2 – Commandabilité

Propriété 3.2.9. *Un système $\mathfrak{K}$-linéaire Λ est dit commandable ssi le module Λ est libre [Fliess, 1990].*

Toute base z de Λ est appelée sortie plate.

Prenons la représentation d'état classique de *Kalman* (3.1). Il s'ensuit de [Fliess, 1990] que le système (3.1) est commandable, *i.e.* $rang(\boldsymbol{B}, \boldsymbol{AB}, \ldots, \boldsymbol{A}^{n-1}\boldsymbol{B}) = n$ *ssi* le module correspondant Λ est libre.

En le supposant commandable, il existe un retour d'état statique qui le transforme en une forme canonique de *Brunovský* [Fliess *et al.*, 1993, Kailath, 1980] selon la forme :

$$\begin{cases} z_1^{(n_1)} = v_1 \\ z_2^{(n_2)} = v_2 \\ \vdots \\ z_m^{(n_m)} = v_m \end{cases} \tag{3.12}$$

où les v_i sont les nouvelles variables de contrôle et les n_i sont les indices de commandabilité ou de *Kronecker*.

Propriété 3.2.10. *L'ensemble $z = (z_1, \ldots, z_m)$ est une sortie plate.*

Exemple

Prenons le système d'entrée-sortie suivante

$$A(\mathbf{p}) \begin{pmatrix} y_1 \\ \vdots \\ y_r \end{pmatrix} = B(\mathbf{p}) \begin{pmatrix} u_1 \\ \vdots \\ u_m \end{pmatrix} \tag{3.13}$$

où $A \in \mathfrak{K}[\mathbf{p}]^{r \times r}$, $\det A \neq 0$, $B \in \mathfrak{K}[\mathbf{p}]^{r \times m}$. On sait que (3.13) est commandable si et seulement si A et B sont premières entre elles à gauche [Bourlès et Fliess, 1997, Ilchmann, 1985].

Propriété 3.2.11. *La sortie $y = (y_1, \ldots, y_r)$ est plate ssi les deux conditions suivantes sont satisfaites :*
  – les matrices $A(\mathbf{p})$ et $B(\mathbf{p})$ sont premières entre elles à gauche
  – le système est carré, i.e. $m = r$, et la matrice $B(\mathbf{p})$ est unimodulaire.

Un système $\mathfrak{K}$-linéaire Λ d'entrée u et de sortie y est dit "observable" si et seulement si $span(u, y) = \Lambda$ [Fliess, 1990].

Exemple

Prenons le module libre Λ de base z et un système correspondant d'entrée u et de *sortie y tel que :*

$$\begin{pmatrix} u_1 \\ \vdots \\ u_m \end{pmatrix} = S(\mathbf{p}) \begin{pmatrix} z_1 \\ \vdots \\ z_m \end{pmatrix}$$

$$\begin{pmatrix} y_1 \\ \vdots \\ y_r \end{pmatrix} = N(\mathbf{p}) \begin{pmatrix} z_1 \\ \vdots \\ z_m \end{pmatrix}$$

où $S(\mathbf{p}) \in \mathfrak{K}[\mathbf{p}]^{m \times m}$, $\det S \neq 0$, $N(\mathbf{p}) \in \mathfrak{K}[\mathbf{p}]^{r \times m}$. Le système Λ, qui est commandable puisque Λ est un module libre, est observable si et seulement si S et N sont premières entre elles à droite [Fliess, 1994].

3.2.3 – Caractérisation d'une sortie plate par matrices polynômiales

Le langage des matrices polynômiales et la caractérisation de sorties plates sont repris de [Lévine et Nguyen, 2003]. A l'aide de la représentation polynômiale, le système linéaire (3.1) peut s'écrire sous la forme suivante :

$$\begin{cases} \boldsymbol{A}_1(\mathbf{p})X(t) = \boldsymbol{B}u(t) \\ y(t) = \boldsymbol{C}X(t) + \boldsymbol{D}u(t) \end{cases} \tag{3.14}$$

avec $\boldsymbol{A}_1(\mathbf{p}) = \mathbf{p}I - \boldsymbol{A}$ une matrice de dimension $n \times n$ dont les composantes sont des polynômes en $\mathbf{p}$ (I étant la matrice identité) et $\boldsymbol{B}$ une matrice constante de dimension $n \times m$ et de rang m. Le système (3.14) est supposé commandable, i.e. $\boldsymbol{A}_1$ et $\boldsymbol{B}$ sont premières entre elles à gauche [Kailath, 1980, Rosenbrock, 1970, Wolovich, 1974].

Compte-tenu de la linéarité du système, on peut réécrire les équations (3.7) et (3.8), avec h, $\mathscr{A}$, $\mathscr{B}$ et $\mathscr{C}$ étant linéaires, par :

$$\begin{aligned}
x_i(t) &= \sum_{j=1}^{m} \sum_{k=0}^{\alpha_j} a_{i,j,k} z_j^{(k)}(t), \quad i = 1, ..., n \ , \\
u_l(t) &= \sum_{j=1}^{m} \sum_{k=0}^{\alpha_j+1} b_{l,j,k} z_j^{(k)}(t), \quad l = 1, ..., m \ , \\
y_q(t) &= \sum_{j=1}^{m} \sum_{k=0}^{\sigma_j} c_{q,j,k} z_j^{(k)}(t), \quad q = 1, ..., r \ ,
\end{aligned} \tag{3.15}$$

avec z une combinaison linéaire de x, u et d'un nombre fini de dérivées successives de u.

Mises sous forme de matrices polynômiales, les relations (3.15) s'écrivent

$$x(t) = P(\mathbf{p})\, z(t), \quad u(t) = Q(\mathbf{p})\, z(t)\ , \tag{3.16}$$

avec P (*resp.* Q) une matrice polynômiale de dimension $n \times m$ (*resp.* $m \times m$), de composantes $P_{i,j}(\mathbf{p}) = \sum\limits_{k=0}^{\alpha_j} a_{i,j,k}\mathbf{p}^k$ (*resp.* $Q_{l,j}(\mathbf{p}) = \sum\limits_{k=0}^{\alpha_j+1} b_{l,j,k}\mathbf{p}^k$).

Les matrices P et Q satisfaisant (3.16) sont appelées des matrices de définition de la sortie linéarisante (ou sortie plate) z.

On obtient alors le résultat principal suivant :

Théorème 3.2.12. *La variable $z = (z_1, ..., z_m)$ est une sortie plate linéaire de (3.14) ssi ses matrices de définition P et Q sont données par :*

$$\begin{aligned} R^T \mathbf{A}_1(\mathbf{p})\, P(\mathbf{p}) &= 0, \\ \mathbf{A}_1(\mathbf{p})\, P(\mathbf{p}) &= \mathbf{B} Q(\mathbf{p}), \end{aligned} \tag{3.17}$$

avec R une matrice arbitraire de rang $n - m$ orthogonale à B (i.e. $R^T B = 0$), et avec $P(\mathbf{p})$ et $Q(\mathbf{p})$ de rang m pour tout $\mathbf{p}$ et premières entre elles à droite. ∎

De plus, une sortie plate linéaire z du système commandable (3.14) existe toujours (et par conséquent P et Q existent également).

3.3 – Systèmes linéaires non entiers abstraits

La platitude est bien adaptée pour la génération de trajectoire. En effet, connaissant une trajectoire de sortie de référence, l'un des intérêts de la platitude réside dans la possibilité de calculer directement la commande sans intégration. Tout système plat étant commandable [Fliess *et al.*, 1995b, 1999], l'étude qui suit concerne les systèmes linéaires non entiers commandables. Par analogie avec les rappels précédents sur la platitude des systèmes rationnels, la notion de commandabilité est élaborée selon une définition indépendante de la représentation des systèmes linéaires non entiers, c'est-à-dire à partir des modules. Les systèmes non entiers abstraits sont traités pour la platitude des systèmes non entiers. Les démonstrations des propriétés de cette section suivent les mêmes démarches que celles dans [Fliess, 2000, Fliess et Marquez, 2000] et ne sont donc pas détaillées.

3.3.1 – Généralités

Soit $\mathfrak{K}$ un anneau commutatif sans diviseur de zéro supposé noethérien.

Un système $\mathfrak{K}$-linéaire non entier Λ est un $\mathfrak{K}$-module non entier de type fini. $\mathfrak{K}[X^\nu]$ représente l'anneau idéal principal des polynômes en X^ν à coefficients dans $\mathfrak{K}$.

Soit M un $\mathfrak{K}[\mathbf{p}^\nu]$-module non entier.

Définition 3.3.1. Un élément $w \in M$ est appelé "torsion non entière" si et seulement s'il existe un polynôme en $\mathbf{p}^\nu$ $\pi \in \mathfrak{K}[X^\nu]$, $\pi \neq 0$, tel que $\pi w = 0$.

Définition 3.3.2. L'ensemble M_{tor} de toutes les torsions non entières de M est un sous-module non entier de M. Il est dit "trivial non entier" si et seulement si $M_{tor} = 0$.

Définition 3.3.3. Un $\mathfrak{K}[\mathbf{p}^\nu]$-module non entier est dit "torsion non entière" si et seulement si tous ces éléments sont des torsions non entières : $M = M_{tor}$. Il est dit "torsion-libre non entière" si et seulement si M_{tor} est trivial non entier.

On considère un $\mathfrak{K}[\mathbf{p}^\nu]$-module non entier généré de type fini M.

Définition 3.3.4. M est dit "libre" si et seulement s'il existe une base, *i.e.* un ensemble fini $z = (z_1, \ldots, z_m)$ d'éléments dans M tel que :
- tout élément $w \in M$ dépend $\mathfrak{K}[\mathbf{p}^\nu]$-linéairement de z, *i.e.* w est une combinaison finie $\mathfrak{K}$-linéaire des composantes de z et de ses dérivées d'ordre non entières ;
- les composantes de z sont $\mathfrak{K}[\mathbf{p}^\nu]$-linéairement indépendantes, *i.e.* les composantes de z et de ses dérivées non entières sont $\mathfrak{K}$-linéairement indépendantes.

Le rang de ce module libre vaut m.

Propriété 3.3.5. *M peut s'écrire selon*

$$M \simeq M_{tor} \oplus \Phi \tag{3.18}$$

où $\Phi \simeq M/M_{tor}$ est un module libre. Le rang de M est par définition celui de Φ. Aussi, M est de rang nul ssi c'est une torsion non entière. ∎

Propriété 3.3.6. *M est une torsion non entière $\Leftrightarrow$ la dimension $dim_{\mathfrak{K}} M$ de M, comme un $\mathfrak{K}$-espace vectoriel, est finie.* ∎

Propriété 3.3.7. *M est une torsion-libre non entière $\Leftrightarrow$ M est libre.* ∎

Un système $\mathfrak{K}$-linéaire est un $\mathfrak{K}[\mathbf{p}]$-module. Une dynamique $\mathfrak{K}$-linéaire est un système $\mathfrak{K}$-linéaire Λ muni d'une entrée, $i.e.$ avec un sous-ensemble fini $u = (u_1, \ldots, u_m)$ tel que le quotient module $\Lambda/[u]$ est une torsion. L'entrée u est supposée indépendante : le sous-module $[u]$ est libre de rang m. Alors, le rang de Λ vaut m. Un système entrée-sortie $\mathfrak{K}$-linéaire est une dynamique $\mathfrak{K}$-linéaire Λ avec une sortie, $i.e.$ avec un ensemble finie $y = (y_1, \ldots, y_r)$ de Λ.

3.3.2 – Commandabilité

La représentation de systèmes non entiers par pseudo-représentation d'état de premier niveau de généralisation est utilisée. Dans ce niveau de généralisation, les ordres de dérivation de toutes les équations différentielles élémentaires sont les mêmes et donnés par l'ordre commensurable ν. La pseudo-représentation d'état s'écrit alors :

$$\left\{ \begin{array}{ll} x^{(\nu)}(t) & = \boldsymbol{A}x(t) + \boldsymbol{B}u(t) \\ y(t) & = \boldsymbol{C}x(t) + \boldsymbol{D}u(t). \end{array} \right. \tag{3.19}$$

Propriété 3.3.8. *Un système $\mathfrak{K}$-linéaire Λ est dit commandable ssi le module Λ est libre ([Fliess, 1990] pour le cas rationnel).* ∎

Toute base z de Λ est appelée sortie plate fractionnaire.

De la pseudo-représentation d'état (3.19), il s'ensuit de [Matignon et D'Andréa-Novel, 1996] que ce système est commandable, $i.e.$ $rang(\boldsymbol{B}, \boldsymbol{AB}, \ldots, \boldsymbol{A}^{n-1}\boldsymbol{B}) = n$ si et seulement si le module correspondant Λ est libre.

En le supposant commandable, il existe un retour d'état statique qui le transforme en une forme canonique de *Brunovský* ([Fliess *et al.*, 1993, Kailath, 1980] pour le cas rationnel) :

$$\left\{ \begin{array}{l} z_1^{(\nu_1)} = v_1 \\ z_2^{(\nu_2)} = v_2 \\ \quad \vdots \\ z_m^{(\nu_m)} = v_m \end{array} \right. \tag{3.20}$$

où les v_i sont les nouvelles variables de contrôle et les ν_i sont les indices de commandabilité qui sont non entiers.

Propriété 3.3.9. *L'ensemble $z = (z_1, \ldots, z_m)$ est une "sortie plate non entière".* ∎

Exemple

Prenons le système non entier d'entrée-sortie suivante :

$$A(\mathbf{p}) \begin{pmatrix} y_1 \\ \vdots \\ y_r \end{pmatrix} = B(\mathbf{p}) \begin{pmatrix} u_1 \\ \vdots \\ u_m \end{pmatrix}$$

où $A(\mathbf{p}) \in \mathfrak{K}\left[\mathbf{p}^\nu\right]^{r \times r}$, $det\, A \neq 0$, $B \in \mathfrak{K}\left[\mathbf{p}^\nu\right]^{r \times m}$. Ce système est commandable si et seulement si $A(\mathbf{p})$ et $B(\mathbf{p})$ sont premières entre elles à gauche ([Bourlès et Fliess, 1997, Ilchmann, 1985] pour le cas rationnel).

Propriété 3.3.10. La sortie $y = (y_1, \dots, y_r)$ est plate ssi les deux conditions suivantes sont satisfaites :
- les matrices $A(\mathbf{p})$ et $B(\mathbf{p})$ sont premières entre elles à gauche
- le système est carré, i.e. $m = r$, et la matrice $B(\mathbf{p})$ est unimodulaire. ■

Un système $\mathfrak{K}$-linéaire Λ d'entrée u et de sortie y est dit "observable" si et seulement si $span(u, y) = \Lambda$ ([Fliess, 1990] pour le cas rationnel).

Exemple

Prenons le module libre Λ de base z et un système correspondant d'entrée u et de sortie y tel que :

$$\begin{pmatrix} u_1 \\ \vdots \\ u_m \end{pmatrix} = S(\mathbf{p}) \begin{pmatrix} z_1 \\ \vdots \\ z_m \end{pmatrix}$$

$$\begin{pmatrix} y_1 \\ \vdots \\ y_r \end{pmatrix} = N(\mathbf{p}) \begin{pmatrix} z_1 \\ \vdots \\ z_m \end{pmatrix}$$

où $S(\mathbf{p}) \in \mathfrak{K}\left[\mathbf{p}^\nu\right]^{m \times m}$, $det\, S \neq 0$, $N(\mathbf{p}) \in \mathfrak{K}\left[\mathbf{p}^\nu\right]^{r \times m}$. Le système Λ, qui est commandable puisque Λ est un module libre, est observable si et seulement si S et N sont premières entre elles à droite ([Fliess, 1994] pour le cas rationnel).

3.4 – Systèmes linéaires non entiers SISO

Un premier travail sur la platitude fractionnaire a été effectué dans [Melchior *et al.*, 2007]. Le système fractionnaire utilisé était un barreau métallique (thermique) dont la fonction de transfert liant la densité de flux à la température mesurée est fractionnaire [Battaglia *et al.*, 2001, 2000, Cois, 2002]. Or, il s'agit là de la solution de l'équation de la chaleur qui a été étudiée en utilisant les principes de la platitude [Fliess *et al.*, 1998b, Laroche, 2000, Laroche *et al.*, 1998, Rudolph, 2000]. Ainsi, le travail effectué dans [Melchior *et al.*, 2005] ne consistait pas à savoir si la platitude s'appliquait aux systèmes fractionnaires, mais d'en tirer une généralisation : déterminer une sortie plate dans le cas d'une fonction de transfert fractionnaire monovariable, étant donné la trajectoire de référence de la température ainsi que de déterminer une commande pour une poursuite robuste de trajectoire.

Le paragraphe qui suit présente une principale contribution sur l'extension de la platitude linéaire aux systèmes non entiers monovariables. Après les développements théoriques et la formulation de la platitude par fonctions de transfert, la poursuite robuste de trajectoire est assurée par la mise en œuvre d'une commande du type CRONE de deuxième génération. Cette démarche est appliquée en simulation sur un système thermique non entier puis est appliquée sur un banc d'essai au chapitre 4 : la diffusion de la densité de flux de chaleur sur un barreau métallique.

Soit un système non entier défini par l'équation différentielle :

$$x^{(\gamma)} = f(x, u), \tag{3.21}$$

où $x \in \mathbb{R}^n$ est la variable de pseudo-état, $u \in \mathbb{R}^m$ est l'entrée du système, γ est un m-tuple de $\mathbb{R}^{*+}$ et $f = (f_1, ..., f_n)$ est une fonction régulière de x et u où le rang de $\frac{\partial f}{\partial u}$ vaut m.

Un système est dit différentiellement plat [Fliess *et al.*, 1995b, 1999] s'il existe un ensemble de variables indépendantes, les sorties plates, tel que chaque variable du système, incluant les entrées, est une fonction de la sortie plate et d'un nombre fini de ses dérivées successives. Plus précisément, le système non entier (3.21) est dit différentiellement plat s'il existe un ensemble de variables (les sorties plates fractionnaires) z tel que :

$$z = h(x, u, u^{(\gamma_1)}, u^{(\gamma_2)}, \ldots, u^{(\gamma_\kappa)}), \quad z \in \mathbb{R}^m, \tag{3.22}$$

165

avec $\underline{\gamma}_i$, $i = 1, \ldots, K$, des m-tuples finis de dimension m, tels que

$$x = \mathscr{A}\left(z, z^{(\underline{\mu}_1)}, \ldots, z^{(\underline{\mu}_L)}\right)$$
$$u = \mathscr{B}\left(z, z^{(\underline{\mu}_1)}, \ldots, z^{(\underline{\mu}_{L+1})}\right), \qquad (3.23)$$

avec $\underline{\mu}_j$, $j = 1, \ldots, L+1$, des m-tuples finis de dimension m, et tels que les équations du système suivant :

$$\mathscr{A}^{(\underline{\gamma})}\left(z, z^{(\underline{\mu}_1)}, \ldots, z^{(\underline{\mu}_L)}\right) = f\left(\mathscr{A}\left(z, z^{(\underline{\mu}_1)}, \ldots, z^{(\underline{\mu}_L)}\right), \mathscr{B}\left(z, z^{(\underline{\mu}_1)}, \ldots, z^{(\underline{\mu}_{L+1})}\right)\right),$$
$$(3.24)$$

soient identiquement satisfaites. La sortie du système est également fonction de la sortie plate :

$$y = \mathscr{C}\left(z, z^{(\underline{\mu}_1)}, \ldots, z^{(\underline{\mu}_M)}\right), \qquad (3.25)$$

où les $\underline{\mu}_k$, $k = 1, \ldots, M$, sont des multi-nombres finis. Ainsi, les trajectoires du système peuvent être calculées par l'intermédiaire de la sortie plate par dérivation pure.

On peut alors concevoir un bouclage ("feedback" en anglais) linéarisant et un difféomorphisme (une fonction continue et bijective de classe $\mathscr{C}^1$) qui transforme le bouclage du système en une chaîne intégrale d'éléments formée par z. Le bouclage linéarisant ainsi conçu sera appelé "endogène". Un système plat fractionnaire est également linéarisable par un retour endogène et inversement. Ainsi, *le système plat est un cas particulier des systèmes linéarisables et un système fractionnaire linéaire et commandable est toujours plat* : il suffit de prendre les sorties de *Brunovský* issues de la forme canonique commandable.

3.4.1 – Approche par fonction de transfert non entière

Soit le système reliant la sortie y à l'entrée u défini par la fonction de transfert suivante :

$$y(t) = \frac{B(\mathbf{p})}{A(\mathbf{p})} u(t), \qquad (3.26)$$

où $A(\mathbf{p})$ et $B(\mathbf{p})$ sont des polynômes en $\mathbf{p}^{\nu}$, premiers entre eux, donnés par :

$$A(\mathbf{p}) = \mathbf{p}^{\alpha_{m_A}} + \sum_{j=0}^{(m_A - 1)} a_j \mathbf{p}^{\alpha_j}$$
$$B(\mathbf{p}) = \sum_{i=0}^{m_B} b_i \mathbf{p}^{\beta_i}. \qquad (3.27)$$

En suivant la même démarche que dans le cas rationnel défini plus haut au §3.2.1 (voir [Kailath, 1980, Rotella, 2004] pour le cas rationnel), si le système est commandable, alors il est plat, et la sortie plate fractionnaire z est définie par :

$$z(t) = N(\mathbf{p})y(t) + S(\mathbf{p})u(t), \tag{3.28}$$

où $N(\mathbf{p})$ et $S(\mathbf{p})$ satisfont le théorème de *Bézout* pour matrices polynômiales non entières (comme détaillé au §1.6.1.3) :

$$N(\mathbf{p})B(\mathbf{p}) + S(\mathbf{p})A(\mathbf{p}) = 1. \tag{3.29}$$

Propriété 3.4.1. *Si z est une sortie plate fractionnaire, alors on peut écrire :*

$$\begin{aligned} u(t) &= A(\mathbf{p})z(t), \\ y(t) &= B(\mathbf{p})z(t). \end{aligned} \tag{3.30}$$

∎

Démonstration. Il suffit de suivre la démarche décrite au paragraphe 3.2.1 ou [Kailath, 1980, Rotella, 2004] pour les polynômes à puissances entières en l'adaptant pour les polynômes en $\mathbf{p}^\nu$. □

Remarque

y est une sortie plate ssi $B(\mathbf{p})$ est une constante.

Il s'agit maintenant de déterminer les commandes nécessaires pour obtenir les trajectoires désirées. Il est à noter que les développements élaborés dans ce manuscrit sont indépendants de la façon dont l'opérateur non entier est simulé, laissant à l'utilisateur le choix de son approximation. Deux approches sont néanmoins exposées ici : l'une par la formule de *Grünwald-Letnikov* qui est discrète, et l'autre par l'approximation d'*Oustaloup* (voir §1.5) dans le domaine continu qui utilise la transformation de *Laplace*.

3.4.1.1 – Approche à temps discret

La formule de *Grünwald-Letnikov* est bien adaptée pour simuler les systèmes non entiers à temps discret [Miller et Ross, 1993]. Elle est donnée par la formule :

$$D_h^\gamma f(t) = h^{-\gamma} \sum_{k=0}^{\lfloor \frac{t}{h} \rfloor} (-1)^k \begin{pmatrix} \gamma \\ k \end{pmatrix} f(t - kh), \tag{3.31}$$

avec $\begin{pmatrix} \gamma \\ k \end{pmatrix} = \frac{\Gamma(\gamma+1)}{\Gamma(k+1)\Gamma(\gamma-k+1)}$, et $\lfloor . \rfloor$ l'opérateur de la partie entière.

La formule de *Grünwald-Letnikov* montre que la dérivée non entière d'un signal à l'instant t prend en compte tout le passé de ce signal. La dérivée entière ne donne qu'une caractérisation locale d'un signal ou d'une fonction (définissant ainsi la tangente locale à l'instant t), alors que la dérivée non entière donne une caractérisation globale comme précisée dans [Oustaloup, 1995]. Par conséquent, la dérivée non entière de la sortie plate fractionnaire z introduit les échantillons du passé $z(t), z(t-h), z(t-2h), \ldots$

De la relation (3.31), la dérivée non entière d'ordre γ de $f(t)$ est donnée par :

$$f^{(\gamma)}(t) = \lim_{h \to 0} D_h^{\gamma} f(t). \tag{3.32}$$

L'erreur commise en utilisant la formule de *Grünwald-Letnikov* dans nos algorithmes de calcul est de l'ordre de h :

$$f^{(\gamma)}(t) - D_h^{\gamma} f(t) = O(h). \tag{3.33}$$

– Détermination de la sortie plate

De l'équation (3.30), quelle que soit la trajectoire choisie, la sortie plate fractionnaire est donnée par :

$$b_0 z^{(\beta_0)}(t) + b_1 z^{(\beta_1)}(t) + \cdots + b_{m_B} z^{(\beta_{m_B})}(t) = y(t), \tag{3.34}$$

Il existe différentes méthodes pour résoudre ce type d'équations différentielles d'ordre β_{m_B} qui sont présentées dans [Podlubny, 1999a]. Avec la formule de *Grünwald-Letnikov*, la discrétisation de l'équation différentielle précédente (3.34) conduit à :

$$b_0 D_h^{\beta_0} z(kh) + b_1 D_h^{\beta_1} z(kh) + \cdots + b_{m_B} D_h^{\beta_{m_B}} z(kh) = y(kh), \tag{3.35}$$

qui, sous forme développée, donne l'expression suivante :

$$y(t) = b_0 h^{-\beta_0} \sum_{k=0}^{\lfloor \frac{t}{h} \rfloor} (-1)^k \begin{pmatrix} \beta_0 \\ k \end{pmatrix} z(t-kh) + b_1 h^{-\beta_1} \sum_{k=0}^{\lfloor \frac{t}{h} \rfloor} (-1)^k \begin{pmatrix} \beta_1 \\ k \end{pmatrix} z(t-kh) +$$

$$\cdots + b_{m_B} h^{-\beta_{m_B}} \sum_{k=0}^{\lfloor \frac{t}{h} \rfloor} (-1)^k \begin{pmatrix} \beta_{m_B} \\ k \end{pmatrix} z(t-kh). \tag{3.36}$$

Pour $t = 0$, on a :

$$\left(b_0 h^{-\beta_0} + b_1 h^{-\beta_1} + \cdots + b_{m_B} h^{-\beta_{m_B}} \right) z(0) = y(0). \tag{3.37}$$

Ceci nous permet de trouver une valeur initiale de la sortie plate non entière. Un processus itératif permet d'obtenir les valeurs suivantes qui dépendent de la valeur de la sortie au temps t et des valeurs de la sortie plate fractionnaire qui ont été calculées précédemment.

– **Détermination de la commande pour la poursuite de trajectoire**

A partir des relations (3.30) et (3.37), la commande d'entrée u du système monovariable fractionnaire (3.26) s'écrit alors :

$$u(t) = a_0 h^{-\alpha_0} \sum_{k=0}^{\lfloor \frac{t}{h} \rfloor} (-1)^k \begin{pmatrix} \alpha_0 \\ k \end{pmatrix} z(t-kh) + a_1 h^{-\alpha_1} \sum_{k=0}^{\lfloor \frac{t}{h} \rfloor} (-1)^k \begin{pmatrix} \alpha_1 \\ k \end{pmatrix} z(t-kh) +$$
$$\cdots + a_{m_A} h^{-\alpha_{m_A}} \sum_{k=0}^{\lfloor \frac{t}{h} \rfloor} (-1)^k \begin{pmatrix} \alpha_{m_A} \\ k \end{pmatrix} z(t-kh).$$

$$(3.38)$$

La commande s'exprime comme une fonction de la sortie plate fractionnaire et cette propriété est également vraie en temps-discret : les principes de la platitude s'appliquent donc aux systèmes linéaires non entiers.

3.4.1.2 – Approche à temps continu

L'approche précédente a été établie à partir de la formule de *Grünwald-Letnikov* qui s'applique dans le domaine discret. Ayant établi une approche d'identification à temps continu au chapitre 2, il est donc plus judicieux d'aborder une démarche à temps continu pour assurer une continuité dans les travaux entamés. De plus, elle permet une résolution en temps-réel plus précise.

Les notions des polynômes en X^ν étant définies au paragraphe 1.6.1, chaque opérateur non entier peut être approché par l'approximation d'Oustaloup [1995].

– **Détermination de la sortie plate**

De l'équation (3.30), quelle que soit la trajectoire choisie, la sortie plate fractionnaire est donnée par :

$$z(t) = \frac{1}{b_0 \mathbf{p}^{\beta_0} + b_1 \mathbf{p}^{\beta_1} + \cdots + b_{m_B} \mathbf{p}^{\beta_{m_B}}} y(t) = \frac{1}{B(\mathbf{p})} y(t). \tag{3.39}$$

La sortie plate fractionnaire est alors calculée plus simplement qu'au paragraphe précédent. Les hypothèses de départ nécessitent que le système non entier soit préalablement au repos afin de considérer les conditions initiales nulles.

– **Détermination de la commande pour la poursuite de trajectoire**

A partir des relations (3.30), la commande d'entrée u du système monovariable fractionnaire (3.26) s'écrit :

$$u(t) = \mathbf{p}^{\alpha_{m_A}} + \sum_{i=0}^{(m_A-1)} a_i \mathbf{p}^{\alpha_i} z(t) = A(\mathbf{p})z(t). \qquad (3.40)$$

Par ce résultat, on observe que la commande est obtenue directement à partir de la sortie plate fractionnaire : les principes de la platitude s'appliquent donc aux systèmes non entiers. L'approche directe issue de la transformée de *Laplace*, que nous adopterons pour la suite, est plus simple à mettre en œuvre et plus rapide en temps de calcul.

3.4.2 – Poursuite robuste de trajectoire par commande CRONE de deuxième génération

En Commande Robuste d'Ordre Non Entier (CRONE), il existe trois niveaux de génération. Fondées sur l'"intégration non entière réelle", les deux premières stratégies puisent leur idée dans deux interprétations légitimes du modèle dynamique d'ordre non entier qui régit une relaxation naturelle robuste. La troisième génération est explicitée au paragraphe §3.5.3.

La première stratégie repose sur une phase constante du régulateur autour de la pulsation de gain unité ω_u. Sachant que les variations de marge de phase résultent toujours des variations additives de phase du procédé et du régulateur autour de cette pulsation, le régulateur présente au moins le mérite de ne pas contribuer aux variations de marge de phase. Celles-ci se réduisent en effet aux variations de phase du procédé. Cette approche, certes simple à mettre en œuvre, est suffisante pour une régulation locale avec des performances de régulation peu exigeantes. Pour une stratégie plus complexe, la deuxième génération offre de meilleures performances.

La deuxième stratégie repose sur une phase constante en boucle ouverte autour de ω_u (pour l'état paramétrique nominal du procédé). A l'inverse de la première génération, l'objectif du régulateur CRONE de deuxième génération est, non plus de réduire les variations de marge de phase, mais de les annuler. Il peut être atteint par la vérification de deux conditions : un "gabarit vertical" que forme le lieu de Black en boucle ouverte autour de ω_u pour l'état paramétrique nominal du procédé ; un "glissement du gabarit sur lui-même" lors d'une reparamétrisation du procédé (cette condition est respectée lorsque l'on a uniquement des variations de gain autour de ω_u). Le gabarit ainsi défini est décrit par la transmittance d'un "intégrateur non entier réel" dont l'ordre détermine son placement en phase (voir Fig. 3.2).

Pour des problèmes de saturation de commande, il est parfois impossible de choisir une fréquence au gain unité ω_u à l'intérieur de la bande de fréquences d'intérêt du système. Aussi, dans ce cas, la commande CRONE de première génération ne peut assurer la robustesse des marges de stabilité du système. Cependant, comme énoncé par Bode [1945] pour la "conception d'amplificateurs complètement stable à boucle simple" où les gains des tubes varient, le contrôleur robuste est celui qui permet d'obtenir une fonction de transfert en boucle ouverte à phase constante dans la bande de fréquence utile. Ainsi, quand ω_u est dans cette bande de fréquences $[\omega_A, \omega_B]$ où le système a des incertitudes de type gain, l'approche CRONE définie une fonction de transfert en boucle ouverte par celle d'un intégrateur non entier :

$$\beta(s) = \left(\frac{\omega_u}{s}\right)^{\gamma} \quad \gamma \in [1, 2]. \tag{3.41}$$

La fonction de sensibilité complémentaire $T(s)$ et la fonction de sensibilité $S(s)$ sont alors définies par :

$$T(s) = \frac{\beta(s)}{1+\beta(s)} = \frac{1}{1+\left(\frac{s}{\omega_u}\right)^{\gamma}} \quad \text{et} \quad S(s) = \frac{1}{1+\beta(s)} = \frac{\left(\frac{s}{\omega_u}\right)^{\gamma}}{1+\left(\frac{s}{\omega_u}\right)^{\gamma}}. \tag{3.42}$$

Autour de ω_u, le lieu de *Black* de $\beta(j\omega)$ correspond à une droite verticale dont la phase est déterminée seulement par l'ordre non entier γ (voir Fig. 3.2). Cette droite verticale étant l'allure désirée pour la réponse fréquentielle de la boucle ouverte, on l'appelle "gabarit fréquentiel" ou plus simplement "gabarit", à ne pas confondre avec la notion de gabarit (ou "template" en anglais) utilisée dans l'approche QFT ("Quantitative Feedback Theory").

Le gabarit vertical ainsi défini "glisse" sur lui-même lorsque le gain du système varie (*i.e.* à mesure que ω_u varie). Ce déplacement vertical assure :

– une marge de phase robuste M_Φ égale à : $(2 - \gamma)\pi/2$;
– un facteur de résonance robuste M_r exprimé par :

$$M_r = \frac{\sup_{\omega} |T(j\omega)|}{|T(j0)|} = \frac{1}{\sin(\gamma\pi/2)}; \tag{3.43}$$

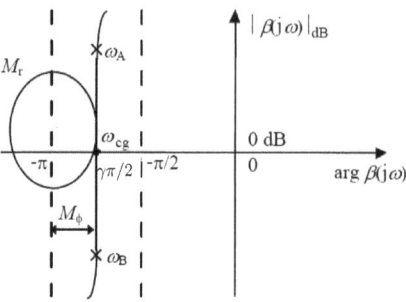

FIGURE 3.2 – Gabarit fréquentiel assurant la robustesse de la marge de phase M_Φ et du facteur de résonance M_r

- une marge de module M_m robuste exprimée par :

$$M_m = \inf_\omega |\beta(\jmath\omega) + 1| = \left(\sup_\omega |S(\jmath\omega)| \right)^{-1} = \sin(\gamma\pi/2); \qquad (3.44)$$

- un facteur d'amortissement ζ robuste directement déduit du demi-angle central θ formé par les deux pôles complexes en boucle fermée :

$$\zeta = \cos(\theta) = cos\left(\pi - \frac{\pi}{\gamma} \right) = -\cos\left(\frac{\pi}{\gamma} \right), \qquad (3.45)$$

introduisant ainsi la notion de mode oscillatoire robuste.

Toutes ces grandeurs dépendent uniquement de l'ordre non entier γ.

Pour le régulateur CRONE, afin de gérer à la fois le pic de commande et l'erreur statique, la fonction de transfert fractionnaire en boucle ouverte doit être complétée en incluant un filtre passe-bas et un intégrateur. Elle est alors définie par :

$$\beta(s) = K \left(\frac{\omega'_l}{s} + 1 \right)^{n_l} \left(\frac{1 + \frac{\omega_h}{s}}{1 + \frac{\omega_l}{s}} \right)^\gamma \frac{1}{\left(1 + \frac{\omega'_h}{s} \right)^{n_h}}, \qquad (3.46)$$

avec ω'_l, ω_l, ω_h, ω'_h, $K \in \mathbb{R}^+$, n_l et $n_h \in \mathbb{N}$.

Les ordres entiers n_l et n_h sont fixés en prenant en compte les spécifications des performances et le comportement asymptotique du gain du système en hautes et basses fréquences.

172

En général $\omega'_l < \omega_l < \omega_u < \omega_h < \omega'_h$. Avec ν_l et ν_h représentant les ordres du comportement asymptotique du gain du système en basses fréquences $(\omega < \omega'_l)$ et en hautes fréquences $(\omega > \omega'_h)$, les ordres n_l et n_h sont choisis tels que $n_l \geq \nu_l$ et $n_h \geq \nu_h$.

Une fois la fonction de transfert nominale en boucle ouverte déterminée, à partir de la fonction de transfert du modèle du système (3.26), le régulateur non entier $C_F(s)$ est défini par sa réponse fréquentielle :

$$C_F(j\omega) = \frac{\beta(j\omega)}{B(j\omega)} A(j\omega). \tag{3.47}$$

Ensuite, le régulateur non entier $C_F(j\omega)$ est approximé par un modèle rationnel en approximant sa réponse fréquentielle à l'aide du module "CRONE System Design" de la boîte à outil CRONE.

3.4.3 – Application à un système linéaire non entier SISO : le barreau thermique

Le système thermique considéré se présente comme une barre en aluminium semi-infinie (Fig. 3.3).

Une résistance chauffante est collée à une des extrémités du barreau métallique. Ainsi, la tension appliquée à cette résistance produit un flux de chaleur qui se répand le long de ce barreau. Cette tension définit la commande du système et la sortie correspond à la température mesurée à une distance de $l_1 = 5$ mm de l'extrémité chauffée. Compte tenu des contraintes des actionneurs, la puissance maximale du flux est de 12 W (1 A pour une commande maximale de 12 V).

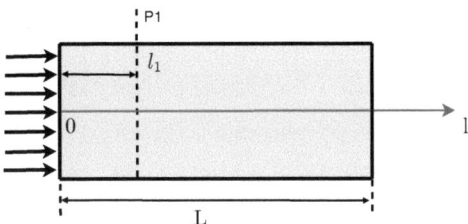

FIGURE 3.3 – Barreau thermique sous l'influence d'une densité de flux thermique

Le milieu étant semi-infini, il existe donc une fonction de transfert non entière liant la tension à la température mesurée. En effet, la diffusion de la densité de chaleur à

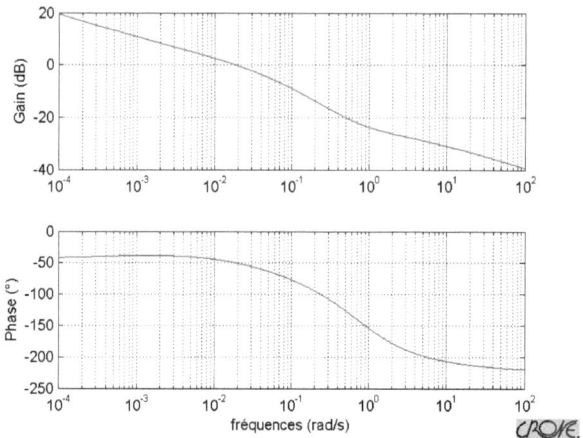

FIGURE 3.4 – Diagramme de Bode du système thermique (3.49)

travers un barreau métallique présente un caractère fractionnaire d'ordre commensurable 0.5 [Battaglia *et al.*, 2000, Cois, 2002, Sabatier *et al.*, 2003]. Le banc d'essais a été identifié entre la température mesurée et la tension appliquée à la résistance chauffante et se définit par

$$G(s) = \frac{T(s)}{U(s)}, \tag{3.48}$$

qui, en utilisant les résultats d'identification donnés dans [Melchior *et al.*, 2007], conduit à la fonction de transfert non entière suivante :

$$G(s) = \frac{-0.11716s + 0.094626s^{0.5} + 0.0052955}{s^{1.5} + 0.42833s + 0.060125s^{0.5}}. \tag{3.49}$$

Sa réponse en fréquences est donnée sur la Fig. 3.4.

Remarque

On observe un zéro en s^ν à partie réelle positive introduisant des contraintes fortes sur les performances : la stabilité BIBO du système ne peut être assurée en présence d'un zéro à non minimum de phase.

Une trajectoire est établie de sorte que la température, ses dérivées première, seconde et troisième n'atteignent pas les valeurs maximales de saturation. D'autre part, la trajectoire de sortie est générée de sorte que ses dérivées première et seconde soient nulles en début et en fin d'expérience. La température du barreau métallique se fera en deux étapes : dans un premier temps, elle devra s'élever de 30° C au-dessus de la température ambiante en 1250 s, puis elle se stabilisera pour la même durée de temps. En respectant ces conditions, la trajectoire suivante est définie à partir d'un polynôme d'interpolation de degré 5 (PI5) [Khalil et Dombre, 1999, Orsoni, 2002] :

$$y(t) = q_i + 80(q_f - q_i)\frac{t^3}{t_f^3} - 240(q_f - q_i)\frac{t^4}{t_f^4} + 192(q_f - q_i)\frac{t^5}{t_f^5}, \tag{3.50}$$

avec $q_i = 0°C$, $q_f = 30°C$ et $t_f = 2500s$. La trajectoire est représentée sur la Fig. 3.5.

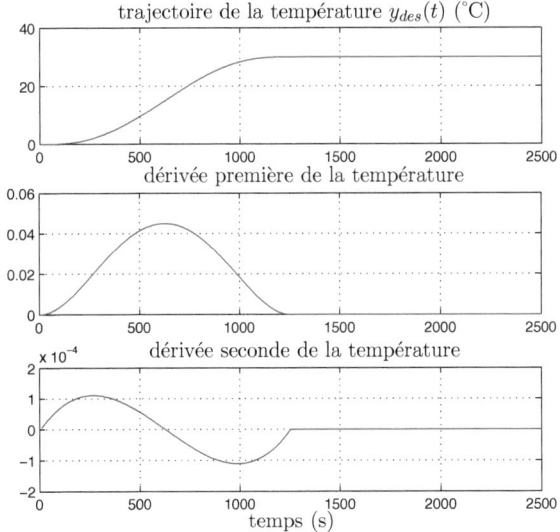

FIGURE 3.5 – Température désirée et ses dérivées

3.4.3.1 – Synthèse de la loi de commande

L'objectif de cette étude est de générer la référence (ou la commande) permettant d'obtenir la trajectoire de sortie désirée. La commande u à ne pas dépasser est contrainte à la valeur maximale u_{max} de 10V. Selon la méthode de simulation de l'opérateur de

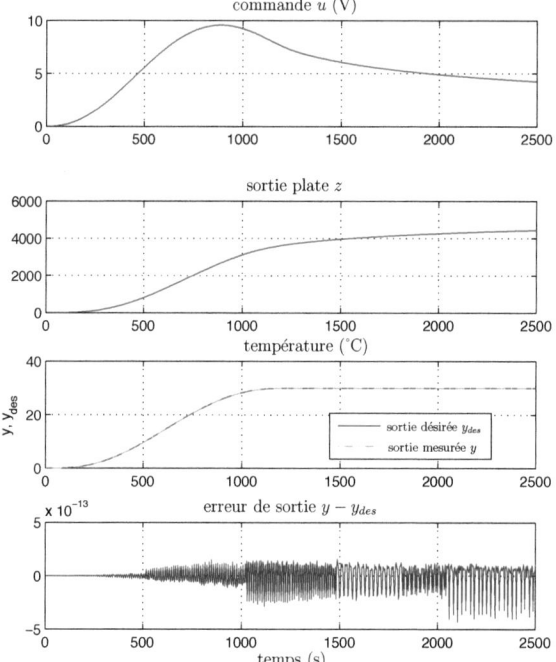

FIGURE 3.6 – Simulation du système thermique en boucle ouverte : commande u, sortie plate fractionnaire z, sortie de référence et sortie désirée et erreur de sortie

dérivation, la commande u est générée soit par la formulation à temps discret de *Grünwald-Letnikov* (3.38), soit par la formulation à temps continu d'*Oustaloup* (3.40). Les résultats obtenus sont présentés en Fig. 3.6. La commande nominale n'atteint pas sa valeur maximale et permet de suivre la trajectoire désirée en boucle ouverte en l'absence de perturbations. L'erreur du suivi étant nulle en simulation, il est préférable que la trajectoire de référence soit bien définie au préalable. Étant donné la difficulté de donner une interprétation physique à la sortie plate non entière, aucune unité n'est utilisée.

3.4.3.2 – Synthèse du régulateur

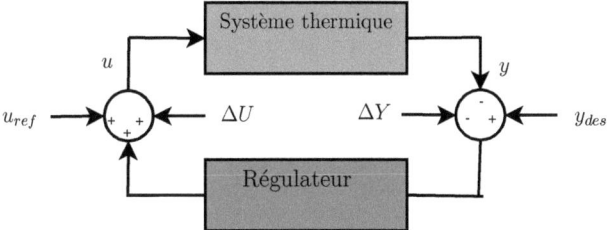

FIGURE 3.7 – Schéma de commande en boucle fermée

Il existe dans la littérature des systèmes fractionnaires de nombreuses approches de conception de loi de commande [Barbosa *et al.*, 2008, Machado, 1997, Podlubny, 1999b, Vinagre *et al.*, 2002] ; ici, afin d'assurer une poursuite robuste vis-à-vis des perturbations et des variations paramétriques de gain, la seconde génération du régulateur CRONE a été mise en œuvre. Afin de mettre en évidence la robustesse du suivi, une comparaison est effectuée avec un régulateur PID synthétisé pour la même pulsation de gain unité ω_u, assurant ainsi la même rapidité des deux régulateurs et la même amplitude maximale de commande. Ainsi, la conception de la loi de commande doit pouvoir s'appliquer même si le modèle utilisé a été mal identifié ou que le vieillissement du système se traduise par des incertitudes.

Les essais sur les régulateurs PID et CRONE ont été effectués en simulation afin d'étudier l'influence des perturbations et des variations paramétriques sur le suivi de trajectoire souhaité qui apparaissent en entrée ΔU et en sortie ΔY. Le schéma de commande est présenté sur la Fig. 3.7, où les commandes de référence u_{ref} sont obtenues par application des principes de la platitude en utilisant les trajectoires de référence y_{des} (les sorties désirées).

Le diagramme de *Bode* du système thermique (3.49) étant tracé sur la Fig. 3.4, la pulsation de gain unité ω_u est choisie à 0.01 rad/s. Les régulateurs seront un peu lents, cependant, ce choix permet de ne pas être trop sensible au zéro en s^ν à partie réel positive.

D'autre part, les deux régulateurs doivent assurer une marge de phase M_Φ de 60° autour de la pulsation de gain unité ω_u afin d'avoir un premier dépassement faible.

– Synthèse du contrôleur PID

Les spécifications du cahier des charges conduisent au régulateur PID décrit par la fonction de transfert suivante :

$$C_{PID}(s) = C_0 \left(\frac{1 + \frac{s}{\omega_i}}{\frac{s}{\omega_i}} \right) \left(\frac{1 + \frac{s}{\omega_a}}{1 + \frac{s}{\omega_b}} \right) \left(\frac{1}{1 + \frac{s}{\omega_f}} \right)$$

où $C_0 = 3.27$, $\omega_i = 0.001$ rad/s, $\omega_a = 0.0437$ rad/s, $\omega_b = 0.00229$ rad/s et $\omega_f = 0.1$ rad/s.

– Synthèse du contrôleur CRONE

Le régulateur CRONE de deuxième génération est défini dans la bande de fréquences $[0.001, 0.1]$, autour de la pulsation de gain unité ω_u afin d'y assurer une phase constante en boucle ouverte et d'assurer de faibles variations du degré de stabilité du système en boucle ouverte.

La méthodologie de synthèse est décrite au §3.4.2. La phase constante en boucle ouverte autour de $\omega_u = 0.01$ rad/s doit être de $-120°$; l'ordre n se déduit alors :

$$-180° + 60° = n \times 90° \quad \Rightarrow \quad n = 1.3.$$

On prend $\omega_b = 10^{-3}$ rad/s et $\omega_h = 10^{-1}$ rad/s.

La méthodologie de synthèse décrite au §3.4.2 conduit à la fonction de transfert :

$$C(s) = K \frac{\left(1 + \frac{s}{\omega_b}\right)^{n_b} \left(1 + \frac{s}{\omega_h}\right)^{n} (-s^{0.5} + z)(s^{1.5} + 0.42833s + 0.060125s^{0.5})}{\left(\frac{s}{\omega_b}\right)^{n_b} \left(1 + \frac{s}{\omega_b}\right)^{n} \left(1 + \frac{s}{5\omega_h}\right)^{n_h} (-0.11716s + 0.094626s^{0.5} + 0.0052955)}$$

où $K = 460$, $\omega_b = 10^{-3}$ rad/s, $\omega_h = 10^{-1}$ rad/s, $z = 0.86$, $n_b = 1.5$, $n_h = 2$ et $n = 1.3$.

Une approximation de la réponse fréquentielle du régulateur CRONE est réalisée à l'aide la toolbox CRONE (voir Fig. 3.8) conduisant à la fonction de transfert du correcteur rationnel :

$$C_R(s) = \frac{2.456 \times 10^5 s^5 + 4.843 \times 10^5 s^4 + 1.38 \times 10^5 s^3 + 5403 s^2 + 0.004416}{2.995 \times 10^5 s^6 + 3.11 \times 10^6 s^5 + 8.202 \times 10^6 s^4 + 6.677 \times 10^5 s^3 + 2865 s^2 + s}.$$

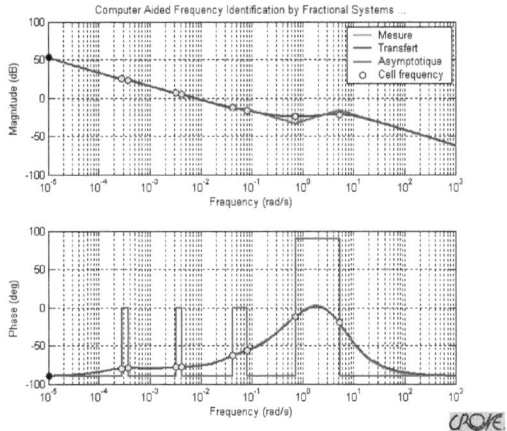

FIGURE 3.8 – Synthèse du régulateur rationnel $C_R(s)$: réponses fréquentielles des correcteurs fractionnaire $C(j\omega)$ et rationnel $C_R(j\omega)$ à l'aide de la Toolbox CRONE

Une comparaison des réponses fréquentielles des deux régulateurs est présentée Fig. 3.9.

La Fig. 3.10 présente les diagrammes de *Bode* de la boucle ouverte pour des variations de gain de 1/50, 1, 50 et 80 fois le gain nominal. Ces variations soulignent l'intérêt d'avoir une phase constante autour de ω_u apportée par le régulateur CRONE, conduisant à un degré de stabilité quasi-constant (phase variant de $-125°$ à $-132°$C), alors qu'avec le régulateur PID, les variations de phase sont plus grandes (phase variant de $-105°$ à $-170°$C).

La Fig. 3.11 présente les diagrammes de *Bode* de la boucle fermée pour des variations de gain de 1/50, 1, 50 et 80 fois le gain nominal. Malgré les incertitudes de gain, la phase constante autour de ω_u apportée par le régulateur CRONE conduit à un degré de stabilité quasi-constant.

3.4.3.3 – Simulations

Les essais de cette étude ont été réalisés en simulation. Dans le cas nominal, une boucle de retour n'a aucune utilité si le système est non perturbé.

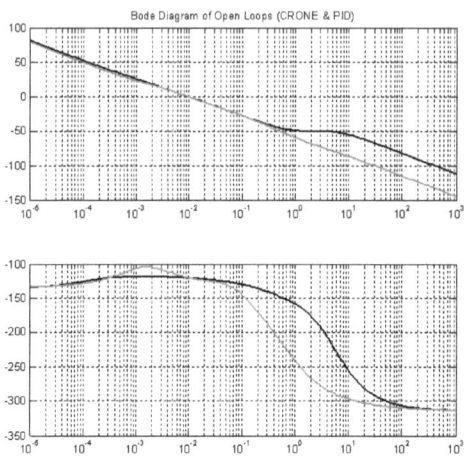

FIGURE 3.9 – Réponses fréquentielles des régulateurs CRONE (–) et PID ( )

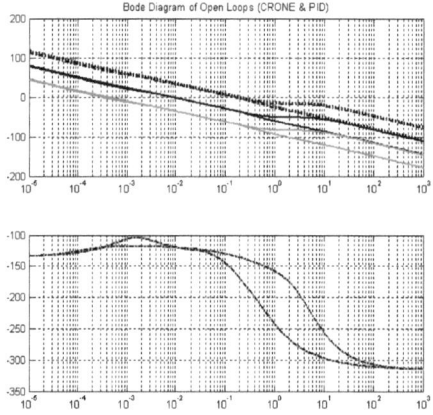

FIGURE 3.10 – Réponses fréquentielles des boucles ouvertes avec régulateurs PID et CRONE avec variations de gain : $G(j\omega)/50$ ( ), $G(j\omega)$ (–) et $50.G(j\omega)$ (-.-)

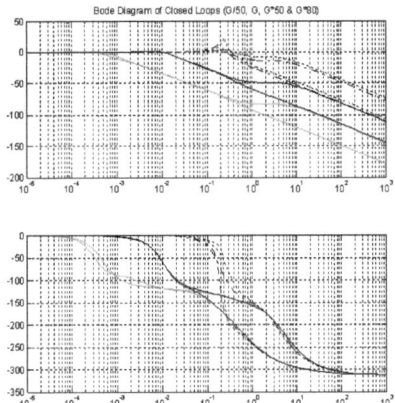

FIGURE 3.11 – Réponses fréquentielles des boucles fermées avec régulateurs PID et CRONE avec variations de gain : $G(j\omega)/50$ ( ), $G(j\omega)$ (–), $50.G(j\omega)$ (-.-), $80.G(j\omega)$ (- -)

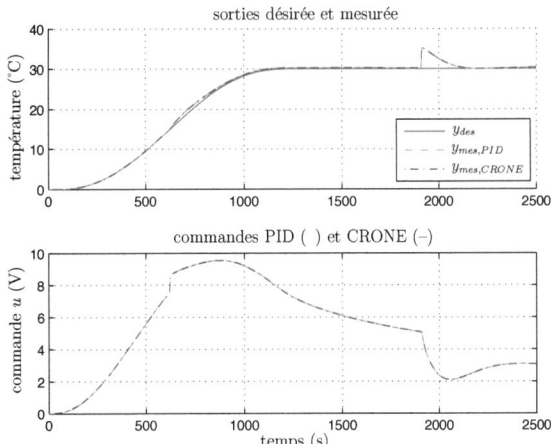

FIGURE 3.12 – Simulation avec perturbations sur le procédé nominal : CRONE (–) et PID (- -)

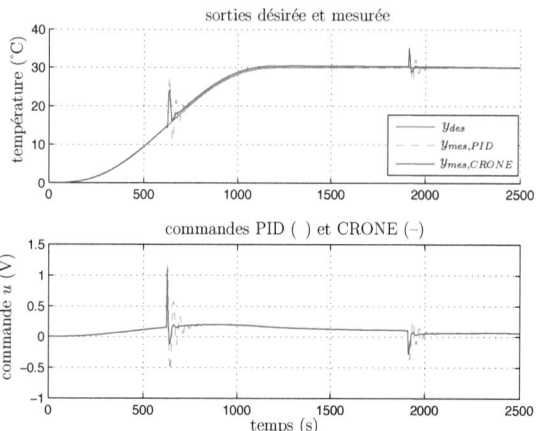

FIGURE 3.13 – Simulation avec perturbations pour une variation de gain de $50 \times H(s^\nu)$: CRONE (–) et PID (- -)

Pour l'étude en régulation, deux types de perturbations de type échelon sont appliquées : une de commande à 625 s et une autre en sortie à 1900 s. Dans le cas nominal, la Fig. 3.12 montre un bon suivi de trajectoire en présence des perturbations. Les deux régulateurs PID et CRONE ont le même comportement dynamique (ω_u identique) avec des commandes identiques.

L'étude de la robustesse est présentée Fig. 3.13 et Fig. 3.14. Ces résultats montrent d'une part une poursuite robuste de la trajectoire en présence des perturbations en entrée et en sortie ainsi que des variations de gain du procédé ; d'autre part, les performances bien meilleures avec le régulateur CRONE. On note des pics de commande de 5 à 1 % plus élevés pour le régulateur PID. Le régulateur CRONE apporte une phase quasi-constante autour de la pulsation ω_u assurant ainsi la robustesse du degré de stabilité.

Remarque

Il est à noter que pour les deux dernières simulations (Fig. 3.13 et Fig. 3.14), la commande prend des valeurs négatives : un flux négatif refroidit le barreau thermique. Dans le cas pratique, le dispositif utilisé ne peut pas refroidir le barreau ; il ne peut que le chauffer. Le "refroidissement" s'effectue par une commande nulle : il

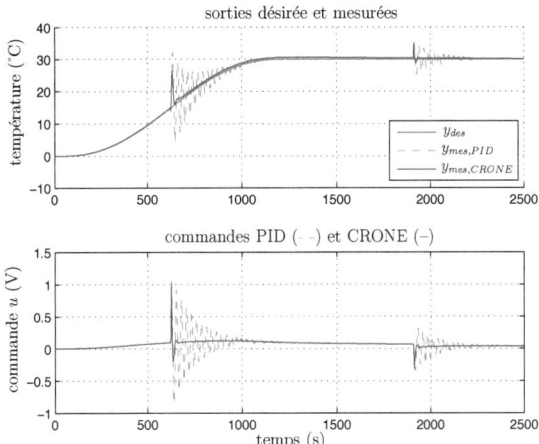

FIGURE 3.14 – Simulation avec perturbations pour une variation de gain de $80 \times H(s^\nu)$:
CRONE (–) et PID (- -)

s'agit donc d'un système non linéaire où le procédé est précédé d'une saturation (0
pour des commandes négatives, et u pour des commandes positives). Afin de mieux
se rapprocher de la réalité, les simulations pour des variations de gain de 50 et 80
fois le gain nominal du procédé ont été effectuées avec saturation (voir Fig. 3.15 et
Fig. 3.16).

Un suivi de trajectoire robuste a été établi à l'aide de la platitude linéaire des
systèmes non entiers associée à une commande CRONE de deuxième génération. Ces
outils ont été appliqués à un système non entier SISO : un banc d'essais thermique. Des
simulations sur deux régulateurs (PID et CRONE de deuxième génération) ont pu illustrer
la robustesse de la stratégie du suivi de trajectoire avec le régulateur CRONE. L'étape
suivante consiste à faire une extension de la platitude aux systèmes non entiers MIMO
et d'assurer une poursuite robuste de trajectoire à l'aide d'une commande CRONE de
troisième génération (robustesse d'un procédé incertain avec des variations de gain et de
phase).

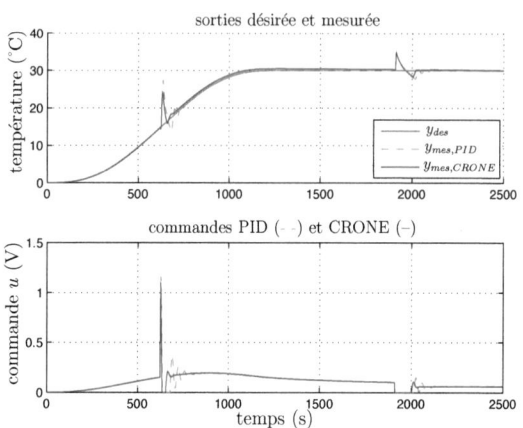

FIGURE 3.15 – Simulation avec perturbations avec une variation de gain de $50 \times H(s^\nu)$ et présence de saturation : CRONE (–) et PID (- -)

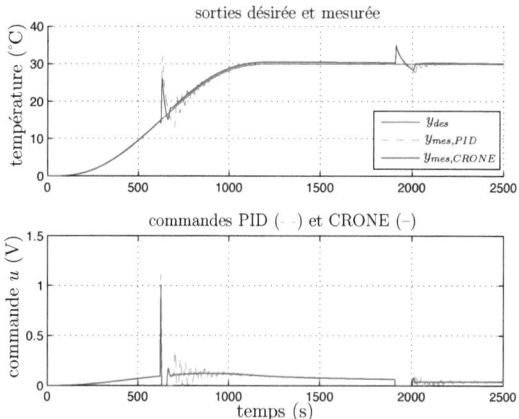

FIGURE 3.16 – Simulation avec perturbations avec une variation de gain de $80 \times H(s^\nu)$ et présence de saturation : CRONE (–) et PID (- -)

3.5 – Systèmes linéaires non entiers de dimension finie MIMO

L'extension de la platitude linéaire aux systèmes non entiers multivariables constitue un travail majeur de ce projet de recherche. Les notions de commandabilité et de platitude se rejoignent dans le contexte des systèmes linéaires. Diverses approches sont étudiées : l'approche par représentation d'état généralisée, puis par matrices polynômiales non entières. Une loi de commande du type CRONE de troisième génération est proposée pour la poursuite robuste de trajectoire en présence de perturbations et d'incertitudes paramétriques. Cette approche multivariable est illustrée par un exemple de simulation : un barreau métallique soumis à deux flux de chaleur.

3.5.1 – Commandabilité

Un système linéaire non entier et commensurable d'ordre ν sur l'anneau principal $\mathbb{R}[\mathbf{p}^\nu]$ des polynômes différentiels de la forme

$$\sum_{finie} a_k \mathbf{p}^{k\nu}, \quad a_k \in \mathbb{R},\ k \in \mathbb{N}, \tag{3.51}$$

est dit de dimension finie. Considérons une dynamique $\mathbb{R}[\mathbf{p}^\nu]$-linéaire $\mathcal{D}$, d'entrée u. Le module de torsion $\mathcal{D}/span_{\mathbb{R}[\mathbf{p}^\nu]}(u)$, qui est de type fini, est, en tant que $\mathbb{R}$-espace vectoriel, de dimension finie.

3.5.1.1 – Pseudo-représentation d'état kalmanienne

Théorème 3.5.1. *Toute dynamique $\mathbb{R}[\mathbf{p}^\nu]$-linéaire admet une pseudo-représentation d'état kalmanienne :*

$$x^{(\nu)}(t) \ = \mathbf{A}X(t) + \mathbf{B}u(t), \tag{3.52}$$

où $\mathbf{A} \in \mathbb{R}^{n \times n}$, $\mathbf{B} \in \mathbb{R}^{n \times m}$. Deux pseudo-états kalmaniens $\tilde{x}$ et x sont reliés par :

$$\tilde{x} = Px, \tag{3.53}$$

où $P \in \mathbb{R}^{n \times n}$, $det(P) \neq 0$. ∎

Démonstration. Soit $\mathcal{D}$ une $\mathbb{R}[\mathbf{p}^\nu]$-dynamique. Posons $n = dim_{\mathbb{R}}\left(\mathcal{D}/span_{\mathbb{R}[\mathbf{p}^\nu]}(u)\right)$. On choisit dans $\mathcal{D}$ un ensemble $\breve{\eta} = (\breve{\eta}_1, \ldots, \breve{\eta}_n)$ dont le résidu est une base. Il vient

$$\mathbf{p}^\nu \breve{\eta} = \boldsymbol{A}\breve{\eta},$$

185

où $\boldsymbol{A} \in \mathbb{R}^{n \times n}$. Donc

$$\mathbf{p}^{\nu}\eta = \boldsymbol{A}\eta + \sum_{k=0}^{M} \boldsymbol{B}_k \mathbf{p}^{k\nu} u, \tag{3.54}$$

où $B_k \in \mathbb{R}^{n \times m}$ et $u \in \mathbb{R}^m$. η est appelé un pseudo-état généralisé, et (3.54) une pseudo-représentation d'état généralisée.

Soit $\tilde{\eta} = (\tilde{\eta}_1, \ldots, \tilde{\eta}_n)$ un autre pseudo-état généralisé. Comme les résidus de η et de $\tilde{\eta}$ sont des bases dans $\mathcal{D}/span_{\mathbb{R}[\mathbf{p}^\nu]}(u)$, il vient

$$\tilde{\eta} = P\eta + \sum_{finie} Q_j \mathbf{p}^{j\nu} u \tag{3.55}$$

où $P \in \mathbb{R}^{n \times n}$, $det(P) \neq 0$, $Q_j \in \mathbb{R}^{n \times p}$. L'expression (3.55) dépend en général de l'entrée et d'un nombre fini de ses dérivées.

Soit $M \geq 1$ et $\boldsymbol{B}_M \neq 0$ dans (3.54). Selon l'équation (3.55), en posant

$$\eta = \breve{\eta} + G_k \mathbf{p}^{(k-1)\nu} u,$$

il vient alors

$$\mathbf{p}^{\nu}\breve{\eta} = \boldsymbol{A}\breve{\eta} + \sum_{k=1}^{M-1} \overline{\boldsymbol{B}}_k \mathbf{p}^{k\nu} u.$$

L'ordre maximal de dérivation de u est au plus $M - 1$. Par récurrence, on aboutit à la pseudo-représentation d'état de premier niveau (3.52).

Pour $\nu = 1$, on appelle (3.52) une représentation d'état kalmanienne. Deux pseudo-états kalmaniens x et $\tilde{x}$ du même système sont reliés par une transformation indépendante de l'entrée selon la relation (3.53). $\qquad\square$

3.5.1.2 – Commandabilité et critère de Kalman

L'anneau $\mathbb{R}[\mathbf{p}^\nu]$ étant principal, les $\mathbb{R}[\mathbf{p}^\nu]$-commandabilités sans torsion et libres se confondent.

Définition 3.5.2. Un système $\mathbb{R}[\mathbf{p}^\nu]$-linéaire est commandable si et seulement s'il est $\mathbb{R}[\mathbf{p}^\nu]$-commandable libre.

Propriété 3.5.3. *La dynamique* (3.52) *est commandable au sens de Kalman ssi le critère de Kalman (ou communément appelé "matrice de commandabilité")*

$$rank\left(\mathbf{B}, \mathbf{AB}, \ldots, \mathbf{A}^{n-1}\mathbf{B}\right) = n$$

est vérifié. $\qquad\blacksquare$

Démonstration. Les traités d'automatique linéaire traitent longuement de ce résultat avec notamment le bouclage statique (voir [D'Andréa Novel et Cohen de Lara, 1993, Kailath, 1980, Kalman, 1960] et [Matignon et D'Andréa-Novel, 1996] pour le cas non entier). La réciprocité est vraie en utilisant certaines propriétés d'invariance. □

3.5.1.3 – Invariance

Définition 3.5.4. Un changement linéaire de coordonnées $x \mapsto \tilde{x}$ est défini par une matrice M inversible $(n \times n) : x = M\tilde{x}$.

Un bouclage statique régulier $u \mapsto \tilde{u}$ est défini par une matrice N inversible $(m \times m)$ et une autre matrice K $(m \times n) : u = K\tilde{x} + N\tilde{u}$. C'est un changement de variables sur les commandes paramétrées par l'état.

L'ensemble des transformations

$$\begin{pmatrix} \tilde{x} \\ \tilde{u} \end{pmatrix} = \begin{pmatrix} M & 0 \\ K & N \end{pmatrix} \begin{pmatrix} x \\ u \end{pmatrix} \tag{3.56}$$

forme un groupe lorsque les matrices M, N et K varient (M et N restant inversibles).

Si $x^{(\nu)} = \boldsymbol{A}x + \boldsymbol{B}u$ est commandable alors il est évident que $\tilde{x}^{(\nu)} = \tilde{\boldsymbol{A}}\tilde{x} + \tilde{\boldsymbol{B}}\tilde{u}$ obtenu avec (3.56) est commandable.

La notion de commandabilité est intrinsèque : elle est indépendante des coordonnées avec lesquelles les équations du système sont établies.

On aboutit alors au résultat suivant :

$$rang\left(\boldsymbol{B}, \boldsymbol{A}\boldsymbol{B}, \ldots, \boldsymbol{A}^{n-1}\boldsymbol{B}\right) = n \quad \text{équivaut à} \quad rang\left(\tilde{\boldsymbol{B}}, \tilde{\boldsymbol{A}}\tilde{\boldsymbol{B}}, \ldots, \tilde{\boldsymbol{A}}^{n-1}\tilde{\boldsymbol{B}}\right) = n \tag{3.57}$$

où $\tilde{\boldsymbol{A}}$ et $\tilde{\boldsymbol{B}}$ s'obtiennent en écrivant $x^{(\nu)} = \boldsymbol{A}x + \boldsymbol{B}u$ dans les coordonnées $(\tilde{x}, \tilde{u})$:

$$\tilde{x}^{(\nu)} = M^{-1}\left(\boldsymbol{A}M + \boldsymbol{B}K\right)\tilde{x} + M^{-1}\boldsymbol{B}N\tilde{u}.$$

Soit $\tilde{\boldsymbol{A}} = M^{-1}\left(\boldsymbol{A}M + \boldsymbol{B}K\right)$ et $\tilde{\boldsymbol{B}} = M^{-1}\boldsymbol{B}N$. En fait, il est possible d'aller beaucoup plus loin et de montrer que les indices de commandabilité définis ci-dessous sont invariants.

Définition 3.5.5. Pour tout entier k, on note σ_k le rang de la matrice $[\boldsymbol{B}, \boldsymbol{A}\boldsymbol{B}, \ldots, \boldsymbol{A}^k\boldsymbol{B}]$. Les σ_k sont appelés indices de commandabilité de la dynamique (3.52).

La suite σ_k est croissante, majorée par n. Ainsi, l'absence d'intégrale première est équivalente à $\sigma_{n-1} = n$.

Propriété 3.5.6. *Les indices de commandabilité de la dynamique* (3.52) *sont invariants par changement de variable sur x et bouclage statique régulier sur u.* ∎

Démonstration. La preuve de ce résultat est obtenu par récurrence sur k. □

Il est important de comprendre la géométrie derrière cette invariance. Les transformations $(x, u) \mapsto (\tilde{x}, \tilde{u})$ du type (3.56) forment un groupe. Ce groupe définit une relation d'équivalence entre deux dynamiques ayant même nombre de pseudo-états et même nombre de commandes. La proposition précédente signifie simplement que les indices de commandabilité sont les mêmes pour deux systèmes appartenant à la même classe d'équivalence, *i.e.* le même objet géométrique vu dans deux repères différents.

3.5.1.4 – Exemple académique

Soit un système mécanique à deux degrés de liberté et une seule commande donné par les équations suivantes [3] :

$$m_1 x_1^{(2\nu)} = k(x_2 - x_1) + u$$
$$m_2 x_2^{(2\nu)} = k(x_1 - x_2).$$

Au lieu de donner $t \mapsto u(t)$ et d'intégrer les équations du système à partir de conditions initiales, on fixe $t \mapsto x_2(t) = z(t)$. Ainsi, en faisant jouer à x_2 un rôle privilégié, les équations du système s'écrivent :

$$\begin{cases} x_1 = \frac{m_2}{k} z^{(2\nu)} + z \\ x_2 = z \\ u = \frac{m_1 m_2}{k} z^{(4\nu)} + (m_1 + m_2) z^{(2\nu)}. \end{cases}$$

On obtient ainsi une paramétrisation explicite de toutes les trajectoires du système. Les relations précédentes établissent une correspondance bi-univoque et régulière entre les trajectoires du système et les fonctions régulières $t \mapsto z(t)$.

Cela permet de calculer de la façon la plus élémentaire possible une commande $[0, T] \ni t \mapsto u(t)$ qui fait passer du pseudo-état $I = \left(x_1^I, v_1^I, x_2^I, v_2^I \right)$ au pseudo-état $Q = $

---

3. On remarque qu'en prenant $\nu = 1$, on revient sur le cas physique de deux masses couplées par un ressort, le tout piloté par une seule force u.

$\left(x_1^Q, v_1^Q, x_2^Q, v_2^Q\right)$ (v_i correspond à $x_i^{(\nu)}$). Comme

$$\begin{cases} x_1 = \frac{m_2}{k} z^{(2\nu)} + z \\ v_1 = \frac{m_2}{k} z^{(3\nu)} + z^{(\nu)} \\ x_2 = z \\ v_2 = z^{(\nu)}, \end{cases}$$

imposer I en $t = 0$ revient à imposer z et ses dérivées jusqu'à l'ordre (3ν) en 0. Il en est de même en $t = T$. Il suffit donc de trouver une fonction régulière $[0, T] \ni t \mapsto z(t)$ dont les dérivées jusqu'à l'ordre (3ν) (ou même r, avec $r = \lfloor 3\nu \rfloor + 1$ (voir [Podlubny, 1999a] p.75)) sont données a priori en 0 et en T : un polynôme de degré 7 en temps répond à la question, mais il existe bien d'autres possibilités.

3.5.1.5 – Forme de *Brunovský*

Si la matrice de commandabilité du système (3.52) commensurable d'ordre ν est de rang $n = dim(x)$ et si B est de rang $m = dim(u)$, alors il existe un changement d'état $\tilde{x} = Mx$ (M étant une matrice inversible $n \times n$) et un bouclage statique régulier $u = K\tilde{x} + Nv$ (N étant une matrice inversible $m \times m$), tels que les équations du système dans les variables $(\tilde{x}, v)$ admettent la forme suivante (écritures sous la forme de m équations différentielles d'ordre $\geq \nu$) :

$$\begin{cases} z_1^{(l_1 \nu)} = v_1 \\ \quad \vdots \\ z_m^{(l_m \nu)} = v_m \end{cases},$$

avec comme pseudo-état $\tilde{x} = \left(z_1, z_1^{(\nu)}, \ldots, z_1^{((l_1 - 1)\nu)}, \ldots, z_m, z_m^{(\nu)}, \ldots, z_m^{((l_m - 1)\nu)}\right)$, les l_i étant des entiers positifs.

Les m quantités y_j, qui sont des combinaisons linéaires du pseudo-état x, sont appelées "sorties de *Brunovský*".

Pour une paire (A, B) commandable, les indices de commandabilité σ_k sont directement reliés aux m entiers l_i de la forme de *Brunovský*. Il est facile de voir que, dans le cas commandable, se donner les σ_k revient à se donner les l_i. Ainsi, deux systèmes commandables ayant les mêmes indices de commandabilité admettent la même forme de *Brunovský* : ils sont donc équivalents. Par contre, ce n'est plus vrai si ces deux systèmes ne sont plus commandables avec les mêmes indices de commandabilité. Il n'y aura équivalence que de la partie commandable.

3.5.2 – Approche par matrice polynômiale

Cette étude est une approche de la platitude par pseudo-représentation d'état (représentation d'état adaptée pour les systèmes non entiers [Oustaloup, 1995]) par les moyens des matrices polynômiales. Les matrices de définition, exprimées à l'aide des variables du système, la sortie plate et ses dérivées successives, caractérisent le noyau d'une matrice polynômiale. La platitude en planification de trajectoire est utilisée afin de déterminer les commandes à appliquer, sans avoir à intégrer d'équation différentielle quand la trajectoire est connue. De nombreux développements ont été effectués pour les systèmes LTI, cependant, concernant les systèmes non entiers, et particulièrement en MIMO, les travaux de recherche sont ouverts. La démarche consiste à appliquer la platitude au travers de matrices polynômiales définissant des systèmes fractionnaires linéaires multivariables.

Les systèmes linéaires et commensurables d'ordre ν tels que dans (3.19) peuvent s'écrire à l'aide de la représentation polynômiale sous la forme suivante :

$$\begin{cases} \boldsymbol{A}_\nu(\mathbf{p})x(t) = \boldsymbol{B}u(t) \\ y(t) = \boldsymbol{C}x(t) + \boldsymbol{D}u(t), \end{cases} \tag{3.58}$$

avec $\boldsymbol{A}_\nu(\mathbf{p}^\nu) = \mathbf{p}^\nu I - \boldsymbol{A}$ une matrice de dimension $n \times n$ dont les composantes sont des polynômes fractionnaires en $\mathbf{p}^\nu$ (I étant la matrice identité) et $\boldsymbol{B}$ une matrice constante de dimension $n \times m$ et de rang m. Le système (3.58) est supposé commandable, i.e. $\boldsymbol{A}$ et $\boldsymbol{B}$ sont premières entre elles à gauche [Lévine et Nguyen, 2003].

3.5.2.1 – Sortie plate linéaire

A partir des relations (3.22) et (3.23) avec h, $\mathscr{A}$, $\mathscr{B}$ et $\mathscr{C}$ étant linéaires, on définit la *sortie plate fractionnaire linéaire* selon :

$$\begin{aligned} x_i &= \sum_{j=1}^m \sum_{k=0}^{\alpha_j} a_{i,j,k} z_j^{(k\nu)}, \quad i = 1, ..., n, \\ u_l &= \sum_{j=1}^m \sum_{k=0}^{\alpha_j+1} b_{l,j,k} z_j^{(k\nu)}, \quad l = 1, ..., m, \\ y_q &= \sum_{j=1}^m \sum_{k=0}^{\sigma_j} c_{q,j,k} z_j^{(k\nu)}, \quad q = 1, ..., r, \end{aligned} \tag{3.59}$$

avec z une combinaison linéaire de x, u et d'un nombre fini de ses dérivées successives d'ordre ν. Il est à noter que les ordres de dérivation sont multiples de l'ordre commensurable ν.

3.5.2.2 – Matrices de définition

Mises sous forme de matrices polynômiales, les expressions (3.59) s'écrivent :

$$x(t) = P\left(\mathbf{p}^\nu\right) z(t), \quad u(t) = Q\left(\mathbf{p}^\nu\right) z(t) , \tag{3.60}$$

avec P (*resp. Q*) une matrice polynômiale de $\mathbf{p}^\nu$ (de puissance non entière) de dimension $n \times m$ (*resp.* $m \times m$), de composantes $P_{i,j}(\mathbf{p}^\nu) = \sum\limits_{k=0}^{\alpha_j} a_{i,j,k} \mathbf{p}^{k\nu}$ (*resp.* $Q_{l,j}(\mathbf{p}^\nu) = \sum\limits_{k=0}^{\alpha_j+1} b_{l,j,k}\mathbf{p}^{k\nu}$).

Les matrices P et Q satisfaisant les équations (3.60), sont appelées des "matrices de définition" de la "sortie linéarisante" (ou sortie plate) z.

Théorème 3.5.7. *Si tous les termes diagonaux de la matrice* $\mathbf{A}_\nu$ *sont non nuls et si les matrices* $\mathbf{A}_\nu$ *et* $\mathbf{B}$ *sont premières entre elles à gauche alors il existe une variable* $z = (z_1, ..., z_m)$ *qui est une sortie plate linéaire de* (3.58) *où les matrices de définition* P *et* Q *sont données par :*

$$R^T \mathbf{A}_\nu \left(\mathbf{p}^\nu\right) P\left(\mathbf{p}^\nu\right) = 0, \tag{3.61}$$

$$\mathbf{A}_\nu \left(\mathbf{p}^\nu\right) P\left(\mathbf{p}^\nu\right) = \mathbf{B}Q\left(\mathbf{p}^\nu\right), \tag{3.62}$$

avec R *une matrice arbitraire de rang* $n - m$ *orthogonale à* $\mathbf{B}$ *(i.e.* $R^T\mathbf{B} = 0$*), et avec* $P(\mathbf{p}^\nu)$ *et* $Q(\mathbf{p}^\nu)$ *de rang* m *pour tout* $\mathbf{p}^\nu$ *et premières entre elles à droite.* ∎

De plus, une sortie plate linéaire z du système commandable (3.58) existe toujours (et par conséquent P et Q existent également).

Démonstration. On suppose que z est une sortie plate linéaire. Ainsi x et u sont exprimées par (3.60). Puisque l'application $y(t) \longmapsto P\left(\mathbf{p}^\nu\right) y(t) = x(t)$ est surjective (par la définition de la platitude), le rang de $P\left(\mathbf{p}^\nu\right)$ doit être égal à $min(n, m) = m$ pour tout $\mathbf{p}^\nu$. En combinant

$$\mathbf{A}_\nu(\mathbf{p}^\nu)x(t) = \mathbf{B}u(t) \tag{3.63}$$

avec (3.60), on obtient (3.62).

Comme $\mathbf{B}$ est de rang m, il existe une matrice constante de dimension $n \times (n - m)$ et de rang $n - m$ de telle sorte que $R^T\mathbf{B} = 0_{n-m,m}$ où $0_{n-m,m}$ est une matrice de 0, de dimension $(n - m) \times m$. Ainsi, en multipliant (3.63) par R^T, $P\left(\mathbf{p}^\nu\right)$ satisfait

$$R^T \mathbf{A}_\nu \left(\mathbf{p}^\nu\right) P\left(\mathbf{p}^\nu\right) z(t) = R^T \mathbf{B}Q\left(\mathbf{p}^\nu\right) z(t) = 0_{n-m,1}$$

pour toute fonction régulière z de dimension m ; ce qui implique que $R^T\mathbf{A}_\nu\left(\mathbf{p}^\nu\right) P\left(\mathbf{p}^\nu\right) = 0_{n-m,m}$, et les relations (3.61) et (3.62) sont prouvées.

Comme $\boldsymbol{A}_\nu\left(\mathbf{p}^\nu\right)$ et $\boldsymbol{B}$ sont premières entre elles à gauche et comme les rangs de $\boldsymbol{A}_\nu\left(\mathbf{p}^\nu\right) P\left(\mathbf{p}^\nu\right)$ et $\boldsymbol{B}$ sont égaux à m, quel que soit $\mathbf{p}^\nu$, il en est de même pour $Q\left(\mathbf{p}^\nu\right)$ (par contradiction).

En utilisant le fait que z (et donc Z) est une sortie plate linéaire, elle doit satisfaire : $z(t) = F\left(\mathbf{p}^\nu\right) x(t) + G\left(\mathbf{p}^\nu\right) u(t)$, pour des matrices appropriées $F\left(\mathbf{p}^\nu\right)$ de dimension $m \times n$ et $G\left(\mathbf{p}^\nu\right)$ de dimension $m \times m$. Ainsi en substituant les expressions de x et de u, on obtient :

$$z(t) = F\left(\mathbf{p}^\nu\right) P\left(\mathbf{p}^\nu\right) z(t) + G\left(\mathbf{p}^\nu\right) Q\left(\mathbf{p}^\nu\right) z(t).$$

Or, $F\left(\mathbf{p}^\nu\right) P\left(\mathbf{p}^\nu\right) + G\left(\mathbf{p}^\nu\right) Q\left(\mathbf{p}^\nu\right) = I$, ce qui selon l'identité de *Bézout* signifie que $P\left(\mathbf{p}^\nu\right)$ et $Q\left(\mathbf{p}^\nu\right)$ sont premières entre elles à droite. Ce qui prouve que z est une sortie plate linéaire et que la première partie du théorème est démontrée.

A l'inverse, soit $P\left(\mathbf{p}^\nu\right)$ et $Q\left(\mathbf{p}^\nu\right)$ données par les relations (3.61) et (3.62), avec $P\left(\mathbf{p}^\nu\right)$ et $Q\left(\mathbf{p}^\nu\right)$ premières entre elles à droite. D'après l'identité de *Bézout*, il existe 2 matrices polynômiales $F\left(\mathbf{p}^\nu\right)$ et $G\left(\mathbf{p}^\nu\right)$ tels que : $F\left(\mathbf{p}^\nu\right) P\left(\mathbf{p}^\nu\right) + G\left(\mathbf{p}^\nu\right) Q\left(\mathbf{p}^\nu\right) = I$. En multipliant à droite par Z, on obtient $F\left(\mathbf{p}^\nu\right) P\left(\mathbf{p}^\nu\right) z(t) + G\left(\mathbf{p}^\nu\right) Q\left(\mathbf{p}^\nu\right) z(t) = z(t)$. En posant $x(t) = P\left(\mathbf{p}^\nu\right) z(t)$ et $u(t) = Q\left(\mathbf{p}^\nu\right) z(t)$, on a :

$$\begin{aligned} z(t) &= F\left(\mathbf{p}^\nu\right) x(t) + G\left(\mathbf{p}^\nu\right) u(t) \\ \boldsymbol{A}_\nu\left(\mathbf{p}^\nu\right) x(t) &= \boldsymbol{A}_\nu\left(\mathbf{p}^\nu\right) P\left(\mathbf{p}^\nu\right) z(t) = \boldsymbol{B} Q\left(\mathbf{p}^\nu\right) z(t) = \boldsymbol{B} u(t) \end{aligned}, \tag{3.64}$$

ce qui prouve que Z est une sortie plate linéaire.

L'existence d'une solution à la relation (3.61) peut alors être démontrée. D'après le théorème 1.6.17, $R^T \boldsymbol{A}_\nu\left(\mathbf{p}^\nu\right)$ peut être décomposé sous la forme de Smith, c'est-à-dire qu'il existe deux matrices unimodulaires $V \in GL_{n-m}\left(\mathfrak{K}\left[\mathbf{p}^\nu\right]\right)$ et $W \in GL_n\left(\mathfrak{K}\left[\mathbf{p}^\nu\right]\right)$ et une matrice polynômiale $\Delta\left(\mathbf{p}^\nu\right)$ de dimension $(n-m) \times (n-m)$, telles que :

$$V\left(\mathbf{p}^\nu\right) R^T \boldsymbol{A}_\nu\left(\mathbf{p}^\nu\right) W\left(\mathbf{p}^\nu\right) = \begin{bmatrix} \Delta\left(\mathbf{p}^\nu\right) & 0_{n-m,m} \end{bmatrix} \tag{3.65}$$

ou, avec la décomposition $W\left(\mathbf{p}^\nu\right) = \begin{bmatrix} W_1\left(\mathbf{p}^\nu\right) & W_2\left(\mathbf{p}^\nu\right) \end{bmatrix}$, W_1 de dimension $n \times (n-m)$ et W_2 de dimension $n \times m$, la relation (3.65) devient :

$$\begin{aligned} V\left(\mathbf{p}^\nu\right) R^T \boldsymbol{A}_\nu\left(\mathbf{p}^\nu\right) W_1\left(\mathbf{p}^\nu\right) &= \Delta\left(\mathbf{p}^\nu\right) \\ V\left(\mathbf{p}^\nu\right) R^T \boldsymbol{A}_\nu\left(\mathbf{p}^\nu\right) W_2\left(\mathbf{p}^\nu\right) &= 0_{n-m,m}. \end{aligned} \tag{3.66}$$

Soit $P_0\left(\mathbf{p}^\nu\right)$ une matrice unimodulaire $m \times m$. En posant :

$$P\left(\mathbf{p}^\nu\right) = W\left(\mathbf{p}^\nu\right) \begin{bmatrix} 0_{n-m,m} \\ P_0\left(\mathbf{p}^\nu\right) \end{bmatrix}$$

$$= \left[W_1\left(\mathbf{p}^\nu\right) \quad W_2\left(\mathbf{p}^\nu\right)\right] \begin{bmatrix} 0_{n-m,m} \\ P_0\left(\mathbf{p}^\nu\right) \end{bmatrix}$$

$$= W_2\left(\mathbf{p}^\nu\right) P_0\left(\mathbf{p}^\nu\right), \tag{3.67}$$

la relation (3.66) devient :

$$V\left(\mathbf{p}^\nu\right) R^T \boldsymbol{A}_\nu\left(\mathbf{p}^\nu\right) P\left(\mathbf{p}^\nu\right) = V\left(\mathbf{p}^\nu\right) R^T \boldsymbol{A}_\nu\left(\mathbf{p}^\nu\right) W_2\left(\mathbf{p}^\nu\right) P_0\left(\mathbf{p}^\nu\right) = 0.$$

Comme $V\left(\mathbf{p}^\nu\right)$ est unimodulaire, on a montré que $R^T \boldsymbol{A}_\nu\left(\mathbf{p}^\nu\right) P\left(\mathbf{p}^\nu\right) = 0$, ce qui signifie que $P\left(\mathbf{p}^\nu\right)$ définie dans (3.67), est solution de (3.61) pour toute matrice unimodulaire $P_0\left(\mathbf{p}^\nu\right)$ de dimension $m \times m$.

Il en est de même pour la multiplication à droite par la matrice unimodulaire $P_0\left(\mathbf{p}^\nu\right)$, ce qui prouve que le $rang\left(P\left(\mathbf{p}^\nu\right)\right) = m$ pour tout $\mathbf{p}^\nu$. □

3.5.2.3 – Détermination de la commande pour la poursuite de trajectoire et caractérisation des matrices de définition

Une des questions essentielles consiste à déterminer les matrices de définition P et Q. Il n'y a pas d'unicité des sorties plates, cependant, une fois que ces matrices de définition sont définies, ces sorties plates seront alors bien fixées.

Théorème 3.5.8. *Les matrices de définition P et Q sont alors données par :*

$$P\left(\mathbf{p}^\nu\right) = V_F\left(\mathbf{p}^\nu\right) \begin{pmatrix} 0 \\ I \end{pmatrix}, \tag{3.68}$$

$$Q\left(\mathbf{p}^\nu\right) = T\left(\mathbf{p}^\nu\right) A_\nu(\mathbf{p}^\nu) P\left(\mathbf{p}^\nu\right). \tag{3.69}$$

où V_F est une matrice dans $GL_n\left(\mathfrak{K}\left[\mathbf{p}^\nu\right]\right)$ issue directement de la décomposition de Smith de $R\left(\mathbf{p}^\nu\right) \boldsymbol{A}_\nu\left(\mathbf{p}^\nu\right)$, et T est issue de la décomposition de Smith de $\mathbf{B}$. ∎

Démonstration. $\boldsymbol{B}\left(\mathbf{p}^\nu\right)$ étant une matrice $n \times m$, il existe une matrice $V_B \in GL_m\left(\mathfrak{K}\left[\mathbf{p}^\nu\right]\right)$ et une matrice $U_B \in GL_n\left(\mathfrak{K}\left[\mathbf{p}^\nu\right]\right)$ telles que $U_B\left(\mathbf{p}^\nu\right) B\left(\mathbf{p}^\nu\right) V_B\left(\mathbf{p}^\nu\right) = \begin{pmatrix} I \\ 0 \end{pmatrix}$.

Une matrice R est recherchée telle que $R\left(\mathbf{p}^\nu\right) \boldsymbol{B}\left(\mathbf{p}^\nu\right) = 0$. R peut être définie selon

$$R\left(\mathbf{p}^\nu\right) = (0, I) U_B\left(\mathbf{p}^\nu\right). \tag{3.70}$$

En introduisant la matrice hyper-régulière $F(\mathbf{p}^\nu) = R(\mathbf{p}^\nu)\,\mathbf{A}_\nu(\mathbf{p}^\nu)$, F admet une décomposition de *Smith* avec $V_F \in GL_n(\mathfrak{K}[\mathbf{p}^\nu])$ et $U_F \in GL_{n-m}(\mathfrak{K}[\mathbf{p}^\nu])$ telles que : $U_F(\mathbf{p}^\nu)F(\mathbf{p}^\nu)V_F(\mathbf{p}^\nu) = (I, 0)$.

La première matrice de définition P peut alors être définie par :

$$P(\mathbf{p}^\nu) = V_F(\mathbf{p}^\nu)\begin{pmatrix} 0 \\ I \end{pmatrix}. \tag{3.71}$$

Pour définir Q, la relation (3.58) est considérée :

$$\mathbf{A}_\nu(\mathbf{p}^\nu)x = \mathbf{B}(\mathbf{p}^\nu)u.$$

Comme $x = P(\mathbf{p}^\nu)z$, cette relation devient :

$$\mathbf{A}_\nu(\mathbf{p}^\nu)P(\mathbf{p}^\nu)z = \mathbf{B}(\mathbf{p}^\nu)u.$$

Une matrice T, inversible à gauche de $\mathbf{B}$, est introduite telle que :

$$T(\mathbf{p}^\nu)\mathbf{B}(\mathbf{p}^\nu) = I.$$

Grâce à la décomposition de *Smith* de $\mathbf{B}$:

$$T(\mathbf{p}^\nu) = V_B(\mathbf{p}^\nu)(I \quad 0)U_B(\mathbf{p}^\nu). \tag{3.72}$$

Ainsi,

$$Q(\mathbf{p}^\nu) = T(\mathbf{p}^\nu)A_\nu(\mathbf{p}^\nu)P(\mathbf{p}^\nu). \tag{3.73}$$

$\square$

3.5.2.4 – Détermination de la sortie plate

La sortie plate fractionnaire peut être définie à partir du pseudo-état x. De (3.60), une matrice S, qui soit inversible à gauche de P, est recherchée :

$$z(t) = S(\mathbf{p}^\nu)x(t)$$
$$S(\mathbf{p}^\nu)P(\mathbf{p}^\nu) = I$$

P admet une décomposition de *Smith* avec les matrices $V_P \in GL_m(\mathfrak{K}[\mathbf{p}^\nu])$ et $U_P \in GL_n(\mathfrak{K}[\mathbf{p}^\nu])$ telles que : $U_P(\mathbf{p}^\nu)P(\mathbf{p}^\nu)V_P(\mathbf{p}^\nu) = \begin{pmatrix} I \\ 0 \end{pmatrix}$.

Par conséquent,

$$S(\mathbf{p}^\nu) = V_P(\mathbf{p}^\nu)(I \quad 0)U_P(\mathbf{p}^\nu). \tag{3.74}$$

Comme toutes les variables du système peuvent être exprimées par la sortie plate z, il en est de même pour la sortie désirée y_{des} :

$$y_{des}(t) = CP(\mathbf{p}^\nu)z(t)$$

avec $x(t) = P(\mathbf{p}^\nu)z(t)$.

Cependant, si une trajectoire de la sortie du système y a été définie, la sortie plate fractionnaire z peut alors être obtenue à partir de cette variable.

$W(\mathbf{p}^\nu) = CP(\mathbf{p}^\nu)$ étant une matrice $r \times m$, sa matrice inversible à gauche W_{inv} est recherchée.

Propriété 3.5.9. *W admettant une décomposition de Smith, il existe des matrices $V_W \in GL_m(\mathfrak{K}[\mathbf{p}^\nu])$ et $U_W \in GL_r(\mathfrak{K}[\mathbf{p}^\nu])$ telles que :*

1) si $r \le m$, $U_W(\mathbf{p}^\nu) W(\mathbf{p}^\nu) V_W(\mathbf{p}^\nu) = (I \quad 0)$, alors

$$W_{inv} = V_W \begin{pmatrix} I \\ 0 \end{pmatrix} U_W. \tag{3.75}$$

2) si $r > m$, $U_W(\mathbf{p}^\nu) W(\mathbf{p}^\nu) V_W(\mathbf{p}^\nu) = \begin{pmatrix} I \\ 0 \end{pmatrix}$, alors

$$W_{inv} = V_W (I \quad 0) U_W. \tag{3.76}$$

3.5.2.5 – Application à un système thermique bidimensionnelle

– Equation de la chaleur

Le problème de planification de trajectoire de l'équation de la chaleur mono-dimensionnelle a déjà été traité dans la littérature par les moyens de la platitude [Laroche, 2000] et de la transformation de *Laplace* des systèmes non entiers [Melchior *et al.*, 2005, Victor *et al.*, 2008a,b]. L'objectif de ce paragraphe est d'appliquer en simulation les outils développés par matrices polynômiales du paragraphe précédent sur un système non entier.

L'équation de la chaleur en 2D est utilisée pour représenter la diffusion de la chaleur sur une plaque métallique, comme illustrée, sur la Fig. 3.17 :

$$\left(\frac{\partial^2}{\partial x^2} + \frac{\partial^2}{\partial y^2} - \frac{1}{\alpha} \frac{\partial T}{\partial t} \right) T(x, y, t) = 0, \tag{3.77}$$

pour $x \in [0, \infty[$, $y \in]-\infty, \infty[$ et $t > 0$.

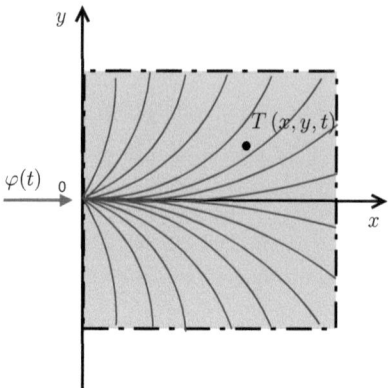

FIGURE 3.17 – Plaque métallique 2D chauffée

Le milieu est considéré comme un plan métallique homogène semi-infini de diffusivité α, de conductivité λ et de température initiale nulle en tout point de la plaque pour $t \leq 0$.

La plaque métallique est soumise au flux de densité de chaleur $\varphi(t)$ qui est supposée normale à l'axe y et est appliqué en $y = 0$. Aucun flux de chaleur ne se perd sur la surface d'application du flux de chaleur. De plus, la plaque est également supposée être bien isolée et la température est commandée à l'origine $(x, y) = (0, 0)$.

Pour simplifier le calcul, la condition de *Cauchy* :

$$T(x, y, 0) = 0, \quad \text{pour} \quad 0 \leq x < \infty \quad \text{et} \quad -\infty \leq y < \infty \tag{3.78}$$

et la condition aux limites suivante, est considérée :

$$-\lambda \left. \frac{\partial T(x, y, t)}{\partial x} \right|_{x=0, y=0} = \varphi(t), \quad t > 0. \tag{3.79}$$

Sedoglavic *et al.* [2003] ont introduit une méthode pour résoudre l'équation de la chaleur en 2D par platitude différentielle avec un contrôle non distribué. Cependant, leur méthode introduit à la fois la transformation de *Fourier* et la transformation de *Laplace*. D'autre part, leurs développements conduisent à une fonction de transfert avec des polynômes en s^ν sous forme implicite dont l'expression n'est pas bien adaptée pour la mise sous forme d'une représentation d'état (3.58).

Les développements qui suivent conduisent à des polynômes en s^ν sous forme explicite qui sont bien adaptés pour une pseudo-représentation d'état.

Similairement au cas mono-dimensionnel, la transformation de *Laplace* est appliquée à l'équation de la chaleur bi-dimensionnelle (3.77) :

$$\frac{s}{\alpha}\hat{T}(x,y,s) = \frac{\partial^2 \hat{T}(x,y,s)}{\partial x^2} + \frac{\partial^2 \hat{T}(x,y,s)}{\partial y^2}. \tag{3.80}$$

La séparation de variables est utilisée pour résoudre cette équation de la chaleur (3.80). La température $T(x,y,s)$ peut s'écrire :

$$\hat{T}(x,y,s) = \hat{T}_x(x,s)\hat{T}_y(y,s), \tag{3.81}$$

où $\hat{T}_x$ est fonction des variables x et s et $\hat{T}_y$ est fonction des variables y et s.

La relation (3.80) s'écrit alors :

$$\frac{s}{\alpha}\hat{T}_x(x,s)\hat{T}_y(y,s) = \hat{T}_y(y,s)\frac{\partial^2 \hat{T}_x(x,s)}{\partial x^2} + \hat{T}_x(x,s)\frac{\partial^2 \hat{T}_y(y,s)}{\partial y^2}. \tag{3.82}$$

En divisant par $\hat{T}(x,y,s)$, on trouve :

$$\frac{s}{\alpha} = \frac{1}{\hat{T}_x(x,s)}\frac{\partial^2 \hat{T}_x(x,s)}{\partial x^2} + \frac{1}{\hat{T}_y(y,s)}\frac{\partial^2 \hat{T}_y(y,s)}{\partial y^2}. \tag{3.83}$$

Ainsi, cette relation conduit à deux termes : l'un est fonction de x et s et l'autre est fonction de y et s. Le système suivant est alors considéré :

$$\begin{cases} \frac{s}{2\alpha} = \frac{1}{\hat{T}_x(x,s)}\frac{\partial^2 \hat{T}_x(x,s)}{\partial x^2}, \\ \frac{s}{2\alpha} = \frac{1}{\hat{T}_y(y,s)}\frac{\partial^2 \hat{T}_y(y,s)}{\partial y^2}. \end{cases} \tag{3.84}$$

Les solutions des équations de (3.84) sont solutions du système (3.83).

Le système (3.84) conduit à deux équations différentielles élémentaires dont les solutions s'écrivent :

$$\begin{cases} \hat{T}_x(x,s) = A_1 e^{x\sqrt{\frac{s}{2\alpha}}} + B_1 e^{-x\sqrt{\frac{s}{2\alpha}}} \\ \hat{T}_y(y,s) = A_2 e^{y\sqrt{\frac{s}{2\alpha}}} + B_2 e^{-y\sqrt{\frac{s}{2\alpha}}}. \end{cases} \tag{3.85}$$

Les conditions aux limites pour $x \to \infty$ et pour $y \to \infty$ conduisent à $A_1 = 0$ et $A_2 = 0$.

Finalement, la transformation de *Laplace* de la température et de la densité de flux s'écrivent :

$$\begin{cases} \hat{T}(x,y,s) = \hat{T}_x(x,s)\hat{T}_y(y,s) = B_1 B_2 e^{-\sqrt{\frac{s}{2\alpha}}(x+y)} \\ \hat{\varphi}(x,y,s) = -\lambda\frac{\partial \hat{T}_x(x,s)}{\partial x} = \lambda\sqrt{\frac{s}{2\alpha}}B_1 B_2 e^{\sqrt{\frac{s}{2\alpha}}(x+y)}. \end{cases} \tag{3.86}$$

L'expression de la température dans (3.86) satisfait l'équation de la chaleur (3.80).

L'impédance thermique est définie par :

$$G(x, y, s) = \frac{\hat{T}(x, y, s)}{\hat{\varphi}(x, y, s)}. \tag{3.87}$$

Comme la densité de flux de chaleur est appliquée en $(x, y) = (0, 0)$, sa transformation de Laplace se résume à $\hat{\varphi}(s) = \hat{\varphi}(0, 0, s)$. Ainsi, l'impédance thermique se simplifie en

$$G(x, y, s) = \frac{\hat{T}(x, y, s)}{\hat{\varphi}(s)} = \frac{e^{-\sqrt{\frac{s}{2\alpha}}(x+y)}}{\lambda \sqrt{\frac{s}{2\alpha}}}. \tag{3.88}$$

En utilisant l'approximation de *Padé* d'un retard pur, à savoir :

$$e^{-\tau} = \frac{e^{-\frac{\tau}{2}}}{e^{\frac{\tau}{2}}},$$

l'impédance thermique s'écrit :

$$G(x, y, s) = \frac{\sqrt{2\alpha}}{\lambda \sqrt{s}} \frac{e^{-\sqrt{\frac{s}{2\alpha}} \frac{(x+y)}{2}}}{e^{\sqrt{\frac{s}{2\alpha}} \frac{(x+y)}{2}}}. \tag{3.89}$$

Avec un développement en série de *Taylor*, elle s'écrit :

$$G_K(x, y, s) = \frac{\sqrt{2\alpha}}{\lambda} \frac{\sum\limits_{k=0}^{K} a_k s^{k\nu}}{\sum\limits_{k=0}^{K} |a_k| s^{(k+1)\nu}}, \tag{3.90}$$

où l'ordre commensurable $\nu = 0.5$ et $a_k = (-1)^k \frac{(x+y)^k}{k!(2\alpha)^{k\nu}}$.

La fonction de transfert G_K est propre et converge rapidement vers G. De plus, ces fonctions de transfert sont clairement non entières et peuvent s'exprimer dans le domaine temporel par une équation différentielle à ordres non entiers multiples de 0.5.

– **Principes de la platitude**

H_K est normalisée par $|a_K|$:

$$H_K(x, y, s) = \frac{\sqrt{2\alpha}}{\lambda} \frac{\sum\limits_{k=0}^{K} a'_k s^{k\nu}}{\sum\limits_{k=0}^{K} |a'_k| s^{(k+1)\nu}}, \tag{3.91}$$

avec $a'_k = a_k/a_K$ et donc $a'_K = 1$.

La fonction de transfert H_K se réécrit sous la forme d'une pseudo-représentation d'état (3.58)

$$A = \begin{bmatrix} -|a'_{K-1}| & \cdots & -|a'_0| & 0 \\ & I_K & & 0_{K,1} \end{bmatrix},$$

$$B = \begin{bmatrix} 1 & 0_{1,K} \end{bmatrix}^T,$$

$$C = \frac{\sqrt{2\alpha}}{\lambda} * \begin{bmatrix} a'_K & \cdots & a'_0 \end{bmatrix},$$

$$D = 0.$$

Il reste à trouver les matrices de définition P et Q. $A_\nu(s^\nu) = I_{K+1}s^\nu - A$ est une matrice $(K+1) \times (K+1)$.

$B(s^\nu)$ étant une matrice $(K+1) \times 1$, il existe des matrices $V_B \in GL_1(\mathfrak{K}[s^\nu])$ et $U_B \in GL_{K+1}n(\mathfrak{K}[s^\nu])$ telles que $U_B(s^\nu) B(s^\nu) V_B(s^\nu) = \begin{pmatrix} I \\ 0 \end{pmatrix}$. Avec $U_B = I_K$ et $V_B = 1$, R est telle que $R(s^\nu) B(s^\nu) = 0$: $R(s^\nu) = (0_{K,1}, I_K) U_B(s^\nu) = (0_{K,1}, I_K)$.

$F(s^\nu) = R(s^\nu) A_\nu(s^\nu) = (-I_K, 0_{K,1}) + (0_{K,1}, I_K s^\nu)$ est une matrice $K \times (K+1)$ qui admet une décomposition de *Smith* avec les matrices $V_F \in GL_{K+1}(\mathfrak{K}[s^\nu])$ et $U_F \in GL_K(\mathfrak{K}[s^\nu])$ telles que : $U_F(s^\nu) F(s^\nu) V_F(s^\nu) = (I, 0)$. Avec $U_F = -I_K$ et

$$V_F = \begin{pmatrix} 1 & s^\nu & \cdots & s^{K\nu} \\ 0 & 1 & \ddots & \vdots \\ \vdots & \ddots & \ddots & s^\nu \\ 0 & \cdots & 0 & 1 \end{pmatrix}.$$

La première matrice de définition P peut maintenant être définie :

$$P(s^\nu) = V_F(s^\nu) \begin{pmatrix} 0_{K,1} \\ I_1 \end{pmatrix} = \begin{pmatrix} s^{K\nu} \\ \vdots \\ s^\nu \\ 1 \end{pmatrix}. \tag{3.92}$$

T, inversible à gauche de B, est définie grâce à la décomposition de *Smith* de B,

$$T(s^\nu) = V_B(s^\nu)(I_1 \quad 0_{1,K})U_B(s^\nu) = (I_1, 0_{1,K}). \tag{3.93}$$

Ainsi,

$$Q(s^\nu) = T(s^\nu) A_\nu(s^\nu) P(s^\nu) = \sum_{k=0}^{K} |a'_k| s^{k\nu}. \tag{3.94}$$

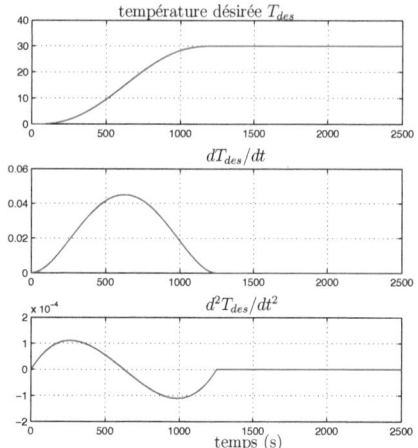

FIGURE 3.18 – Sortie de la température désirée et de ses dérivées

Comme $Y_{des}(s) = CP(s^\nu)Z(s)$, en posant $W = CP(s^\nu)$,

$$W(s^\nu) = \frac{\sqrt{2\alpha}}{\lambda} \sum_{k=0}^{K} a'_k s^{k\nu}.$$

La matrice W étant un polynôme, son inverse W_{inv} n'est pas un polynôme :

$$W_{inv} = \frac{\lambda}{\sqrt{2\alpha} \sum_{k=0}^{K} a'_k s^{k\nu}}.$$

A partir de cette relation, la sortie plate Z peut être calculée si la trajectoire désirée Y_{des} est pré-définie.

– **Simulation du système thermique 2D**

Une trajectoire de température est définie au point $x = 0.005$ m et $y = 0.002$ m (voir Fig. 3.17). La température s'élèvera de $30°C$ au-dessus de la température ambiante en 1250 s et se stabilisera pour la même période de temps (voir Fig. 3.22). L'évolution de la température est définie par la trajectoire désirée selon un polynôme d'interpolation de

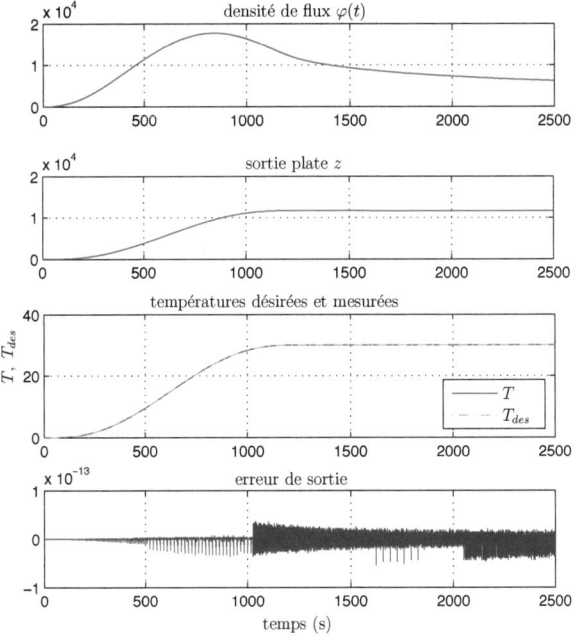

FIGURE 3.19 – Simulation du système thermique 2D : densité de flux $\varphi(t)$, sortie plate z, température mesurée T et température désirée T_{des}, et erreur de sortie

degré 5 (PI5) :

$$T_{des,n}(t) = T_i + 80\,(T_{f,n} - T_i)\,\frac{t^3}{t_f^3} - 240\,(T_{f,n} - T_i)\,\frac{t^4}{t_f^4} + 192\,(T_{f,n} - T_i)\,\frac{t^5}{t_f^5}, \qquad (3.95)$$

avec $T_i = 0°C$, $T_f = 30°C$, et $tf = 2500$ s.

La Fig. 3.19 présente les résultats de simulation de la planification de trajectoire : les principes de la platitude étendus aux systèmes non entiers ont été appliqués pour déterminer une sortie plate qui permet de générer la commande φ. Cette commande a été appliquée au modèle 2D et la température a été mesurée en $x = 0.005$ m et $y = 0.002$ m. Comme prévu, la température mesurée suit la température désirée : l'erreur de sortie est proche de 0 en simulation.

Une caractérisation des sorties plates fractionnaires linéaires sous forme de matrices

201

polynômiales non entières a été présentée en utilisant la décomposition de *Smith*. La formulation algébrique de la platitude permet de déterminer les sorties plates fractionnaires qui définissent complètement les trajectoires d'un système linéaire fractionnaire. Ces propriétés de la platitude ont été appliquées à un transfert de chaleur de dimension 2 : le modèle liant la température mesurée à la densité de flux injectée est d'ordre non entier avec un ordre commensurable de 0.5.

3.5.3 – Poursuite robuste de trajectoire par commande CRONE de troisième génération

Fondée sur l'"intégration non entière complexe", la troisième génération de la commande CRONE est une généralisation de la deuxième à travers la substitution d'un ou plusieurs ordres non entiers complexes à l'ordre non entier réel qui caractérise le comportement en boucle ouverte autour de la fréquence de gain unité ω_u.

Cette stratégie de commande CRONE utilise un ordre de dérivation non entier complexe sur une bande de fréquence utile $[\omega_A, \omega_B]$. Compte-tenu des conditions que satisfont la stratégie de deuxième génération explicitée au paragraphe §3.4.2, lorsque la seconde condition du glissement du gabarit sur lui-même ne peut être vérifiée, il n'y a aucune raison pour que le gabarit vertical assure au mieux la robustesse de la commande. Il convient alors de le généraliser conformément à deux niveaux. Le premier niveau consiste à considérer un gabarit, toujours défini comme un segment de droite pour l'état paramétrique nominal du procédé, mais de direction quelconque, appelé "gabarit généralisé". Le gabarit ainsi défini est décrit par une transmittance fondée sur celle d'un "intégrateur non entier complexe" $\gamma = a + ib$, dont la partie réelle a détermine le placement en phase du gabarit et dont la partie imaginaire b détermine ensuite son inclinaison par rapport à la verticale (voir Fig. 3.20). Dans le cadre de cette généralisation, la stratégie optimale de la version initiale de cette commande CRONE porte sur la recherche d'un gabarit optimal au sens de la minimisation d'un critère quadratique (sous contraintes) portant sur les variations du facteur de résonance en asservissement ou du facteur d'amortissement en asservissement et en régulation. Le deuxième niveau consiste à substituer au gabarit généralisé un ensemble de gabarits du même type, appelé "multi-gabarit". Sa description par un produit de "transmittances non entières complexes bornées en fréquences" définit un "gabarit curviligne" étendant alors le gabarit rectiligne que forme le gabarit vertical. La recherche d'un multi-gabarit optimal au sens de la minimisation du critère précédent

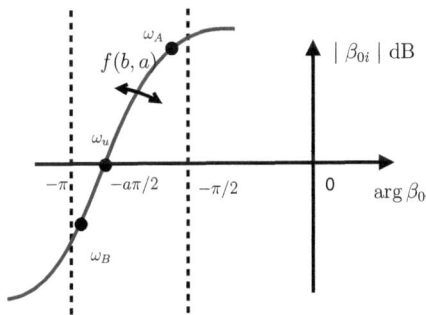

FIGURE 3.20 – Gabarit généralisé dans le plan de Black-Nichols

définit la stratégie optimale la plus évoluée qu'utilise la commande CRONE de troisième génération.

L'objectif de cette partie est de pouvoir établir une loi de commande robuste pour des systèmes multivariables présentant des variations paramétriques (agissant sur le gain et la phase du procédé) et à sorties découplées. La commande CRONE de troisième génération étant bien adaptée pour ce type de procédé, elle est adoptée ici. Le régulateur CRONE est défini dans une bande de fréquences $[\omega_A, \omega_B]$ autour de la pulsation de gain unité ω_u afin d'assurer non seulement une phase constante mais plus précisément pour assurer de faibles variations du degré de stabilité du système en boucle fermée.

Afin d'établir une loi de commande CRONE de troisième génération, l'objectif est de trouver une matrice diagonale de fonctions de transfert en boucle ouverte dont les éléments sont des fonctions de transfert d'ordres fractionnaires. Elle est paramétrée de façon à satisfaire un parfait découplage pour le procédé nominal, des spécifications de précision en basses fréquences, des marges de stabilité nominales requises des boucles fermées (comportement autour des fréquences de coupures) ainsi que des spécifications des efforts de commande en hautes fréquences.

Après une optimisation de la matrice de transfert diagonale en boucle ouverte $\beta_0(s)$, une identification fréquentielle à l'aide de la toolbox CRONE est effectuée pour déterminer le régulateur fractionnaire. Pour une analyse plus approfondie du régulateur CRONE de troisième génération, on peut se référer à [Oustaloup, 1999] et à [Nelson-Gruel *et al.*, 2007] pour les systèmes non entiers MIMO non carrés.

La partie réelle de $\gamma = a + ib$ détermine un blocage de phase de $-\mathscr{R}e(\nu)^{\pi}/_2$ autour de la pulsation ω_u, et la partie imaginaire caractérise sa direction. Le gabarit généralisé est alors décrit par ses délimitations dans le plan opérationnel $\mathbb{C}_j$ de l'intégrateur d'ordre non entier complexe :

$$\beta_0(s) = \left[\left(\frac{\omega_{\mathrm{u}}}{s}\right)^{\gamma}\right]_{\mathbb{C}_{\mathrm{j}}} \tag{3.96}$$

avec $s = \sigma + \mathrm{j}\omega \in \mathbb{C}_{\mathrm{j}}$ and $\gamma = a + \mathrm{i}b \in \mathbb{C}_{\mathrm{i}}$.

Étant fondé sur l'intégration non entière complexe bornée en fréquences, la fonction de transfert en boucle ouverte se décrit alors par :

$$\beta_0\left(s\right) = C^{\mathrm{sign}(b)}\left(\frac{1+s/\omega_{\mathrm{h}}}{1+s/\omega_{\mathrm{l}}}\right)^a \times \left(\mathscr{R}e_{/\mathrm{i}}\left\{\left(C_{\mathrm{g}}\frac{1+s/\omega_{\mathrm{h}}}{1+s/\omega_{\mathrm{l}}}\right)^{\mathrm{i}b}\right\}\right)^{-q\mathrm{sign}(b)} \tag{3.97}$$

avec $C = \cosh\left[b\left(\arctan\left(\frac{\omega_{\mathrm{u}}}{\omega_{\mathrm{l}}}\right) - \arctan\left(\frac{\omega_{\mathrm{u}}}{\omega_{\mathrm{h}}}\right)\right)\right]$ et $C_{\mathrm{g}} = \left(\frac{1+\left(\frac{\omega_{\mathrm{u}}}{\omega_{\mathrm{l}}}\right)^2}{1+\left(\frac{\omega_{\mathrm{u}}}{\omega_{\mathrm{h}}}\right)^2}\right)^{1/2}$.

Les fréquences de coupures sont placées autour des fréquences extrêmes de la bande de fréquence considérée selon : $\omega_{\mathrm{l}} < \omega_{\mathrm{A}} < \omega_{\mathrm{u}} < \omega_{\mathrm{B}} < \omega_{\mathrm{h}}$. Pour un procédé stable et à minimum de phase, le gabarit généralisé est pris en compte dans la fonction de transfert de la boucle ouverte :

$$\bar{\beta}_0(s) = \beta_{\mathrm{l}}\left(s\right)\beta_0\left(s\right)\beta_{\mathrm{h}}\left(s\right), \tag{3.98}$$

avec $\beta_{\mathrm{l}}\left(s\right) = C_{\mathrm{l}}\left(\frac{\omega_{\mathrm{l}}}{s} + 1\right)^{n_{\mathrm{l}}}$ dont l'ordre n_{l} fixe la précision en boucle fermée, et $\beta_{\mathrm{h}}\left(s\right) = \frac{C_{\mathrm{h}}}{\left(\frac{s}{\omega_{\mathrm{h}}}+1\right)^{n_{\mathrm{h}}}}$ dont l'ordre n_{h} rend les éléments du régulateur propre.

3.5.4 – Application à un système linéaire non entier MIMO unidimensionnel : le barreau thermique soumis à deux flux de chaleur

3.5.4.1 – Description du banc de simulation

Dans cette section, un système fractionnaire MIMO est étudié au travers d'une pseudo-représentation d'état : il s'agit d'un système thermique de dimension finie. Le

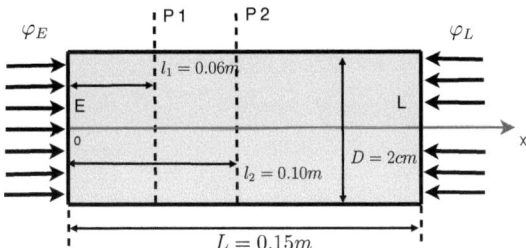

FIGURE 3.21 – Barreau thermique, sous l'influence de deux densités de flux thermique, une à chaque extrémité. Deux mesures de la température sont prises en P_1 ($l = l_1$) et en P_2 ($l = l_2$)

système considéré est étudié en simulation à partir de paramètre physique réel. Le système thermique est une barre en aluminium de longueur $L = 0.15\,m$. Il est considéré comme étant un milieu fini plan, homogène, de conductivité $\lambda = 210\,W.m^{-1}.K^{-1}$, de diffusivité $\alpha = 8.3310^{-5}\,m^2.s^{-1}$ et étant initialement à température ambiante ($0°C$). Le rayon du barreau étant de $R_{bar} = 1\,cm$, la surface sur laquelle le flux de chaleur est appliquée est de $S = \pi R_{bar}^2$. Afin d'assurer un transfert de chaleur unidirectionnel, toute la surface du barreau est isolée. Les pertes sur la surface où le flux thermique est appliqué sont négligées. L'objectif est de contrôler la température à deux points précis du barreau, mesurée à une distance $l_1 = 0.06\,m$ et $l_2 = 0.10\,m$ d'une des extrémités (Fig. 3.21), sachant que celui-ci est soumis à deux densités de flux. Les flux thermiques sont générés par deux résistances chauffantes collées à chaque extrémité du barreau par une colle de très haute conductivité thermique. La puissance maximale pouvant être générée par la résistance est de $12\,W$ ($1\,A$ sous $12\,V$), et sa résistance est de $R_{res} = 4.88\,\Omega$.

Battaglia *et al.* [2001] ont montré que le modèle analytique liant la densité de flux appliquée à la normale de la surface du plan, à la température mesurée à une abscisse l à l'intérieure du barreau, a un ordre commensurable de 0.5 pour un plan semi-infini. D'autre part, il est également exposé dans [Malti *et al.*, 2008b] que l'on obtient une meilleure précision à partir d'un modèle fractionnaire réduit qu'à partir d'un modèle rationnel de même dimension. La démonstration du comportement physique non entier du système MIMO considéré est exposé en annexe C. Dans la suite, l'indice E dénote l'entrée du barreau ($l = 0$), et L dénote sa sortie ($l = L$) (voir Fig. 3.21), et X correspond à la fois aux indices E ou L.

A partir du théorème de superposition, le modèle linéaire liant les densités de flux à la température mesurée $T(l, t)$ en $l = l_n$ ($n = 1$ pour l_1, $n = 2$ pour l_2) est donné par :

$$T(l = l_n, t) = \mathscr{L}^{-1}\{H_E(l_n, s)\} * \varphi_E(t) + \mathscr{L}^{-1}\{H_L(l_n, s)\} * \varphi_L(t), \tag{3.99}$$

où φ_E et φ_L sont les densités de flux appliquées par les résistances chauffantes de chaque extrémité du barreau (voir Fig. 3.21) et en considérant les définitions suivantes :

$$\bullet \quad H_E(l_n, s) = \frac{T_E(l_n, s)}{\varphi_E(0, s)} = \frac{\cosh\left((L - l_n)\sqrt{\frac{s}{\alpha}}\right)}{\lambda\sqrt{\frac{s}{\alpha}}\sinh\left(L\sqrt{\frac{s}{\alpha}}\right)} \tag{3.100}$$

où $\varphi_E(l = 0, s)$ est la densité de flux venant de $l = 0$ (du point E sur la Fig. 3.21) et $T_E(l_n, s)$ est la contribution à la température issu du flux venant de $l = 0$ mesurée au point P_n ($l = l_n$) (Fig. 3.21) ;

$$\bullet \quad H_L(l_n, s) = \frac{T_L(l_n, s)}{\varphi_L(L, s)} = \frac{\cosh\left(l_n\sqrt{\frac{s}{\alpha}}\right)}{\lambda\sqrt{\frac{s}{\alpha}}\sinh\left(L\sqrt{\frac{s}{\alpha}}\right)} \tag{3.101}$$

où $\varphi_L(l = L, s)$ est la densité de flux venant de $l = L$ (du point L sur la Fig. 3.21) et $T_L(l_n, s)$ est la contribution à la température issu du flux venant de $l = L$ mesurée au point P_n ($l = l_n$) (Fig. 3.21).

En utilisant le développement en série entière, les relations (3.100) et (3.101) s'écrivent :

$$H_E(l_n, s) \approx \frac{\sum\limits_{k=0}^{K} b_{n,k} s^{k/2}}{\sum\limits_{k=1}^{K} a_k s^{\frac{k+1}{2}}} = \frac{\sum\limits_{k=0}^{K} b_{n,k} s^{k\nu}}{\sum\limits_{k=1}^{K} a_k s^{(k+1)\nu}}, \tag{3.102}$$

où $\nu = 0.5$ est l'ordre commensurable, $b_{n,k} = \frac{(2L - l_n)^k + l_n^k}{k!\alpha^{k/2}}$ et $a_k = \lambda\frac{(2L)^k}{k!\alpha^{\frac{k+1}{2}}}$. De même :

$$H_L(l_n, s) \approx \frac{\sum\limits_{k=0}^{K} b'_{n,k} s^{\frac{k}{2}}}{\sum\limits_{k=1}^{K} a'_k s^{\frac{k+1}{2}}} = \frac{\sum\limits_{k=0}^{K} b'_{n,k} s^{k\nu}}{\sum\limits_{k=1}^{K} a'_k s^{(k+1)\nu}}, \tag{3.103}$$

où $b'_{n,k} = \frac{(L + l_n)^k + (L - l_n)^k}{k!\alpha^{k/2}}$ et $a'_k = \lambda\frac{(2L)^k}{k!\alpha^{\frac{k+1}{2}}}$.

Il est à noter que les coefficients a_k et a'_k sont égaux pour $k \in [1, ..., K]$ et qu'ils sont indépendants de la position de mesure l_n. Les relations (3.102) et (3.103) sont normalisées par a_K :

$$\begin{cases} \tilde{a}_k = a_k/a_K \\ \tilde{a}'_k = a'_k/a_K \end{cases} \quad \text{pour} \quad k = 1, \ldots, K - 1,$$

$$\begin{cases} \tilde{b}_{n,k} = b_{n,k}/a_K \\ \tilde{b}'_{n,k} = b'_{n,k}/a_K \end{cases} \quad \text{pour} \quad k = 0, \ldots, K.$$

Ainsi, sous forme de pseudo représentation d'état, la relation (3.99) s'écrit :

$$A = \begin{bmatrix} -\tilde{a}_{K-1} & \cdots & -\tilde{a}_1 & 0_{1,2} & & & \\ & & & & 0_{K+1,K+1} & & \\ & I_K & & 0_{K,1} & & & \\ & & & & -\tilde{a}'_{K-1} & \cdots & -\tilde{a}'_1 & 0_{1,2} \\ & 0_{K+1,K+1} & & & & & \\ & & & & I_K & & 0_{K,1} \end{bmatrix} \tag{3.104}$$

$$B = \begin{bmatrix} [1,0_{1,K}] & 0_{1,K+1} \\ 0_{1,K+1} & [1,0_{1,K}]^T \end{bmatrix}, \quad C = \begin{bmatrix} \tilde{b}_{1,K} & \tilde{b}'_{1,K} \\ \vdots & \vdots \\ \tilde{b}_{1,0} & \tilde{b}'_{1,0} \\ \tilde{b}_{2,K} & \tilde{b}'_{2,K} \\ \vdots & \vdots \\ \tilde{b}_{2,0} & \tilde{b}'_{2,0} \end{bmatrix}^T, \quad D = 0_{2,2}.$$

3.5.4.2 – Planification de trajectoire

Une trajectoire est établie de sorte que les températures désirées, ses dérivées première, seconde et troisième n'atteignent pas les valeurs maximales des actionneurs. De plus, les dérivées première et seconde de la température sont nulles en début et en fin d'expérience. La température du barreau métallique se fera en deux étapes : dans un premier temps, le barreau devra s'élever de 25°C en P_1 et de 30°C en P_2 au-dessus de la température ambiante $T_i = 0°C$ en 1250s (Fig. 3.22), puis se stabilisera pour une durée équivalente. L'évolution des températures se fera selon des trajectoires désirées suivantes, des polynômes d'interpolation de degré 5 (PI5) [Khalil et Dombre, 1999, Orsoni, 2002] :

$$T_{des,l_n}(t) = T_i + 80 \left(T_{f,l_n} - T_i\right) \frac{t^3}{t_f^3} - 240 \left(T_{f,l_n} - T_i\right) \frac{t^4}{t_f^4} + 192 \left(T_{f,l_n} - T_i\right) \frac{t^5}{t_f^5}, \tag{3.105}$$

avec $T_i = 0°C$, $T_{f,l_1} = 25°C$, $T_{f,l_2} = 30°C$, et $tf = 2500s$.

Remarque

Comme au paragraphe §3.4.3, on peut montrer que les dérivées d'ordre 0.5, 1 et 1.5 sont nulles en 0 d'après [Podlubny, 1999a]. En effet, la dérivée d'ordre γ est nulle en a = 0 (condition initiale) si et seulement si pour $p - 1 \leq \gamma < p$ ($p \in \mathbb{N}$) :

$$f^{(j)}(a) = 0, \quad j = 0, 1, \ldots, p - 1.$$

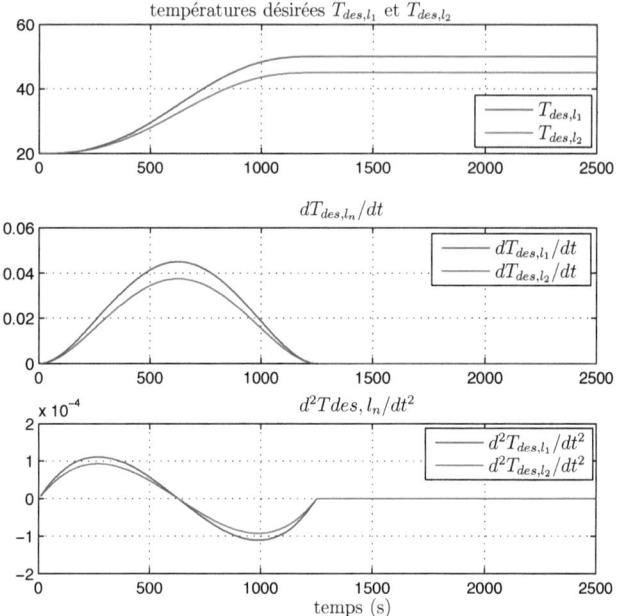

FIGURE 3.22 – Sorties (températures) désirées (T_{des,l_1} en l_1 et T_{des,l_2} en l_2) et leurs dérivées

3.5.4.3 – Caractérisation des sorties plates

A partir des matrices $\boldsymbol{A}$ et $\boldsymbol{B}$ de la pseudo-représentation d'état, on cherche les matrices R, P et Q, telles que les conditions (3.61) du théorème 3.5.7 soient satisfaites. On trouve R orthogonale à $\boldsymbol{B}$:

$$
R^T = \begin{bmatrix} 0_{K,1} & I_K & 0_{K,1} & 0_{K,K} \\ 0_{K,1} & 0_K & 0_{K,1} & I_{K,K} \end{bmatrix},
$$

208

et on cherche $P(s^\nu)$:

$$P(s^\nu) = \begin{bmatrix} p_1(s^\nu) & p_{2(K+1)+1}(s^\nu) \\ \vdots & \vdots \\ p_{2(K+1)}(s^\nu) & p_{4(K+1)}(s^\nu) \end{bmatrix}^T$$

tel que $R^T \boldsymbol{A}(s^\nu)P(s^\nu) = 0$.

Pour $K = 2$, on obtient : $p_2(s^\nu) = s^\nu = p_3(s^\nu)$ et $p_1(s^\nu) = s^\nu p_2(s^\nu)$. On obtient alors une relation de récurrence pour tous les $K + 1$ polynômes. On choisit ici :

$$P(s^\nu) = \begin{bmatrix} 0 & 0 & 0 & s^{2\nu} & s^\nu & 1 \\ s^{2\nu} & s^\nu & 1 & 0 & 0 & 0 \end{bmatrix}^T.$$

On voit clairement que $P(s^\nu)$ est de *rang* 2 pour tout s^ν.

On peut alors définir $Q(s^\nu)$ telle que $\boldsymbol{A}_\nu(s^\nu)P(s^\nu) = \boldsymbol{B}Q(s^\nu)$ et donc définir la commande u après avoir déterminé la sortie plate fractionnaire z.

$\boldsymbol{B}$ étant une matrice 6×2, il existe deux matrices $V_{\boldsymbol{B}} \in GL_2\left(\mathfrak{K}\left[s^\nu\right]\right)$ et $U_{\boldsymbol{B}} \in GL_6\left(\mathfrak{K}\left[s^\nu\right]\right)$ telles que $U_{\boldsymbol{B}}(s)\,\boldsymbol{B}(s)\,V_{\boldsymbol{B}}(s) = \begin{bmatrix} I_2 \\ 0_{4\times 2} \end{bmatrix}$:

$$U_{\boldsymbol{B}} = \begin{bmatrix} 1 & 0 & 0 & 0 & 0 & 0 \\ 0 & 1 & 0 & 1 & 0 & 0 \\ 0 & 0 & 1 & 0 & 0 & 0 \\ 0 & 0 & 0 & 1 & 0 & 0 \\ 0 & 0 & 0 & 0 & 1 & 0 \\ 0 & 0 & 0 & 0 & 0 & 1 \end{bmatrix} \quad et \quad V_{\boldsymbol{B}} = I_2.$$

De cette décomposition, on détermine la matrice inverse $T_{\boldsymbol{B}}$ à gauche de $\boldsymbol{B}$:

$$T_{\boldsymbol{B}}(s^\nu) = V_{\boldsymbol{B}}(s^\nu)\left[I_2,\, 0_{2,4}\right]U_{\boldsymbol{B}}(s^\nu),$$

d'où

$$Q(s^\nu) = T(s^\nu)\boldsymbol{A}_\nu(s^\nu)P(s^\nu).$$

Contrairement au paragraphe §3.4.3, où la fonction de transfert liait la température $T(s)$ à la tension appliquée $U(s)$ à la résistance chauffante, ici on dispose des flux thermiques $\varphi_X(t)$. Le flux φ_E issu du point E (*resp.* φ_L en L) est commandé par la tension u_E (*resp.* u_L). Les relations liant le flux à la tension sont données en temporel par les puissances dissipées par les résistances chauffantes :

$$\begin{cases} P_E = S\mathscr{L}^{-1}\left(\varphi_E\left(0,s\right)\right) = \frac{(u_E(t))^2}{R_{res}} \\ P_L = S\mathscr{L}^{-1}\left(\varphi_L\left(0,s\right)\right) = \frac{(u_L(t))^2}{R_{res}}. \end{cases} \qquad (3.106)$$

D'où l'on tire les commandes à appliquer en tension, qui doivent être positives :

$$\begin{cases} u_E(t) = \sqrt{R_{res}S\mathscr{L}^{-1}\left(\varphi_E\left(0,s\right)\right)} \\ u_L(t) = \sqrt{R_{res}S\mathscr{L}^{-1}\left(\varphi_L\left(L,s\right)\right)}. \end{cases} \qquad (3.107)$$

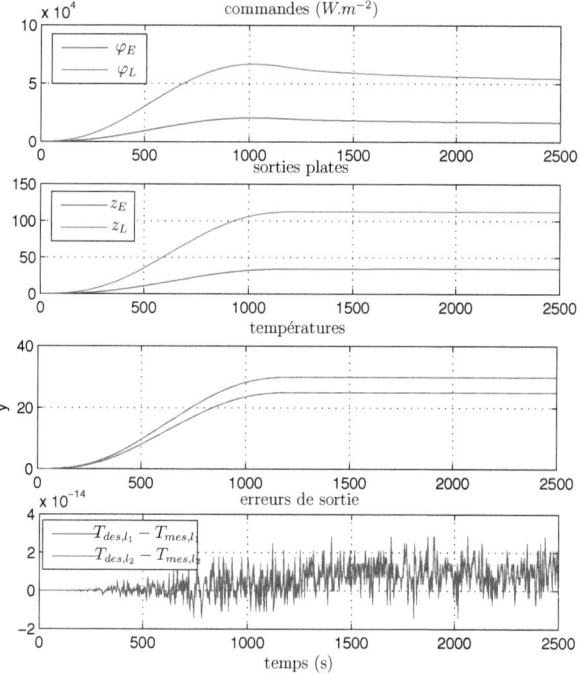

FIGURE 3.23 – Simulation du système thermique MIMO : densités de flux (φ_E et φ_L), sorties plates (z_E et z_L), sorties effectives (T_{mes,l_n}) et désirées T_{des,l_n}), et erreurs de sortie

Un algorithme permettant de générer les sorties plates et les commandes, dans l'objectif d'obtenir les trajectoires désirées, a été créé pour les systèmes MIMO fractionnaires.

La Fig. 3.23 présente les sorties et commandes à appliquer après calcul des sorties plates. La Fig. 3.23 montre que les sorties effectives, $y_{mes,1}$ et $y_{mes,2}$, obtenues à partir des commandes u_E et u_L sont les mêmes que les trajectoires désirées $y_{des,1}$ et $y_{des,2}$: les erreurs de sortie sont nulles en simulation. D'autre part, les commandes générées ne permettent que de suivre une trajectoire désirée ; le système tel présenté ne peut rejeter des perturbations en entrée et en sortie, décalant alors les sorties effectives des trajectoires désirées. Une loi de commande robuste permettrait d'assurer une poursuite robuste des trajectoires de référence. D'autre part, les sorties plates n'ont ici aucun sens physique.

3.5.4.4 – Synthèse du régulateur

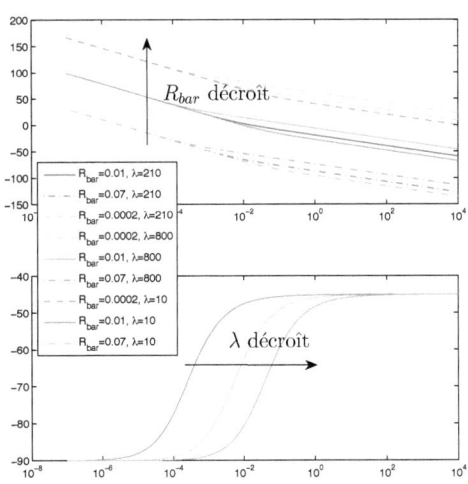

FIGURE 3.24 – Diagramme de Bode de $H_E(l_1, j\omega)$ avec incertitudes sur R_{bar} et λ

A partir de la pseudo-représentation d'état (3.58), en considérant les matrices d'état (3.104) et en supposant également que le système est découplé, les régulateurs peuvent alors être synthétisés séparément avec une approche multi-scalaire. Il existe de nombreuses approches de synthèse de loi de commande dans la littérature des systèmes fractionnaires [Barbosa *et al.*, 2008, Machado, 1997, Podlubny, 1999b, Vinagre *et al.*, 2002] ; ici, la troisième génération du régulateur CRONE a été adoptée.

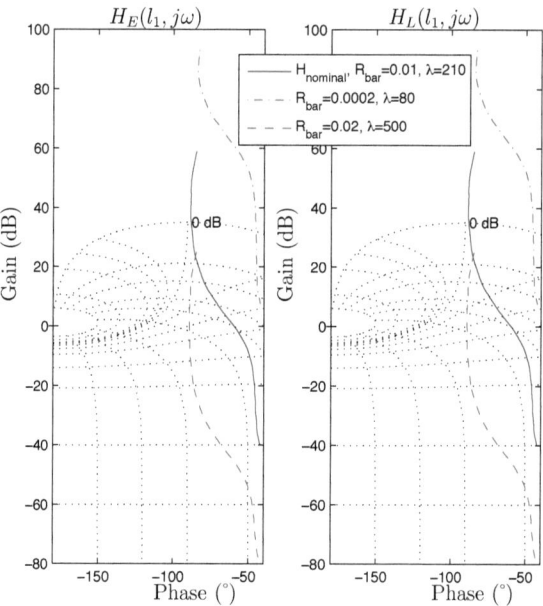

FIGURE 3.25 – Diagramme de *Nichols* du procédé thermique avec incertitudes (gauche pour $H_E(l_1, j\omega)$, droite pour $H_L(l_1, j\omega)$), nominal en bleu, enveloppes extrêmes (pointillées)

Deux régulateurs ont été synthétisés, une par entrée. Pour une meilleure comparaison, un régulateur PID a également été conçu. Les régulateurs doivent présenter une bonne robustesse vis-à-vis des perturbations ainsi que des variations paramétriques, qui impliquent des variations de gain et de phase. Ainsi, la conception de la loi de commande doit pouvoir s'appliquer même si le modèle utilisé a été mal identifié ou que le système vieillisse pouvant également se traduire par ces incertitudes. Des variations paramétriques sont introduites en faisant subir des variations de 2 paramètres du barreau :

– une variation du rayon du barreau R_{bar} influe sur le gain du procédé ; plus R_{bar} est faible, plus son gain est important ;

– une variation sur la conductivité λ influe sur la phase du procédé; plus λ est faible, plus la variation de phase augmente.

La Fig. 3.24 illustre l'influence des paramètres R_{bar} et λ sur $H_E(l_1, j\omega)$ se traduisant par des variations de gain et de phase.

La Fig. 3.25 montre les enveloppes dues aux incertitudes paramétriques considérées pour le point de mesure P_1 : variations de gain de 25 et variations de phase de $25°$.

– **Synthèse des régulateurs PID**

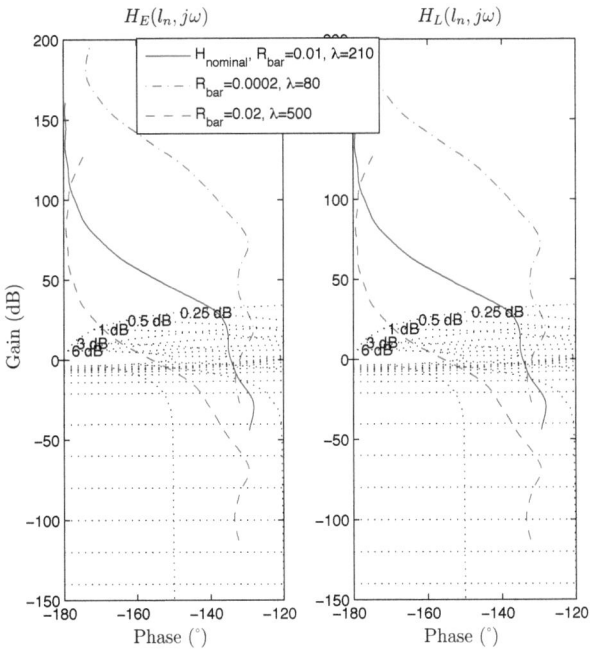

FIGURE 3.26 – Lieux de *Nichols* de la boucle ouverte avec PID (H_E à gauche, H_L à droite), nominal en bleu, enveloppes extrêmes (pointillées)

Les régulateurs PID ont été conçus pour une pulsation de gain unité fixée à $\omega_{u,X} = 0.3\,\text{rad/s}$. Une marge de phase de $45°$ est choisie pour un dépassement maximum de

213

20%. Toutes ces spécifications conduisent aux régulateurs PID décrits par les fonctions de transfert suivantes $(X = E, L)$:

$$C_{X,PID}(s) = C_{o,X} \left(\frac{1 + \frac{s}{\omega_{i,X}}}{\frac{s}{\omega_{i,X}}} \right) \left(\frac{1 + \frac{s}{\omega_{a,X}}}{1 + \frac{s}{\omega_{b,X}}} \right) \left(\frac{1}{1 + \frac{s}{\omega_{f,X}}} \right) \tag{3.108}$$

avec

$$C_{o,E} = 18.07, \quad \omega_{i,E} = 0.2\,\text{rad/s}, \quad \omega_{a,E} = 0.86\,\text{rad/s},$$
$$\omega_{b,E} = 0.06\,\text{rad/s}, \quad \omega_{f,E} = 2\,\text{rad/s},$$
$$C_{o,L} = 18.85, \quad \omega_{i,L} = 0.23\text{rad/s}, \quad \omega_{a,L} = 0.86\,\text{rad/s},$$
$$\omega_{b,L} = 0.06\,\text{rad/s}, \quad \omega_{f,L} = 2.3\,\text{rad/s}.$$

Les boucles ouvertes issues de ces régulateurs PID sont illustrées dans les diagrammes de *Nichols* de la Fig. 3.26 en considérant également les incertitudes paramétriques.

– **Synthèse des régulateurs CRONE**

Le régulateur CRONE est défini dans une bande de fréquences $[\omega_A, \omega_B] = [0.001, 1]$ rad/s autour de la pulsation de gain unité ω_u (elles sont quasiment identiques pour H_E et H_L) afin d'assurer non seulement une phase constante autour de cette pulsation, mais également pour assurer la robustesse du bon degré de stabilité face aux variations du système. Comme énoncé plus haut au paragraphe §3.5.3, ces régulateurs CRONE de troisième génération respectent un cahier des charges prenant en compte le découplage, les marges de stabilité et les spécifications des commandes. Après une optimisation de la matrice de transfert de la boucle ouverte diagonale $\beta_{0,X}(s)$, l'identification fréquentielle à l'aide du module "Control System Design" de la toolbox CRONE permet d'obtenir le régulateur rationnel.

La fonction de transfert en boucle ouverte est décrite comme une intégration d'ordre non entier complexe sur une bande de fréquences donnée :

$$\beta_{0,X}(s) = C_X^{\text{sign}(b)} \left(\frac{1 + s/\omega_{h,X}}{1 + s/\omega_{l,X}} \right)^a \times \left(\mathcal{R}e_{/i} \left\{ \left(C_g \frac{1 + s/\omega_{h,X}}{1 + s/\omega_{l,X}} \right)^{ib} \right\} \right)^{-q\,\text{sign}(b)} \tag{3.109}$$

avec $C_X = \cosh \left[b \left(\arctan \left(\frac{\omega_{u,X}}{\omega_{l,X}} \right) - \arctan \left(\frac{\omega_{u,X}}{\omega_{h,X}} \right) \right) \right]$ et $C_{g,X} = \left(\frac{1 + \left(\frac{\omega_{u,X}}{\omega_{l,X}} \right)^2}{1 + \left(\frac{\omega_{u,X}}{\omega_{h,X}} \right)^2} \right)^{1/2}$.

Les fréquences de coupure sont placées autour des fréquences extrêmes de la bande de fréquences considérée selon : $\omega_{l,X} < \omega_A < \omega_{u,X} < \omega_B < \omega_{h,X}$.

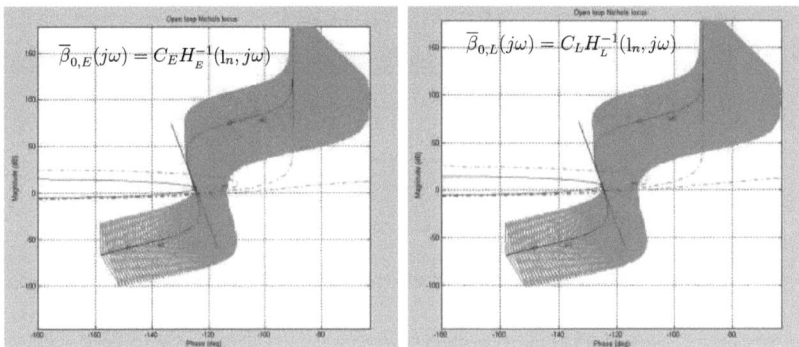

FIGURE 3.27 – Lieux de *Nichols* des boucles ouvertes $\overline{\beta}_{0,X}(j\omega)$ avec les régulateurs CRONE pour des variations de gain dans $[0.02 - 50]$ et de phase dans $[12.5° - 25°]$

Les fonctions de transfert des régulateurs CRONE de troisième génération sont alors définies par :

$$C_{X,CRONE}(s) = \overline{\beta}_{0,X}(s)H_X^{-1}(1_n, s)$$
$$\omega_{l,X} = 10^{-3}\text{rad} \cdot \text{s}^{-1}, \quad \omega_{h,X} = 10^3\text{rad} \cdot \text{s}^{-1}, \quad \omega_{r,X} = 0.3\text{rad} \cdot \text{s}^{-1}, \quad (3.110)$$
$$\gamma = a + ib = 1.24 - 0.11i, \quad n_{l,X} = 1.5, \quad n_{h,X} = 2.$$

Elles sont calculées afin d'assurer une stabilité pour des variations de gain de 0.02 et 50, et pour des variations de phase de 12.5° à 25°. La Fig. 3.27 présente les boucles ouvertes dans le plan de *Nichols* en prenant en compte ces incertitudes.

3.5.4.5 – Résultats de simulation

Les essais sur les régulateurs PID et CRONE ont été effectués en simulation afin d'étudier l'influence des perturbations et des variations paramétriques sur le suivi de trajectoire souhaité qui apparaissent en entrée ΔU et en sortie ΔY. Le schéma de commande est présenté sur la Fig. 3.28, où les commandes de référence $u_{ref,X}$ sont obtenues par application des principes de la platitude en utilisant les trajectoires de référence T_{des,l_n} (les sorties désirées). Une perturbation du type créneaux en entrée de 35s est appliquée à 625s en ΔU_E pendant le transitoire et à 1910s en ΔU_L en régime établi, ainsi qu'une autre perturbation de 35s est également appliquée en sortie à 312s ΔY_E pendant le transitoire et

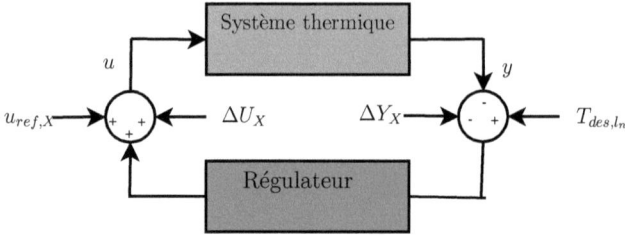

FIGURE 3.28 – Schéma de commande en boucle fermée

à 1600s en ΔY_L en régime établi. Le créneau de 35s est choisi sachant que les régulateurs rejettent les perturbations en moins de 20s.

On rappelle qu'afin de comparer nos régulateurs PID et CRONE, ceux-ci sont synthétisés autour de la même pulsation de gain unité $\omega_u = 0.3\text{rad/s}$.

Une simulation sur le procédé nominal a été effectuée dont les résultats sont tracés sur la Fig. 3.29 pour le point de mesure P_1 et sur la Fig. 3.30 au point de mesure P_2. Les régulateurs CRONE et PID étant synthétisés pour le même ω_u, ils apportent des performances similaires pour le procédé nominal :

– le temps de rejet de perturbation est de l'ordre de 3s ;
– les pics de commande sont identiques ;
– les sensibilités en sortie sont les mêmes.

Une première étude de la robustesse a été effectuée sur le système $H_{R_{bar}=0.02,\lambda=500}$ dont les résultats sont tracées sur la Fig. 3.31 pour le point de mesure P_1 et sur la Fig. 3.32 au point de mesure P_2. Les régulateurs CRONE apportent une meilleure stabilité que pour les régulateurs PID pour le procédé $H_{R_{bar}=0.02,\lambda=500}$:

– le temps de rejet de perturbation est de l'ordre de 4s pour les régulateurs CRONE alors qu'il est de 9s pour les régulateurs PID ;
– les pics de commande sont du même ordre de grandeur ;
– les sensibilités en sortie sont 1.5 fois plus faibles pour la commande CRONE.

Une deuxième étude a également été effectuée sur le système $H_{R_{bar}=0.0002,\lambda=80}$ dont les résultats sont tracées sur la Fig. 3.33 pour le point de mesure P_1 et sur la Fig. 3.34 au point de mesure P_2. Les régulateurs CRONE apportent une meilleure stabilité que pour

216

les régulateurs PID pour le procédé $H_{R_{bar}=0.0002, \lambda=80}$:

- les régulateurs CRONE sont 2 fois plus rapide que les régulateurs PID : le temps de rejet de perturbation est de l'ordre de 6.2s pour les régulateurs PID alors qu'il est de 1.9s pour les régulateurs CRONE ;
- les pics de commande sont du même ordre de grandeur ;
- les sensibilités en sortie sont 10 fois plus faibles pour la commande CRONE.

Une amélioration des performances du régulateur CRONE pourrait être effectuée par les moyens d'une optimisation plus approfondie des fonctions de sensibilités (voir [Oustaloup, 1991] pour la commande CRONE et [Nelson-Gruel *et al.*, 2007] pour la conception d'une loi de commande MIMO fractionnaire).

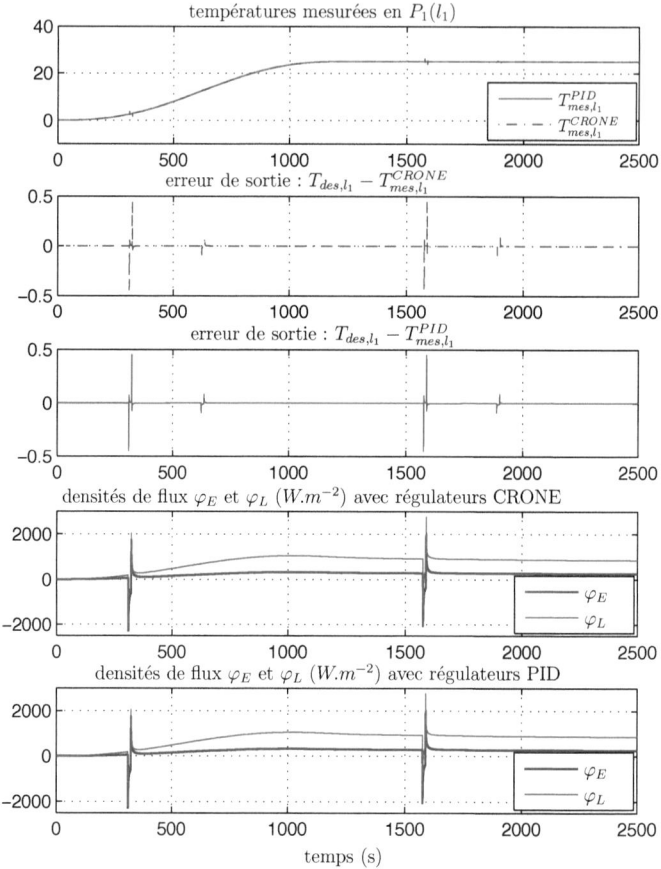

FIGURE 3.29 – Simulation du système nominal en $P_1(l_1)$ avec les régulateurs CRONE et PID : températures mesurées, erreurs de sortie $T_{mes,l_n} - T_{des,l_n}$ et commandes φ_E et φ_L

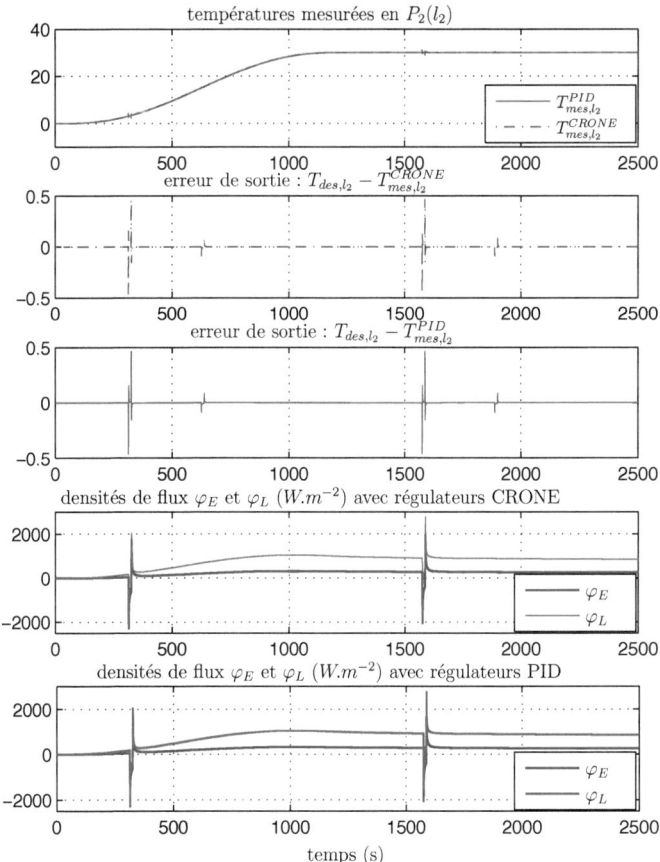

FIGURE 3.30 – Simulation du système nominal en $P_2(l_2)$ avec les régulateurs CRONE et PID : températures mesurées, erreurs de sortie $T_{mes,l_n} - T_{des,l_n}$ et commandes φ_E et φ_L

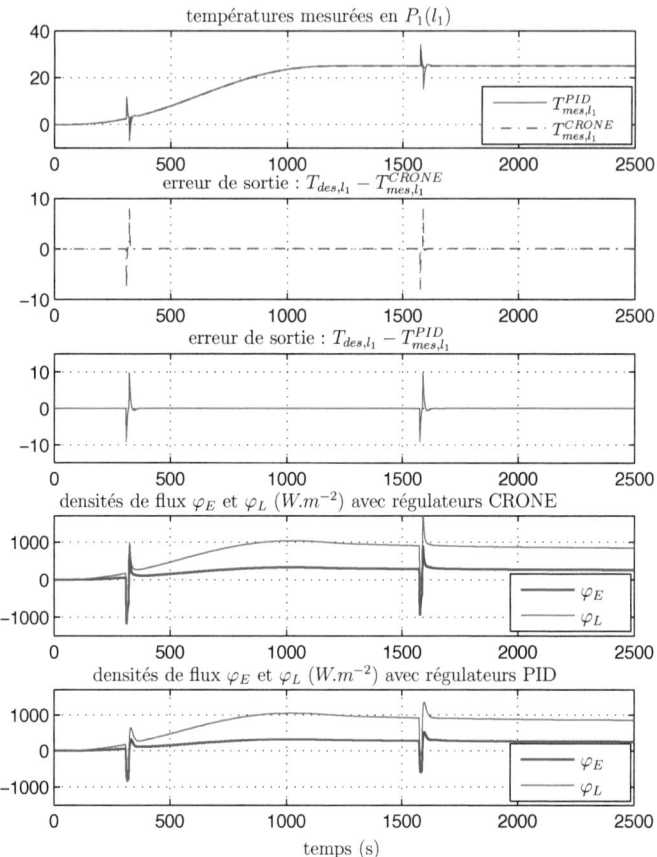

FIGURE 3.31 – Simulation du système $H_{R_{bar}=0.02,\lambda=500}$ en $P_1(l_1)$ avec les régulateurs CRONE et PID : températures mesurées, erreurs de sortie $T_{mes,l_n} - T_{des,l_n}$ et commandes φ_E et φ_L

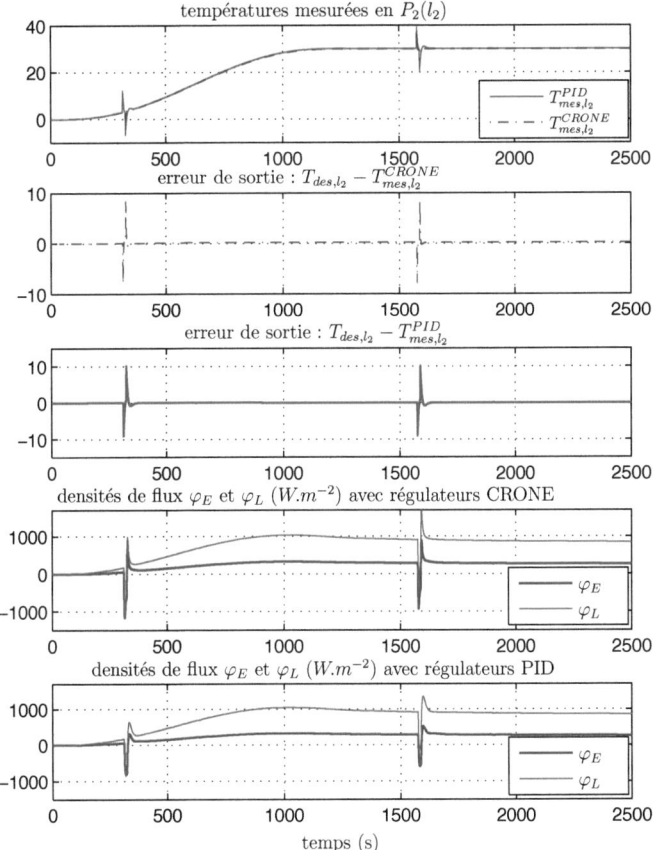

FIGURE 3.32 – Simulation du système $H_{R_{bar}=0.02, \lambda=500}$ en $P_2(l_2)$ avec les régulateurs CRONE et PID : températures mesurées, erreurs de sortie $T_{mes,l_n} - T_{des,l_n}$ et commandes φ_E et φ_L

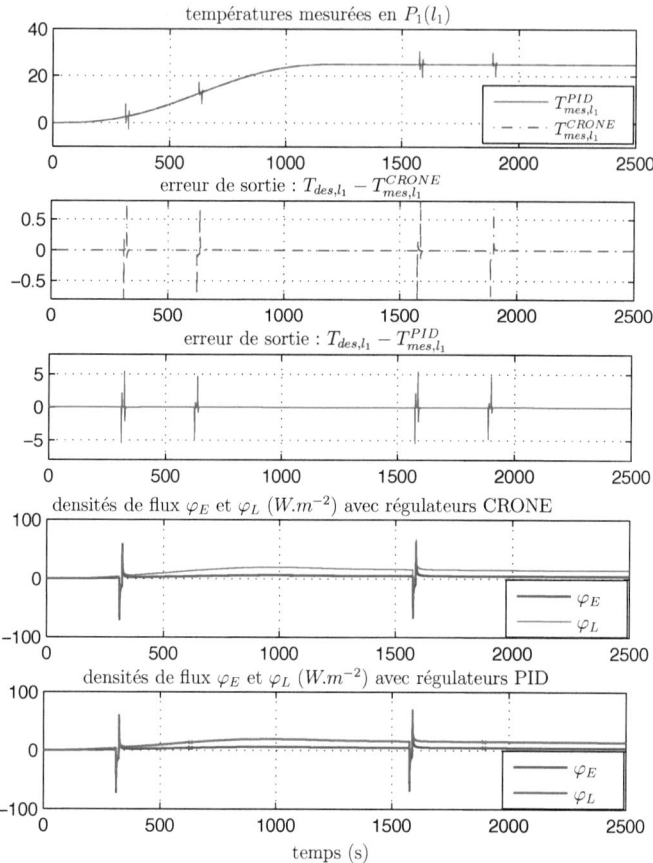

FIGURE 3.33 – Simulation du système $H_{R_{bar}=0.0002,\lambda=80}$ en $P_1(l_1)$ avec les régulateurs CRONE et PID : températures mesurées, erreurs de sortie $T_{mes,l_n} - T_{des,l_n}$ et commandes φ_E et φ_L

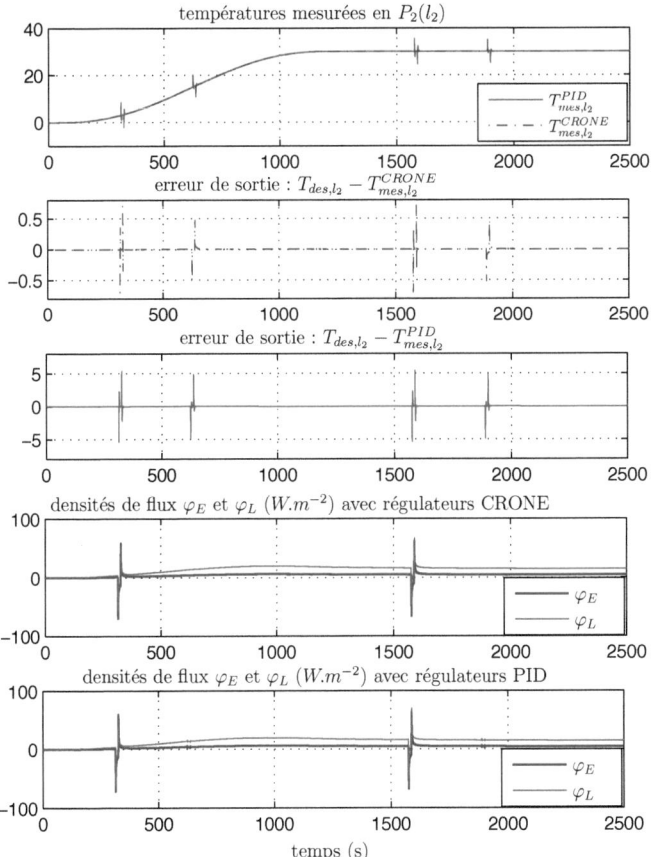

FIGURE 3.34 – Simulation du système $H_{R_{bar}=0.0002,\lambda=80}$ en $P_2(l_2)$ avec les régulateurs CRONE et PID : températures mesurées, erreurs de sortie $T_{mes,l_n} - T_{des,l_n}$ et commandes φ_E et φ_L

3.6 – Conclusion

La génération et la poursuite robuste de trajectoire peuvent être résolues par de nombreuses approches. Ces deux problématiques sont simples à résoudre pour la classe des systèmes dits "plats". En effet, pour cette classe, l'état et la commande du système peuvent être exprimés comme des fonctions différentielles d'une variable appelée "sortie plate" et de ses dérivées, sans la nécessité d'intégrer les équations différentielles. Il s'agit principalement de trouver l'expression de ces sorties plates en fonction des variables du système et de ses dérivées. Après un rappel des principes de la platitude des systèmes linéaires rationnels, ces principes ont été étendus aux systèmes linéaires non entiers. Après avoir établi la commandabilité indépendamment du mode de représentation du système non entier, en introduisant les systèmes linéaires non entiers abstraits, la platitude par fonction de transfert non entière, puis par matrices polynômiales non entières a été étudiée. Dans le premier cas, les sorties plates découlent du théorème de *Bézout*. Le second cas se base sur la pseudo-représentation d'état des systèmes non entiers commensurables où la caractérisation des matrices de définition permet d'étendre la platitude aux systèmes non entiers commandables.

La platitude étant bien adaptée pour la planification de trajectoire, la poursuite robuste de trajectoire est assurée par une commande CRONE de deuxième ou de troisième génération, selon la nature des variations paramétriques considérées. La deuxième génération assure une robustesse pour des incertitudes du procédé de type gain, et la troisième génération garantit une robustesse pour des incertitudes de type gain et phase. Une comparaison dans un environnement perturbé en termes de sensibilités, rejet de perturbations et temps de réponse, avec une commande par PID a pu mettre en avant les performances de la poursuite robuste de trajectoire par platitude associée à une commande CRONE.

Deux exemples de systèmes thermiques ont été traités en simulation où la relation liant la densité de flux à la température peut être définie par des équations différentielles non entières. Le premier cas est monovariable avec une diffusion thermique en deux dimensions et le second cas est multivariable avec une diffusion thermique en une dimension, l'objectif étant de commander la température en un point (*resp.* deux points) du barreau soumis à une source de chaleur (*resp.* deux sources de chaleur). L'équation de la chaleur 2D a également pu être traitée dans le cadre de la caractérisation des matrices de définition.

L'intérêt et l'originalité de la méthode réside autant dans la conception des trajectoires de référence (en boucle ouverte), que dans la façon de concevoir la boucle fermée. Bien que la platitude ait pu être étendue aux systèmes non entiers linéaires de dimension finie, il existe encore de nombreux cas à élucider, tels que les systèmes non entiers à paramètres répartis, les systèmes non entiers de dimension infinie ou les systèmes non entiers à retard. Le cas des systèmes non entiers non linéaires est également un vaste sujet qui nécessite également un intérêt particulier.

Un système non linéaire est un ensemble d'équations différentielles non linéaires, décrivant l'évolution temporelle des variables du système. Pour pouvoir étendre les notions de platitude aux systèmes non linéaires non entiers, il est nécessaire de revenir aux bases de la platitude non linéaire. Il existe principalement deux approches pour aborder la platitude non linéaire : l'algèbre différentielle associée à la géométrie algébrique différentielle et la géométrie différentielle des jets d'ordre infini.

Le formalisme de la géométrie différentielle apporte des conditions nécessaires et suffisantes prouvant la platitude d'un système dynamique non linéaire [Lévine, 2004, 2009]. L'objectif principal sera d'étendre ses conditions nécessaires et suffisantes aux systèmes non entiers et non linéaires. Dans le cas rationnel, la platitude des systèmes non linéaires se base sur les notions de jets d'ordre infini [Fliess et $al.$, 1999]. Pour pouvoir étendre la platitude aux systèmes non entiers non linéaires, il est nécessaire d'adapter les propriétés du calcul différentiel pour maintenir des propriétés d'invariance qui gardent également leur cohérence pour le cas rationnel. Bien qu'à l'heure actuelle, aucune méthode n'existe pour traiter le cas de la platitude des systèmes non entiers non linéaires, quelques pistes de recherche sont étudiées en annexe D, en utilisant la différentielle classique, ainsi qu'en proposant une différentielle non entière introduite par [Cottril-Shepherd et Naber, 2001].

Chapitre 4

Application sur un banc d'essai thermique

Contents

4.1 – Introduction

Les développements théoriques des chapitres précédents sont appliqués à un système physique non entier de diffusion thermique. En effet, le modèle, liant la densité de flux de chaleur à travers un barreau métallique à la température mesurée, est non entier, car il découle de la résolution de l'équation de la chaleur (équation aux dérivées partielles) [Battaglia *et al.*, 2001, Cois, 2002, Miller et Ross, 1993, Podlubny, 1999b]. De ce fait, le système thermique peut aussi être considéré comme un système entier de dimension infinie [Laroche, 2000]. Toutefois, l'opérateur non entier est mieux adapté à la modélisation des systèmes de dimension infinie, comme les systèmes diffusifs, car il permet d'obtenir des modèles compacts.

Après la présentation du banc d'essais, un modèle physique du système thermique est élaboré afin d'effectuer la planification de trajectoire. Puis, les méthodes d'identification développées au chapitre 2 sont appliquées pour l'élaboration d'un modèle expérimental. Dans un premier temps, un contexte de bruit blanc est considéré, où la méthode *oosrivcf* est appliquée, puis, un contexte de bruit coloré est considéré où la méthode *oorivcf* est utilisée.

Après l'identification du système thermique, les principes de la platitude des systèmes linéaires non entiers sont appliqués pour poursuivre des trajectoires de référence bien définies. Au chapitre précédent, les principes de la platitude n'ont été appliqués que sur des données de simulation. Dans ce chapitre, ils sont maintenant appliqués au système thermique réel. Enfin, la robustesse et la poursuite de trajectoire sont assurées par une commande CRONE de 3ème génération. Les résultats obtenus sont comparés à ceux obtenus avec une commande par PID.

4.2 – Description et modélisation du banc physique

Le banc d'essais est constitué, comme le montre la Fig. 4.1, d'un barreau cylindrique en aluminium de rayon 1cm et de longueur de 40cm, soumis à une résistance chauffante à une extrémité, et isolé thermiquement par une mousse (voir Fig. 4.2) qui permet d'assurer un transfert unidirectionnel du flux de chaleur.

Le signal d'entrée est le flux de chaleur généré par la résistance chauffante commandé par ordinateur au travers d'un transistor "on-off" avec une amplitude de tension contrôlée.

La température de sortie est mesurée à une distance $l = 1$cm de l'extrémité chauffée

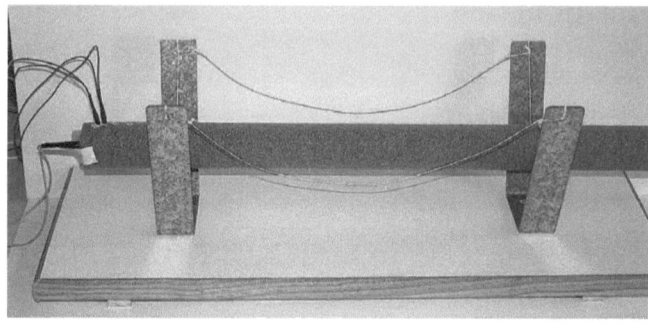

FIGURE 4.1 – Photographie du système thermique isolé équipé d'une résistance chauffante et des sondes de mesures

par une sonde platine et un amplificateur dont l'erreur de quantification est de 0.125°C.

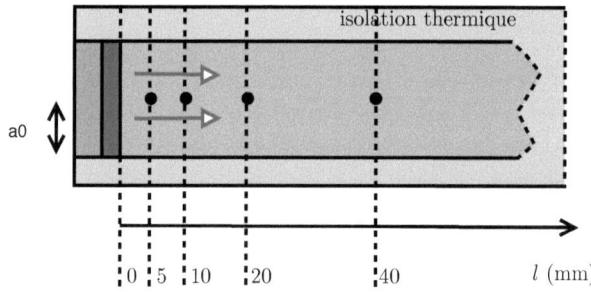

FIGURE 4.2 – Schéma du barreau en aluminium isolé (section ▦), résistance chauffante (■), isolation de la résistance (▨)

Afin de démontrer le comportement non entier de ce système thermique [Battaglia et al., 2001], le barreau est modélisé sous les hypothèses suivantes :

(i) le barreau est parfaitement isolé ;

(ii) le barreau est considéré comme un milieu semi-infini, homogène et plan de conductivité λ et de diffusivité α ;

(iii) au repos, le barreau est à la température ambiante, ainsi, il n'y a pas d'échange

230

thermique avec l'environnement ;

(iv) les pertes en surface où le flux thermique est appliqué sont négligées. L'énergie consommée dans la résistance est supposée être totalement transformée en flux de chaleur et diffusée par conduction le long du barreau.

La dernière hypothèse est requise pour pouvoir calculer le flux thermique à partir de l'énergie électrique injectée dans la résistance chauffante.

Un transfert de chaleur unidimensionnel est régi par l'équation de la chaleur aux dérivées partielles par conduction :

$$\frac{\partial T(l,t)}{\partial t} = \alpha \frac{\partial^2 T(l,t)}{\partial l^2}, \quad 0 < l < \infty, \quad t > 0, \tag{4.1}$$

avec les conditions aux limites :

$$\begin{cases} -\lambda \frac{\partial T(l,t)}{\partial l} = \varphi(t), & l = 0, \quad t > 0 \\ T(l,t) = 0, & 0 \le l < \infty, \quad t = 0, \end{cases} \tag{4.2}$$

où $T(l,t)$ est la température à une distance l, φ est la densité de flux injectée, $\lambda = 237\text{W m}^{-1}\text{K}^{-1}$ est la conductivité thermique de l'aluminium et $\alpha = 9975 \times 10^{-8}\text{m}^2\text{s}^{-1}$ est sa diffusivité thermique. La transformée de *Laplace* appliquée à l'équation de chaleur conduit à l'équation différentielle ordinaire :

$$\frac{d^2\bar{T}(l,s)}{dl^2} - \frac{s}{\alpha}\bar{T}(l,s) = 0, \tag{4.3}$$

où $\bar{T}(l,s) = \mathscr{L}\{T(l,t)\}$, dont la solution s'écrit :

$$\bar{T}(l,s) = K_1 e^{-l\sqrt{\frac{s}{\alpha}}} + K_2 e^{l\sqrt{\frac{s}{\alpha}}}. \tag{4.4}$$

Les conditions aux limites conduisent alors à la fonction de transfert suivante :

$$H(l,s) = \frac{\bar{T}(l,s)}{\bar{\varphi}(s)} = \frac{\sqrt{\alpha}}{\lambda\sqrt{s}} e^{-l\sqrt{\frac{s}{\alpha}}}, \tag{4.5}$$

où $\bar{\varphi}$ dénote la transformée de *Laplace* de φ. L'approximation de *Padé* de la fonction de transfert (4.5) conduit à la fonction de transfert commensurable d'ordre 0.5 :

$$H(l,s) = \frac{\alpha}{\lambda\sqrt{s}} \frac{\sum_{k=0}^{P} \frac{(2P-k)!}{k!(P-k)!}\left(-l\sqrt{\frac{s}{\alpha}}\right)^k}{\sum_{k=0}^{P} \frac{(2P-k)!}{k!(P-k)!}\left(l\sqrt{\frac{s}{\alpha}}\right)^k}. \tag{4.6}$$

Malti *et al.* [2009] montrent que cette approximation ne coïncide pas parfaitement aux données expérimentales, car l'hypothèse (i) n'est certainement pas satisfaite. De plus, en présence de pertes thermiques, l'hypothèse (ii) ne l'est pas non plus, la géométrie exacte du barreau devant être prise en compte. Ils montrent aussi que le modèle non entier est plus compact que le modèle rationnel équivalent. L'intérêt des modèles non entiers réside donc dans leur compacité.

C'est pourquoi on propose d'utiliser une méthode d'identification estimant à la fois les coefficients et l'ordre commensurable d'abord sous l'hypothèse de bruit additif blanc en sortie, puis sous l'hypothèse de bruit additif coloré.

4.3 – Identification du barreau thermique par modèle non entier

On procède maintenant à l'identification par modèle à erreur d'équation du système liant la température mesurée au flux de chaleur injecté à partir de données expérimentales. La puissance maximale du flux peut atteindre 12 W (1A sous une tension maximale U_{max} de 12V). Dans la plage de température considérée, la résistance chauffante est constante à 4.8Ω. Ainsi, la densité de flux maximale n'excède pas :

$$\varphi_{max} = \frac{U_{max}^2}{RS} = 95.5 \text{kW.m}^{-2},$$

S étant la section du barreau, $S = 3.14\text{cm}^2$.

Pour obtenir un jeu de données cohérents, on souhaite appliquer une SBPA autour d'un point d'équilibre correspondant à un flux de 5.20kW.m^{-2}. La température mesurée à une distance $l = 10$mm de l'extrémité chauffée du barreau, est tracée sur la Fig. 4.3 : pour un essai de plus de 3h, le régime permanent est atteint au bout de 7700s. L'énergie injectée compense alors les pertes thermiques ce qui invalide définitivement l'hypothèse (i). Tous les essais effectués seront donc effectués après avoir atteint ce régime permanent.

La densité du flux thermique appliquée en entrée est une SBPA comprise entre 0 et 10.40kW.m^{-2} correspondant à une tension de commande comprise entre 0 et 4V ; or, comme on se situe autour d'un point d'équilibre, la SBPA appliquée au barreau est donc centrée en 0 et est comprise entre -5.20kW.m^{-2} et 5.20kW.m^{-2} (Fig. 4.4).

La température mesurée à une distance $l = 10$mm de l'extrémité chauffée du barreau, est également tracée sur la Fig. 4.4. De plus, un retard de 4 échantillons, correspondant à 2s, ayant été remarqué, les signaux d'entrée/sortie ont été recalés en conséquence.

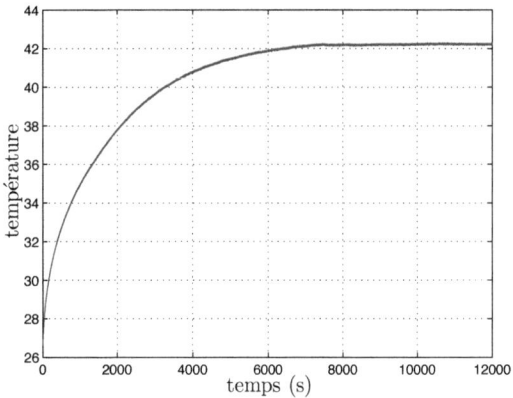

FIGURE 4.3 – Réponse du barreau thermique pour un échelon de flux d'amplitude
5.20kW.m^{-2}

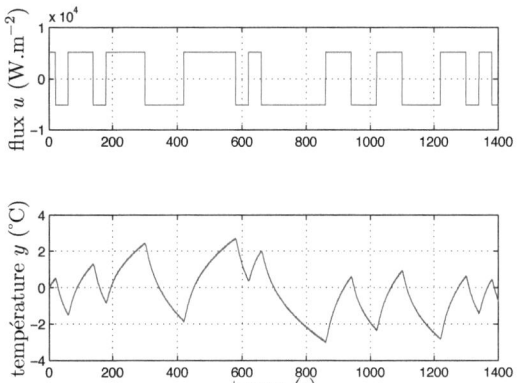

FIGURE 4.4 – Signaux d'entrée/sortie du banc d'essai thermique (la température de
$42.2°\text{C}$, atteinte au régime permanent, est soustraite à la température mesurée)

Dans la mesure où le barreau n'est pas parfaitement isolé, le système n'accumule pas la totalité de l'énergie injectée, et il n'y a pas de raison d'avoir un intégrateur pur d'ordre 0.5 dans le modèle du système, ou d'avoir un ordre commensurable exactement égal à 0.5 comme dans le modèle physique (4.6) ou (3.49). De plus, la réponse indicielle du barreau thermique tracée sur la Fig. 4.3 confirme bien cette hypothèse en présence d'un intégrateur, la réponse n'aurait pas atteint un régime permanent et aurait continué à croître. Le modèle choisi pour une identification expérimentale est donc du type :

$$G(s^{\nu}) = \frac{\sum\limits_{i=0}^{m} b_i s^{i\nu}}{1 + \sum\limits_{j=1}^{n} a_j s^{j\nu}} \times e^{-2s}. \tag{4.7}$$

Suite à une procédure d'essais-erreurs, l'ordre du dénominateur est fixé à 3ν, conduisant alors au modèle suivant :

$$G(s^{\nu}) = \frac{b_1 s^{\nu} + b_0}{a_3 s^{3\nu} + a_2 s^{2\nu} + a_1 s^{\nu} + 1} \times e^{-2s}. \tag{4.8}$$

Les données expérimentales récoltées n'étant pratiquement pas bruitées, on choisit dans un premier temps de procéder à une identification par l'algorithme **oosrivcf** (voir §2.3.2) où le modèle de bruit est fixé à $\mathcal{H}_1(z) = 1$.

Suite à l'initialisation de l'algorithme **oosrivcf** à l'ordre commensurable théorique 0.6, ce dernier converge à $\nu = 0.73$. Afin de vérifier ce résultat, l'algorithme **srivcf** a été appliqué à des ordres commensurables variant de 0.1 à 1.9 avec un pas de 0.005. Le critère quadratique, tracé sur la Fig. 4.5, montre que l'ordre commensurable optimal est effectivement en 0.73. Les croix rouges représentent un critère quadratique obtenu pour des modèles instables. Notons aussi la présence d'un minimum local en 0.46, ayant un critère quadratique du même ordre de grandeur que le critère quadratique évalué au minimum global, cependant, le modèle estimé ayant un pôle en s^{ν} réel positif est instable. Par conséquent, le modèle optimal correspond à :

$$G(s^{0.73}) = \frac{2.92 s^{0.73} + 0.06}{25940.2 s^{2.19} + 13038.7 s^{1.46} + 561.66 s^{0.73} + 1} 10^{-1} e^{-2s}. \tag{4.9}$$

La sortie du modèle, calculée sur un jeu de données de validation, est tracée avec la sortie du système sur la Fig. 4.6. Cependant, l'erreur de simulation, tracée sur la Fig. 4.7a), ainsi que le signal d'autocorrélation de l'erreur de simulation, tracée sur la Fig. 4.7b), montrent que l'erreur de simulation, bien que d'amplitude faible, n'est pas blanche.

Par conséquent, des modèles de type *Box-Jenkins* avec un modèle du système :

$$G(s^{\nu}) = \frac{b_1 s^{\nu} + b_0}{a_3 s^{3\nu} + a_2 s^{2\nu} + a_1 s^{\nu} + 1} \times e^{-2s}. \tag{4.10}$$

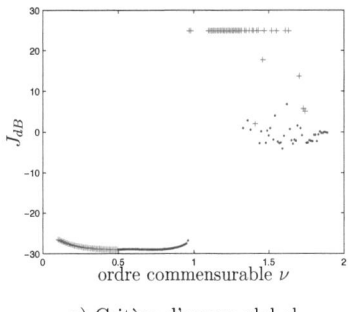
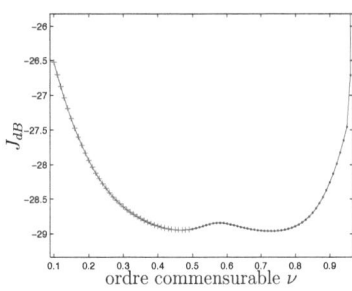

a) Critère d'erreur global

b) Agrandissement du critère d'erreur

FIGURE 4.5 – Critère d'erreur en fonction de l'ordre commensurable ($\nu_{min} = 0.72$)

et différents modèles de bruit :

$$\mathcal{H}_2(q^{-1}) = \frac{d_1 q^{-1} + 1}{c_2 q^{-2} + c_1 q^{-1} + 1},$$

$$\mathcal{H}_3(q^{-1}) = \frac{d_2 q^{-2} + d_1 q^{-1} + 1}{c_3 q^{-3} + c_2 q^{-2} + c_1 q^{-1} + 1},$$

sont proposés par la suite.

L'algorithme **oorivcf**, appliqué pour les deux structures du modèle de bruit, permet d'estimer à la fois les paramètres du modèle du système et ceux du modèle de bruit. Les résultats de cette étude sont reportés sur le TAB. 4.1. Pour chaque modèle de bruit, l'ordre commensurable est différent ; de plus, la norme quadratique de l'erreur de simulation chute de façon significative dès lors où le modèle de bruit $\mathcal{H}_2$ ou $\mathcal{H}_3$ est pris en compte.

Modèle du système	Modèle de bruit	J
$\frac{2.92 s^{0.73} + 0.06}{25940.2 s^{2.19} + 13038.7 s^{1.46} + 561.66 s^{0.73} + 1} \, 10^{-1} e^{-2s}$	$\mathcal{H}_1(q^{-1}) = 1$	$1.81 \, 10^{-2}$
$\frac{2.27 s^{0.606} + 2.95}{604.48 s^{1.818} + 204.89 s^{1.212} + 91.78 s^{0.606} + 1} \, 10^{-3} e^{-2s}$	$\mathcal{H}_2(q^{-1}) = \frac{-0.82 q^{-1} + 1}{-0.03 q^{-2} - 0.97 q^{-1} + 1}$	$1.07 \, 10^{-4}$
$\frac{2.28 s^{0.608} + 2.92}{600.4 s^{1.824} + 205.1 s^{1.216} + 91.1 s^{0.608} + 1} \, 10^{-3} e^{-2s}$	$\mathcal{H}_3(q^{-1}) = \frac{-0.36 q^{-2} - 0.40 q^{-1} + 1}{0.03 q^{-3} - 0.48 q^{-2} - 0.55 q^{-1} + 1}$	$1.06 \, 10^{-4}$

TABLE 4.1 – Modèles et normes quadratique J de l'erreur de simulation obtenues

Le modèle de bruit $\mathcal{H}_2$ a convergé vers un intégrateur pur, de même le modèle de bruit $\mathcal{H}_3$.

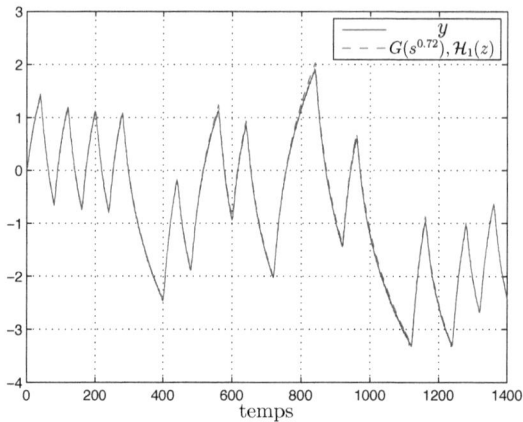

FIGURE 4.6 – Réponses temporelles du modèle estimé et du système réel sur jeu de données de validation

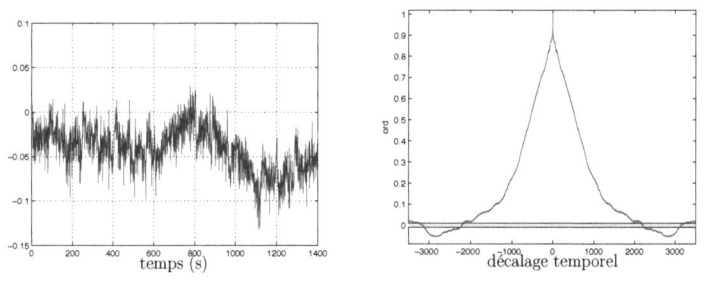

a) Erreur de simulation pour $\mathcal{H}_1(z)$ b) Fonction d'autocorrélation par $\mathcal{H}_1(z)$

FIGURE 4.7 – Erreur de simulation pour chaque modèle de bruit (Fig. a)) avec sa fonction d'autocorrélation (Fig. b)) normalisée (en 0, l'amplitude vaut 1) pour différents modèles de bruit avec l'intervalle de confiance ▨ à 99%

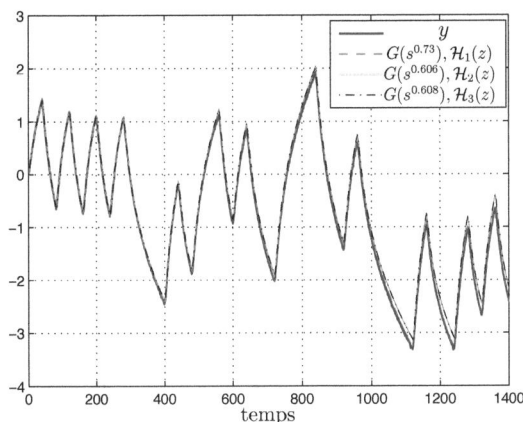

FIGURE 4.8 – Réponses temporelles non bruitées des différents modèles identifiés

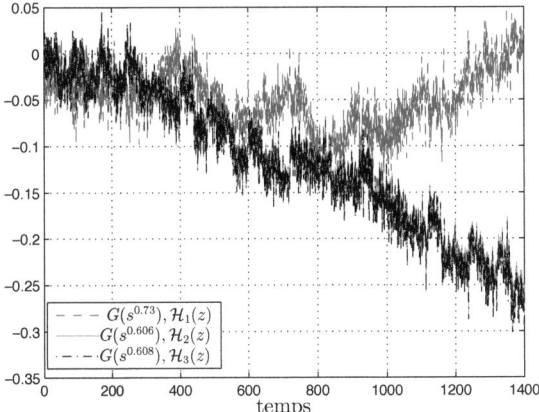

FIGURE 4.9 – Réponses temporelles des signaux de bruit des différents modèles

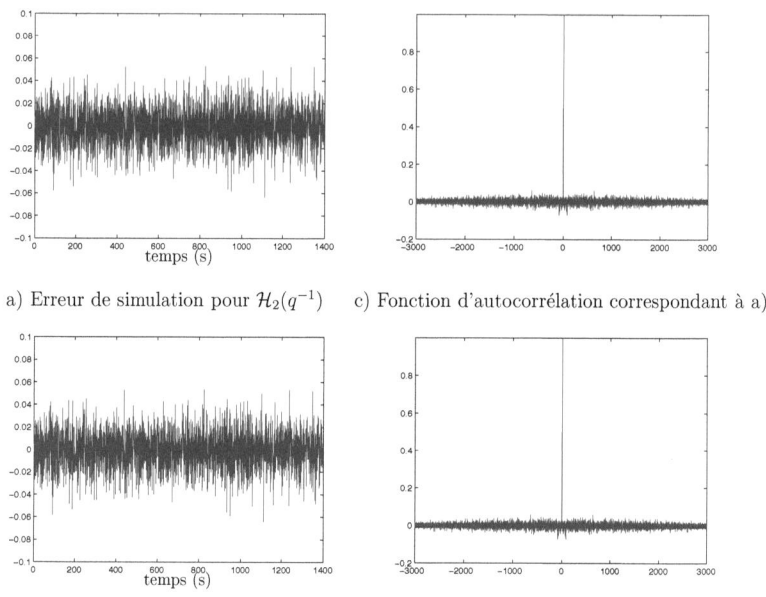

a) Erreur de simulation pour $\mathcal{H}_2(q^{-1})$ c) Fonction d'autocorrélation correspondant à a)

b) Erreur de simulation pour $H_3(q^{-1})$ d) Fonction d'autocorrélation correspondant à b)

FIGURE 4.10 – Erreur de simulation pour chaque modèle de bruit (Fig. a) et b)) avec sa fonction d'autocorrélation (Fig. c) et d)) normalisée (en 0, l'amplitude vaut 1) pour différents modèles de bruit avec l'intervalle de confiance   à 99%

Les réponses temporelles des modèles du système ainsi que la sortie réelle sont tracées sur la Fig. 4.8. L'erreur de simulation filtrée, pour chaque modèle de Box-Jenkins, est tracée sur la Fig. 4.9. Dans la mesure où les modèles de bruit $\mathcal{H}_2$ et $\mathcal{H}_3$ contiennent des intégrateur purs, les deux modèles de bruit ne se contentent pas de capturer les dynamiques rapides, mais ils capturent également la dynamique lente du système, et donc une partie de la diffusion. C'est pourquoi, les sorties des modèles de Box-Jenkins se trouvent éloignées de la sortie réelle, le bruit coloré issu de l'erreur de simulation filtrée venant combler la différence.

Par contre, comme le montre la Fig. 4.10, l'erreur de simulation tend vers un bruit blanc.

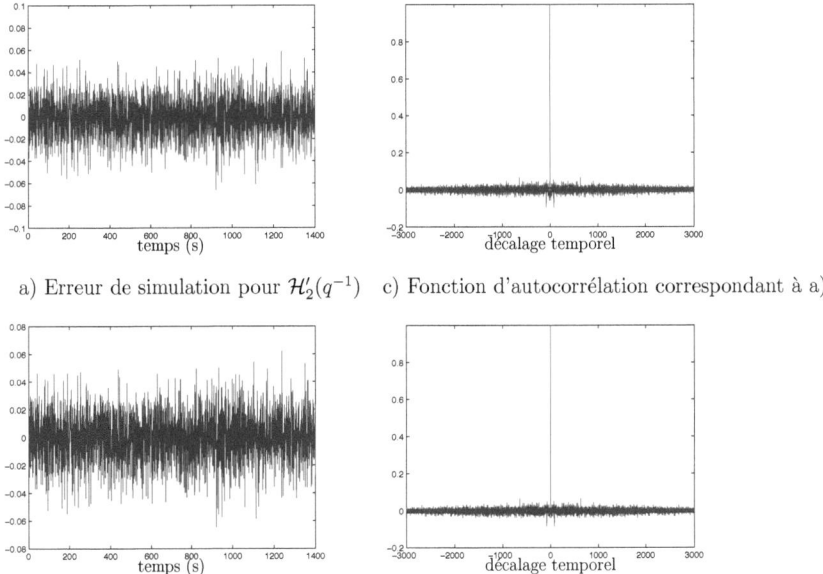

a) Erreur de simulation pour $\mathcal{H}'_2(q^{-1})$ c) Fonction d'autocorrélation correspondant à a)

b) Erreur de simulation pour $\mathcal{H}'_3(q^{-1})$ d) Fonction d'autocorrélation correspondant à b)

FIGURE 4.11 – Erreur de simulation pour chaque modèle de bruit (Fig. a) et b)) avec sa fonction d'autocorrélation (Fig. c) et d)) normalisée (en 0, l'amplitude vaut 1) pour différents modèles de bruit avec l'intervalle de confiance ▨ à 99%

Bien que les modèles de *Box-Jenkins* permettent de retrouver une erreur de simulation blanche, il est préférable pour la commande de choisir le modèle qui minimise l'erreur de sortie. Dans ce cas, il est possible de blanchir l'erreur de simulation de la Fig. 4.7a) sans recalculer itérativement le modèle du système comme expliqué dans l'algorithme ***oorivcf***. Dans ce cas, le modèle du système reste inchangé

$$G(s^{0.72}) = \frac{2.92s^{0.73} + 0.06}{25940.2s^{2.19} + 13038.7s^{1.46} + 561.66s^{0.73} + 1} \, 10^{-1} e^{-2s}, \qquad (4.11)$$

et le modèle de bruit est

$$\mathcal{H}_2'(q^{-1}) = \frac{-0.769q^{-1} + 1}{-0.006q^{-2} + -0.991q^{-1} + 1}, \qquad (4.12)$$

$$\mathcal{H}_3'(q^{-1}) = \frac{0.588q^{-2} - 1.569q^{-1} + 1}{0.063q^{-3} - 0.713q^{-2} - 1.777q^{-1} + 1}. \qquad (4.13)$$

Comparée aux Fig. 4.7a) et Fig. 4.7b), l'erreur de simulation, tracée sur la Fig. 4.11, tend davantage vers un bruit blanc. Pour chaque modèle de bruit, la norme quadratique de l'erreur de simulation est reportée sur le TAB. 4.2.

Modèle de bruit	J
$\mathcal{H}_1(q^{-1}) = 1$	$1.81 \, 10^{-2}$
$\mathcal{H}_2'(q^{-1}) = \frac{1}{-0.945q^{-1}+1}$	$1.17 \, 10^{-4}$
$\mathcal{H}_3'(q^{-1}) = \frac{-0.485q^{-1}+1}{-0.027q^{-2}-1.013q^{-1}+1}$	$1.15 \, 10^{-4}$

TABLE 4.2 – Modèles et normes quadratique J de l'erreur de simulation obtenues

Les deux dernières lignes du TAB. 4.1 et du TAB. 4.2 montrent que la norme quadratique de l'erreur de simulation est plus petite lors de l'utilisation de l'algorithme ***oorivcf*** (voir TAB. 4.1). Cette dernière démarche, qui consiste à blanchir le résidu sans avoir recours à l'algorithme itératif ***oorivcf***, est donc sous-optimale. Par conséquent, le modèle (4.11) obtenu convient davantage à la synthèse d'une loi de commande.

4.4 – Commande du barreau thermique par platitude étendue aux systèmes non entiers

Le problème de la planification de trajectoire du système défini par l'équation de la chaleur mono-dimensionnelle a déjà été traité dans la littérature par les moyens de la platitude en utilisant, soit les fonctions de *Gevrey* [Laroche, 2000], soit la transformation de *Laplace* des systèmes non entiers par fonctions de transfert [Melchior *et al.*, 2005], soit la pseudo-représentation d'état [Victor *et al.*, 2008b]. Dans ces deux derniers cas, les résultats présentés ont été obtenus par simulation. Ici, l'objectif est de commander la température d'un banc d'essais réel (barreau thermique) en un point précis $l = 10$mm.

4.4.1 – Planification de trajectoire

Dans un premiers temps, une trajectoire de référence de température est définie au point $l = 10$mm. Les principes de la platitude des systèmes non entiers linéaires sont ensuite appliqués afin d'en déduire le flux de commande. La trajectoire est établie de sorte que la température, ses dérivées première, seconde et troisième, n'atteignent pas les valeurs maximales de saturation. D'autre part, la trajectoire de sortie est générée de sorte que ses dérivées première et seconde soient nulles en début et en fin d'expérience et que la température s'élève de $20°C$ au-dessus de la température ambiante en 1250s et se stabilise pour la même durée (voir Fig. 4.12). L'évolution de la température est définie par la trajectoire désirée selon un polynôme d'interpolation de degré 5 (PI5) :

$$T_{des}\left(t\right) = T_i + 80\left(T_f - T_i\right)\frac{t^3}{t_f^3} - 240\left(T_f - T_i\right)\frac{t^4}{t_f^4} + 192\left(T_f - T_i\right)\frac{t^5}{t_f^5}, \qquad (4.14)$$

avec $T_i = 20°C$, $T_f = 40°C$, et $tf = 2500$s.

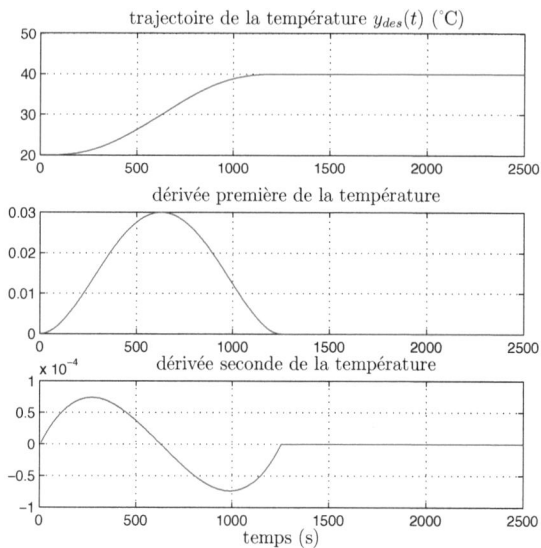

FIGURE 4.12 – Température désirée et ses dérivées

4.4.2 – Platitude par matrices polynômiales

La fonction de transfert (4.11) est normalisée de façon à avoir un coefficient unitaire pour la puissance la plus élevée du dénominateur :

$$G(s^{0.73}) = \frac{1.12 \, 10^{-5} s^{0.73} + 2.35 \, 10^{-7}}{s^{2.19} + 0.50 s^{1.46} + 2.16 \, 10^{-2} s^{0.73} + 3.85 \, 10^{-5}} e^{-2s}. \tag{4.15}$$

Dans un premier temps, le retard de diffusion est négligé pour simplifier le calcul de la commande.

Le modèle (4.15) est alors mis sous forme d'une pseudo-représentation d'état (3.52) avec $\nu = 0.73$ selon les matrices suivantes :

$$\boldsymbol{A} = \begin{bmatrix} -0.50 & -2.16 \, 10^{-2} & -3.85 \, 10^{-5} \\ 1 & 0 & 0 \\ 0 & 1 & 0 \end{bmatrix}, \tag{4.16}$$

242

$$B = \begin{bmatrix} 1 & 0 & 0 \end{bmatrix}^T,$$

$$C = \begin{bmatrix} 0 & 1.12\,10^{-5} & 2.35\,10^{-7} \end{bmatrix},$$

$$D = 0.$$

4.4.2.1 – Matrices de définition

A partir de cette pseudo-représentation, il est nécessaire de déterminer les matrices de définition P et Q.

On introduit alors la matrice $A_\nu(s) = I_3 s^\nu - A$ qui est de dimension 3×3. B étant une matrice 3×1, il existe deux matrices $V_B \in GL_1\left(\mathfrak{K}\left[s^\nu\right]\right)$ et $U_B \in GL_3\left(\mathfrak{K}\left[s^\nu\right]\right)$ telles que $U_B(s)\,B(s)\,V_B(s) = \begin{bmatrix} 1 \\ 0 \\ 0 \end{bmatrix}$: $U_B = I_3$ et $V_B = 1$. R est orthogonale à B telle que

$$R(s)\,B(s) = 0 : R(s) = \begin{bmatrix} 0 & 1 & 0 \\ 0 & 0 & 1 \end{bmatrix}.$$

On introduit alors la matrice 2×3, $F(s) = R(s)\,A_\nu(s) = \begin{bmatrix} -1 & s^\nu & 0 \\ 0 & -1 & s^\nu \end{bmatrix}$, qui admet la décomposition de *Smith* avec $V_F \in GL_3\left(\mathfrak{K}\left[s^\nu\right]\right)$ et $U_F \in GL_2\left(\mathfrak{K}\left[s^\nu\right]\right)$ telles que : $U_F(s)\,F(s)\,V_F(s) = [I_2, 0_{2,1}]$. Avec $U_F = -I_2$ et

$$V_F = \begin{bmatrix} 1 & s^\nu & s^{2\nu} \\ 0 & 1 & s^\nu \\ 0 & 0 & 1 \end{bmatrix}.$$

La première matrice de définition P peut alors être déterminée :

$$P(s) = V_F(s) \begin{bmatrix} 0 \\ 0 \\ 1 \end{bmatrix} = \begin{bmatrix} s^{2\nu} \\ s^\nu \\ 1 \end{bmatrix}. \tag{4.17}$$

Soit T, inversible à gauche de B, définie grâce à la décomposition de *Smith* de B :

$$T(s) = V_B(s)\,[1,\,0,\,0]\,U_B(s) = [1,\,0,\,0]. \tag{4.18}$$

Ainsi,

$$Q(s) = T(s) \, \mathbf{A}_\nu(s^\nu) P(s) = s^{3\nu} + 0.50 s^{2\nu} + 2.16 \, 10^{-2} s^\nu + 3.85 \, 10^{-5}. \qquad (4.19)$$

Il est à noter que $Q(s)$ correspond au dénominateur de la fonction de transfert (4.15).

On peut alors vérifier que les relations

$$R^T \mathbf{A}_\nu(s^\nu) P(s^\nu) = 0,$$

et

$$\mathbf{A}_\nu(s^\nu) P(s^\nu) = \mathbf{B} Q(s^\nu),$$

montrent suivant le théorème 3.5.7, que la variable z, issue de ces matrices de définition, est une sortie plate.

4.4.2.2 – Détermination de la sortie plate

Une trajectoire de référence T_{des} ayant été définie au paragraphe 4.4.1, la sortie plate fractionnaire z peut être obtenue à partir de cette variable. La sortie désirée Y_{des}, transformée de *Laplace* de T_{des} peut s'exprimer en fonction de la sortie plate Z, transformée de *Laplace* de z :

$$Y_{des}(s) = \mathbf{C} P(s^\nu) Z(s), \qquad (4.20)$$

avec $X(s) = P(s^\nu) Z(s)$.

$W(s^\nu) = \mathbf{C} P(s^\nu) = 1.12 \, 10^{-5} s^\nu + 2.35 \, 10^{-7}$ étant un polynôme, son inverse à gauche W_{inv} ne peut être un polynôme :

$$W_{inv} = \frac{1}{W(s^\nu)}. \qquad (4.21)$$

$P(s)$ est clairement de rang 1 pour tout s^ν. Finalement, la commande d'entrée de référence u est calculée selon la relation : $U(s) = Q(s) Z(s)$. D'autre part, la sortie effective est également générée par $Y_{des}(s) = \mathbf{C} P(s^\nu) Z(s)$.

La Fig. 4.13 présente l'ensemble des données : la commande φ, la sortie plate fractionnaire, ainsi que la sortie effective comparée à la trajectoire de référence. L'erreur de sortie est nulle en simulation.

Ainsi, une caractérisation des sorties plates fractionnaires linéaires sous forme de matrices polynômiales non entières a été présentée en utilisant la décomposition de Smith.

La formulation algébrique de la platitude a permis de déterminer la sortie plate non entière qui définit complètement la trajectoire du système thermique non entier.

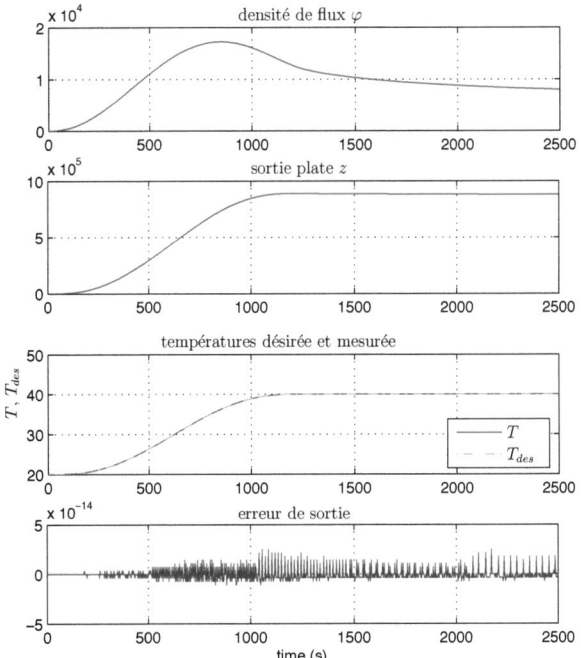

FIGURE 4.13 – Simulation du système thermique mono-dimensionnel : commande de densité de flux φ, sortie plate z, température mesurée T et température désirée T_{des}, et erreur de sortie

4.4.2.3 – Tests sur le banc d'essais en boucle ouverte

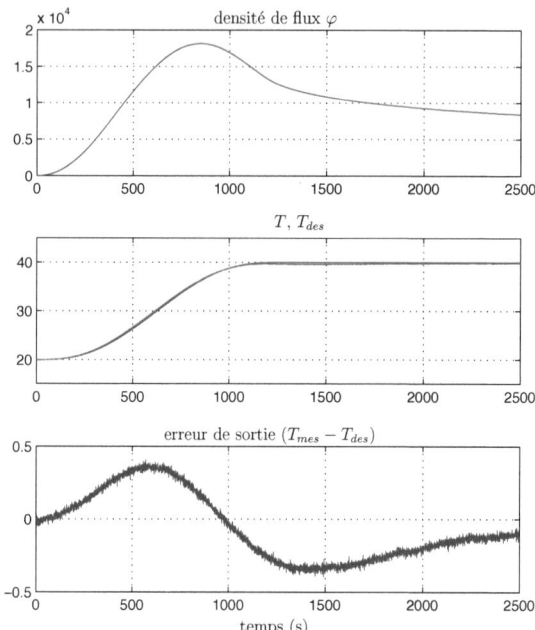

FIGURE 4.14 – Essai sur le barreau métallique en boucle ouverte : commande d'entrée (Φ), températures de référence ($--$) et mesurée ($--$), et erreur de sortie

La commande de flux déterminée par les principes de la platitude des systèmes non entiers est appliquée au barreau métallique. La Fig. 4.14 présente les résultats d'un essai en boucle ouverte sur le système thermique.

La température mesurée suit la température désirée. L'erreur de sortie, bien que non nulle, reste cependant inférieure à $0.4°$C pour une variation globale de $20°$C.

Il reste maintenant à déterminer une loi de commande permettant de rejeter les perturbations, de compenser les erreurs de modélisation et de suivre la trajectoire désirée afin d'assurer une poursuite robuste de trajectoire.

4.5 – Poursuite robuste de trajectoire de température

Le système considéré étant non entier, d'ordre commensurable proche de 0.5, une loi de commande des systèmes non entiers est préférée [Barbosa *et al.*, 2008, Machado, 1997, Podlubny, 1999b, Vinagre *et al.*, 2002]. La commande doit présenter une bonne robustesse vis-à-vis des perturbations, des erreurs de modélisation et des variations paramétriques qui génèrent des variations de gain et de phase. Aussi, pour assurer la robustesse, la troisième génération du régulateur CRONE a été adoptée.

4.5.1 – Variations paramétriques

Le modèle nominal considéré en $l = 10$mm est représenté par (4.11). Des modèles sont établis pour différentes positions du capteur de température en $l = 5, 10, 20$ et 40mm de l'extrémité chauffée du barreau.

l (mm)	modèle $G(s^{\nu}, l)$	ν
5	$\dfrac{7.20\,10^{-4}s^{\nu}+5.40\,10^{-3}}{431.51s^{3\nu}+159.41s^{2\nu}+113.70s^{\nu}+1}\,e^{-s}$	0.53
10	$\dfrac{2.92\,10^{-1}s^{\nu}+6.11\,10^{-3}}{25940.2s^{3\nu}+13038.7s^{2\nu}+561.66s^{\nu}+1}\,e^{-2s}$	0.73
20	$\dfrac{-1.96\,10^{-2}s^{\nu}+2.03\,10^{-2}}{1102.74s^{2\nu}+367.21s^{\nu}+1}\,e^{-3.5s}$	0.50
40	$\dfrac{-2.29\,10^{-2}s^{\nu}+3.88\,10^{-2}}{6953.97s^{2\nu}+1172.5s^{\nu}+1}\,e^{-10s}$	0.57

TABLE 4.3 – Etude sur les structures des modèles de bruit

L'ensemble des modèles identifiés est récapitulé sur le tableau TAB. 4.2. Plus la distance du capteur l augmente, plus le retard augmente, dû à la diffusion du flux dans le barreau.

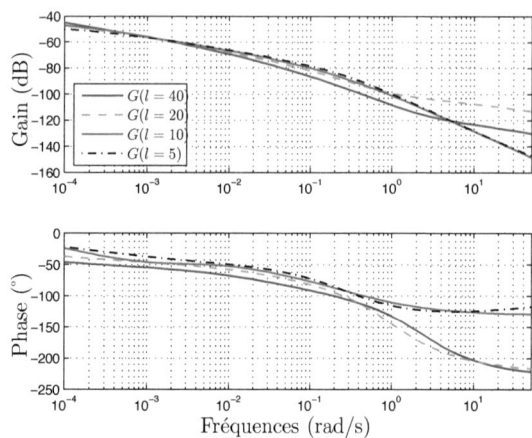

FIGURE 4.15 – Diagramme de Bode des modèles sans retard identifiés pour différentes positions du capteur de température : $l = 5$, 10, 20 et 40mm

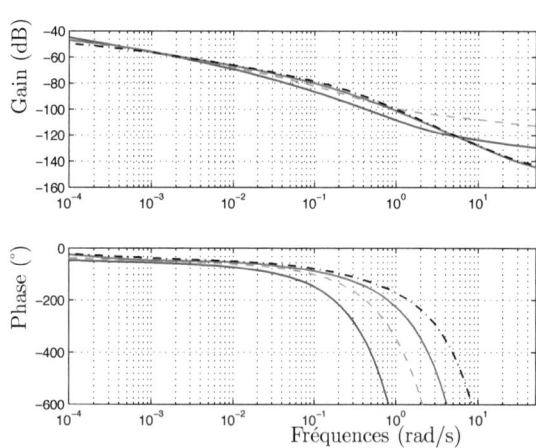

FIGURE 4.16 – Diagramme de Bode des modèles avec retard identifiés pour différentes positions du capteur de température : $l = 5$, 10, 20 et 40mm

Les réponses fréquentielles de chaque modèle identifié sont tracées sur la Fig. 4.15 sans tenir compte du retard : la variation de la position du capteur de température génère des incertitudes de gain et de phase. En prenant en compte le retard pur, les variations de phase sont encore plus importantes (voir Fig. 4.16). En observant le diagramme de *Nichols* de la Fig. 4.19, on observe nettement les variations de gain et de phase.

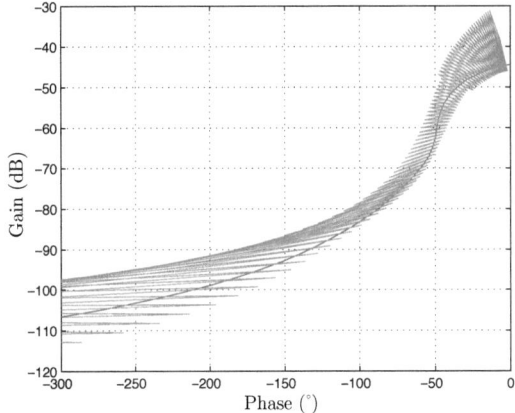

FIGURE 4.17 – Diagramme de *Nichols* du procédé nominal (–) avec les incertitudes (♦)

Des essais en boucle ouverte ont été réalisés pour les différents procédés à partir de la commande du procédé nominal. Les réponses temporelles sont tracées sur la Fig. 4.18 et montrent clairement que la commande en boucle ouverte n'est pas adaptée. Il est donc nécessaire de faire la synthèse d'une loi de commande en boucle fermée afin de maintenir un bon degré de stabilité ainsi qu'une poursuite robuste de trajectoire vis-à-vis des variations paramétriques et des perturbations.

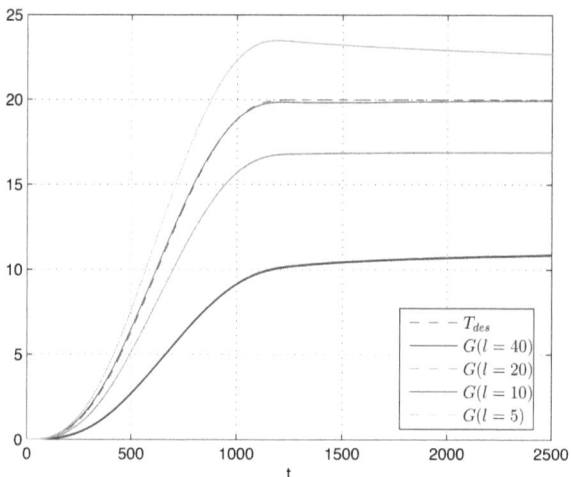

FIGURE 4.18 – Réponses temporelles des différents procédés en boucle ouverte

4.5.2 – Synthèse des régulateurs

La pulsation au gain unité ω_u est fixé à 0.12rad/s. Afin d'assurer un facteur minimal de 100 entre la pulsation au gain unité et la pulsation d'échantillonnage, la période d'échantillonnage du banc d'essais réel est fixée à 0.5s, la pulsation d'échantillonnage vaut alors 12.5rad/s. Les régulateur doivent garantir une marge de phase de 50°.

4.5.2.1 – Synthèse du régulateur CRONE

Ainsi, le régulateur CRONE est défini dans une bande de fréquences $[\omega_A, \omega_B] = [0.01, 1]$ rad/s autour de la pulsation de gain unité ω_u. Comme énoncé plus haut au paragraphe §3.5.3, le régulateur CRONE de troisième génération permet de respecter ce cahier des charges en prenant en compte les marges de stabilité et les spécifications de la commande.

Le régulateur CRONE doit assurer la robustesse du degré de stabilité vis-à-vis des variations paramétriques sachant qu'à la pulsation au gain unité ω_u, elles sont de 1 à 9dB pour le gain et de 6.5 à 90° pour la phase.

La densité de flux de la résistance chauffante ne doit pas dépasser $95541\text{W}.\text{m}^{-2}$ (tension de 12 V aux bornes de la résistance chauffante). Par précaution, on souhaite maintenir une commande de sécurité ne dépassant pas $66348\text{W}.\text{m}^{-2}$ (tension de 10 V aux bornes de la résistance chauffante).

Le gabarit généralisé se définit selon un intégrateur d'ordre non entier complexe n dont la partie réelle détermine la position en phase à ω_u qui vaut $\mathscr{R}e_{/i}(n)\frac{\pi}{2}$, et dont la partie imaginaire détermine l'angle par rapport à la verticale (voir Fig. 3.20 et le paragraphe 3.5.3 pour un rappel de la commande CRONE de troisième génération). Autour de la pulsation au gain unité, le lieu de *Nichols* d'une boucle ouverte CRONE de troisième génération est alors défini par un segment d'angle quelconque appelé gabarit généralisé.

La fonction de transfert de la boucle ouverte $\beta_0(s)$, incluant l'intégration d'ordre non entier complexe, s'écrit :

$$\beta_0\left(s\right) = C^{\text{sign}(b)}\left(\frac{1+s/\omega_h}{1+s/\omega_l}\right)^a \times \left(\mathscr{R}e_{/i}\left\{\left(C_g\frac{1+s/\omega_h}{1+s/\omega_l}\right)^{ib}\right\}\right)^{-\text{sign}(b)}, \qquad (4.22)$$

avec $n = a + ib$, $C = \cosh\left[b\left(\arctan\left(\frac{\omega_u}{\omega_l}\right) - \arctan\left(\frac{\omega_u}{\omega_h}\right)\right)\right]$ et $C_g = \left(\frac{1+\left(\frac{\omega_u}{\omega_l}\right)^2}{1+\left(\frac{\omega_u}{\omega_h}\right)^2}\right)^{1/2}$.

Le procédé nominal (4.9) comprend un retard pur τ qui doit être pris en compte dans la fonction de transfert de la boucle ouverte $\bar{\beta}_0(s)$:

$$\beta(s) = \beta_1\left(s\right)\beta_0\left(s\right)\beta_h\left(s\right) \times e^{-\tau s}, \qquad (4.23)$$

avec $\tau = 2$, $\nu = 0.5325$, $\beta_1\left(s\right) = C_l\left(\frac{\omega_l}{s}+1\right)^{n_l}$ l'ordre n_l fixant la précision en boucle fermée, et $\beta_h\left(s\right) = \frac{C_h}{\left(\frac{s}{\omega_h}+1\right)^{n_h}}$ l'ordre n_h permettant de rendre les éléments du régulateur propre.

La boucle ouverte $\beta\left(s\right)$ doit tangenter un iso-contour dans le plan de *Nichols* afin de maintenir une faible variation du degré de stabilité du système en boucle fermée. L'optimisation de la matrice de transfert de la boucle ouverte diagonale $\beta(s)$ conduit à la boucle ouverte optimale dans le plan de *Nichols* présentée sur la Fig. 4.19 où $\omega_l = 0.07\text{rad/s}$, $\omega_h = 1.4\text{rad/s}$, $n_h = 2.46$, $n_l = 1$, $a = 1.64$ et $b = -1.27$.

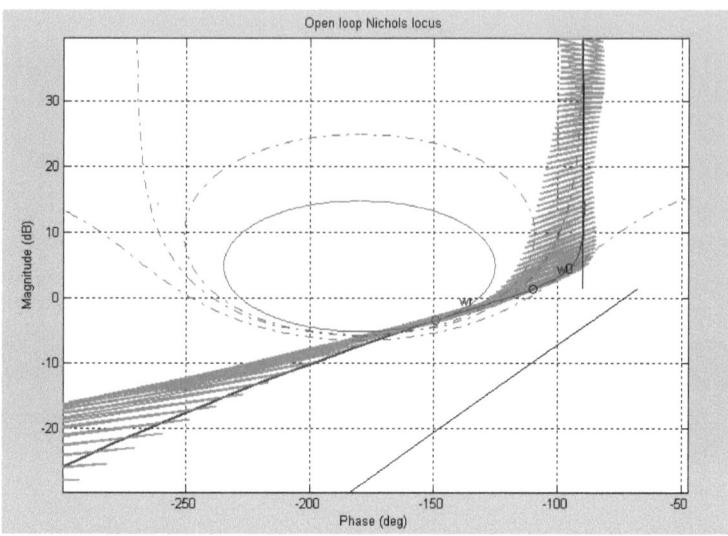

FIGURE 4.19 – Diagramme de *Nichols* de la boucle ouverte du procédé nominal (-) et des incertitudes (■)

A partir de la fonction de transfert de la boucle ouverte nominale, le régulateur fractionnaire $C_F(s)$ est défini par sa réponse fréquentielle :

$$C_F(j\omega) = \frac{\beta(j\omega)}{G(j\omega, l = 10)},$$

où $G(j\omega, l = 10)$ est la réponse fréquentielle du procédé nominal.

La fonction de transfert du régulateur CRONE de troisième génération est alors définie par :

$$C_F(s) = \beta(s)G^{-1}(s^{\nu}, l = 10). \tag{4.24}$$

La synthèse du régulateur rationnel $C_R(s)$ est obtenue par ajustement ("fittage" en anglais) de la réponse fréquentielle de $C_F(j\omega)$ à l'aide du module "Control System Design" de la toolbox CRONE. Cette synthèse permet d'obtenir une fonction de transfert de nombre de paramètres peu élevé (voir Fig. 4.20).

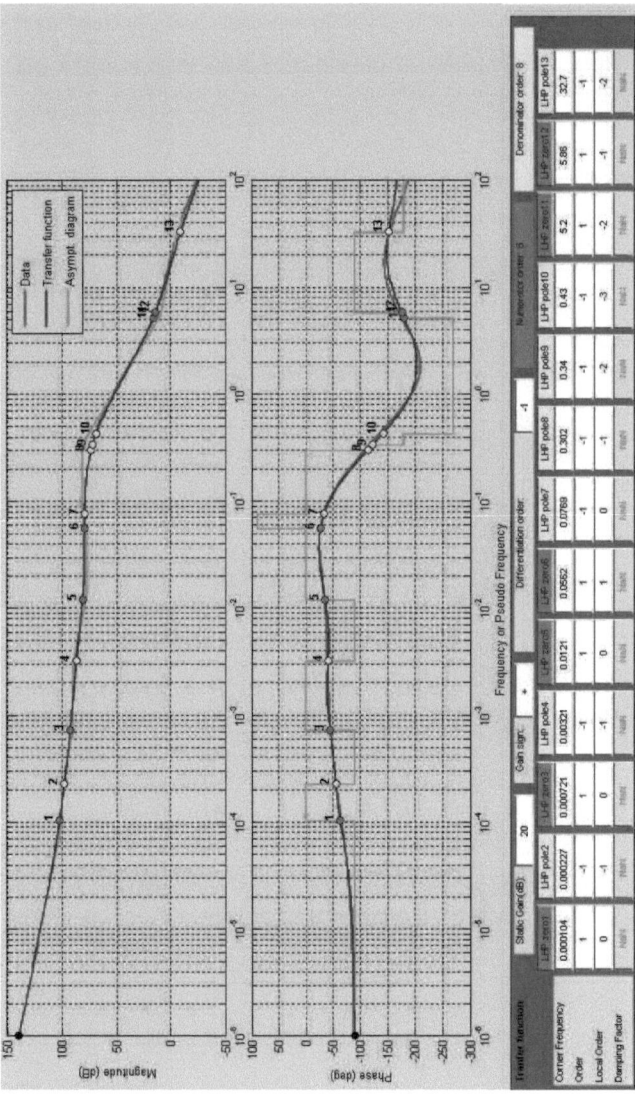

FIGURE 4.20 – Approximation du régulateur CRONE non entier $C_F(j\omega)$ ( ) par un régulateur rationnel $C_R(j\omega)$ (–)

Finalement la fonction de transfert du régulateur rationnel $C_R(s)$ est donnée par :

$$C_R(s) = \frac{6.43\,10^9 s^6 + 7.16\,10^{10} s^5 + 2.01\,10^{11} s^4 + 1.36\,10^{10} s^3 + 1.45\,10^8 s^2 + 1.11\,10^5 s + 10}{1.24\,10^7 s^8 + 4.18\,10^8 s^7 + 4.72\,10^8 s^6 + 1.89\,10^8 s^5 + 3.03\,10^7 s^4 + 1.47\,10^6 s^3 + 4738 s^2 + s}.$$

$$(4.25)$$

4.5.2.2 – Synthèse du régulateur PID

Une comparaison est effectuée avec un régulateur PID afin de mettre en évidence la robustesse du suivi. Les spécifications du cahier des charges du procédé nominal $G(s^\nu, l = 10mm)$ conduisent au régulateur PID filtré synthétisé avec une pulsation au gain unité $\omega_u = 0.12\text{rad/s}$ et décrit par la fonction de transfert suivante :

$$C_{PID}(s) = C_0 \cdot \left(\frac{1 + \frac{s}{\omega_i}}{\frac{s}{\omega_i}} \right) \cdot \left(\frac{1 + \frac{s}{\omega_a}}{1 + \frac{s}{\omega_b}} \right) \cdot \left(\frac{1}{1 + \frac{s}{\omega_f}} \right)$$

où $C_0 = 22081$, $\omega_i = 0.01\text{rad/s}$, $\omega_a = 0.220\text{rad/s}$, $\omega_b = 0.045\text{rad/s}$ et $\omega_f = 1\text{rad/s}$.

4.5.3 – Simulations en boucle fermée

Le schéma de commande est présenté sur la Fig. 4.21, où u_{ref} est la commande de référence du système nominal obtenue par les principes de la platitude des systèmes non entiers en utilisant la trajectoire de référence y_{ref}.

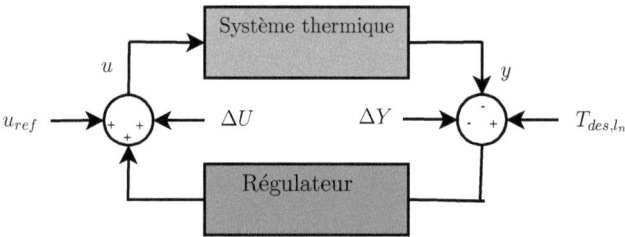

FIGURE 4.21 – Schéma de commande en boucle fermée

Les essais ont été effectués dans un premier temps en simulation afin d'étudier l'influence des perturbations et des variations paramétriques sur le suivi de trajectoire souhaité. Une perturbation en entrée ΔU, du type échelon et d'amplitude de 5000W.m^{-2}, est appliquée à 625s, ainsi qu'une autre perturbation en sortie ΔY, de type échelon et d'amplitude de 2°C, appliquée à 1875s en régime établi.

Ce scénario de perturbations est appliqué pour les différents modèles pour chaque position du capteur de température ($l = 5$, 10, 20 et 40mm).

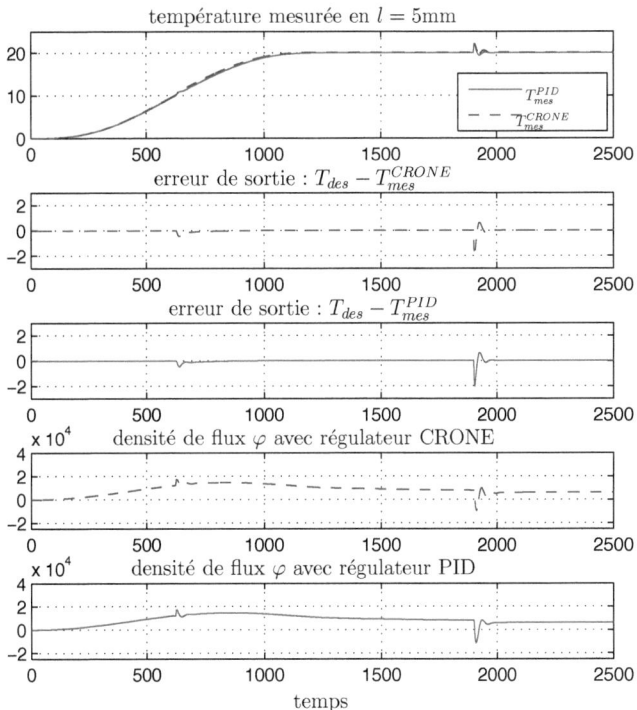

FIGURE 4.22 – Simulation du système $G(s^\nu, l = 5)$ avec les régulateurs CRONE et PID : températures mesurées (T_{mes}^{CRONE} et T_{mes}^{PID}), erreurs de sortie ($T_{mes}^{CRONE} - T_{des}$ et $T_{mes}^{PID} - T_{des}$) et commandes de densité de flux φ

Une simulation sur le procédé $G(s^\nu, l = 5\text{mm})$ a été effectuée et les résultats sont tracés sur la Fig. 4.22. Les régulateurs CRONE et PID étant synthétisés pour la même pulsation ω_u, ils assurent des performances très proches :

- le temps de rejet à 95% de la perturbation de sortie est de l'ordre de 10s;
- la perturbation en entrée est bien rejetée pour les régulateurs CRONE et PID;
- les pics de commande sont quasiment identiques.

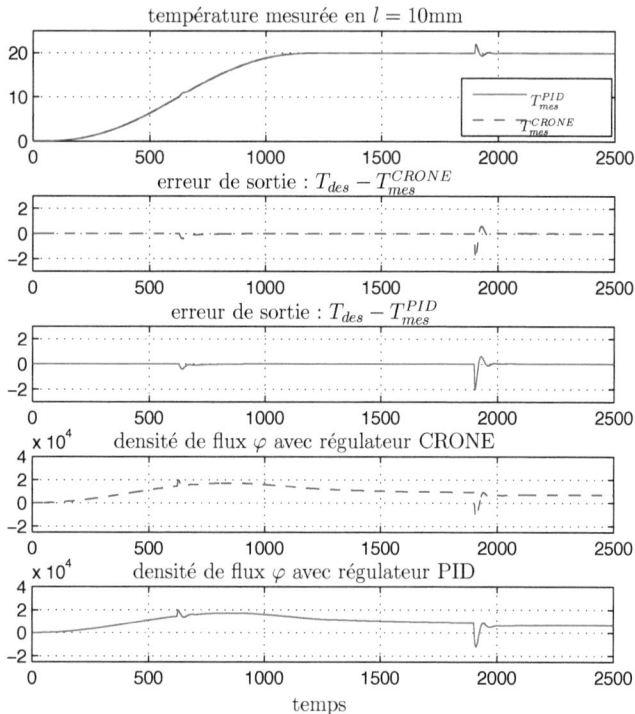

FIGURE 4.23 – Simulation du système $G(s^\nu, l = 10)$ avec les régulateurs CRONE et PID : températures mesurées (T_{mes}^{CRONE} et T_{mes}^{PID}), erreurs de sortie ($T_{mes}^{CRONE} - T_{des}$ et $T_{mes}^{PID} - T_{des}$) et commandes de densité de flux φ

Une simulation sur le procédé nominal $G(s^\nu, l = 10\text{mm})$ a été effectuée et les résultats sont tracés sur la Fig. 4.23. Les régulateurs CRONE et PID étant synthétisés pour la même pulsation ω_u et pour ce procédé nominal, ils apportent des performances similaires :

- le temps de rejet à 95% de la perturbation de sortie est de l'ordre de 12s ;
- la perturbation en entrée est bien rejetée pour les régulateur CRONE et PID
- les pics de commande sont identiques ;

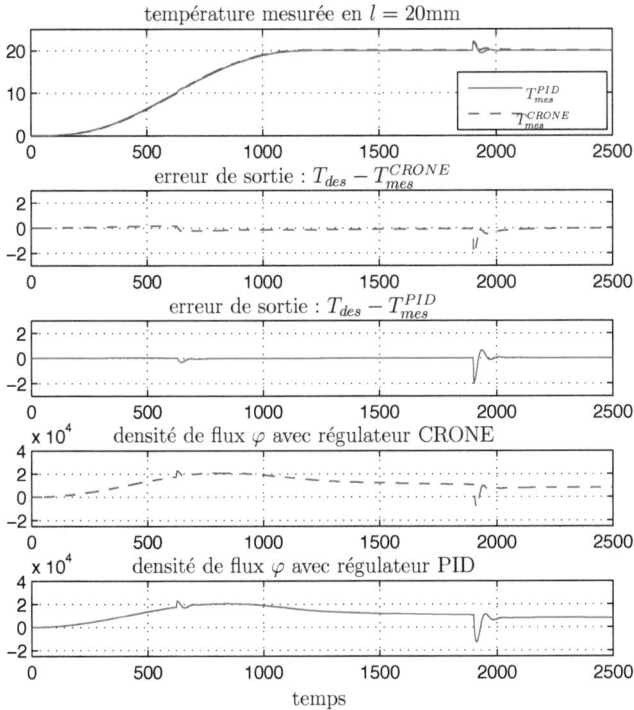

FIGURE 4.24 – Simulation du système $G(s^\nu, l = 20)$ avec les régulateurs CRONE et PID : températures mesurées (T_{mes}^{CRONE} et T_{mes}^{PID}), erreurs de sortie ($T_{mes}^{CRONE} - T_{des}$ et $T_{mes}^{PID} - T_{des}$) et commandes de densité de flux φ

Une simulation sur le procédé $G(s^\nu, l = 20\text{mm})$ a été effectuée et les résultats sont tracés sur la Fig. 4.24. Le régulateur CRONE apporte de meilleures performances comparées au régulateur PID :

- le temps de rejet à 95% de la perturbation de sortie est de l'ordre de 15s pour le régulateur CRONE et de 18s pour le régulateur PID ;

– la perturbation en entrée est rejetée pour les régulateurs CRONE et PID avec un début d'oscillations sur la commande PID ;

– le pic de commande est 40% plus élevé pour le régulateur PID pour le rejet de perturbation de sortie ;

– des oscillations apparaissent avec la commande PID.

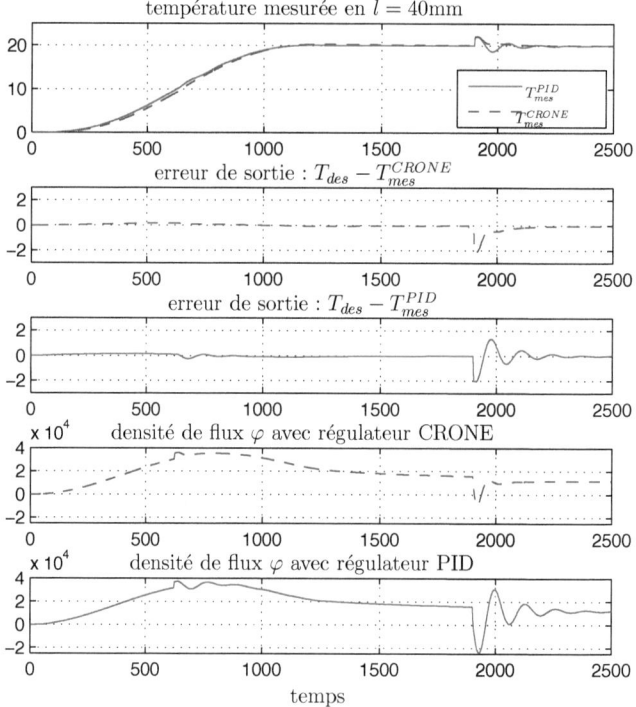

FIGURE 4.25 – Simulation du système $G(s^\nu, l = 40)$ avec les régulateurs CRONE et PID : températures mesurées (T_{mes}^{CRONE} et T_{mes}^{PID}), erreurs de sortie ($T_{mes}^{CRONE} - T_{des}$ et $T_{mes}^{PID} - T_{des}$) et commandes de densité de flux φ

Une simulation sur le procédé $G(s^\nu, l = 40\text{mm})$ a été effectuée et les résultats sont tracés sur la Fig. 4.25. Le régulateur CRONE apporte une meilleure stabilité face au variations paramétriques contrairement au régulateur PID :

- le temps de rejet à 95% de la perturbation de sortie est de l'ordre de 41s pour le régulateur CRONE et de 95s pour le régulateur PID ;
- la perturbation en entrée est rejetée pour les régulateur CRONE et PID avec des oscillations bien visibles sur la commande PID ;
- le pic de commande est 170% plus élevé pour le régulateur PID lors du rejet de perturbation de sortie ;
- des oscillations sont clairement apparentes avec la commande PID.

Pour chaque simulation, le régulateur CRONE apporte des performances de poursuite robuste aussi bien vis-à-vis des perturbations que des variations paramétriques, dues à la phase quasi-constante autour de la pulsation au gain unité ω_u.

La simulation sous Simulink permet de valider la synthèse du régulateur, il reste alors à l'implanter sur le banc d'essais thermique réel.

4.6 – Mise en œuvre sur le banc d'essais réel

Les régulateurs sont à présent appliqués en boucle fermée sur le banc d'essais réel afin de mesurer leur immunité face aux variations paramétriques et face à des perturbations réelles appliquées en entrée (ΔU) et en sortie (ΔY). Le schéma de commande est identique à celui utilisé en simulation et est présenté sur la Fig. 4.21, où u_{ref} est la commande obtenue par les principes de la platitude pour systèmes non entiers en utilisant la trajectoire de référence T_{des} (4.14).

4.6.1 – Essais sur le barreau thermique sans perturbation

Le système thermique est étudié sans perturbation afin de vérifier que la sortie suit bien la trajectoire désirée et que la commande corrige bien les erreurs éventuelles de modélisation ou de conditions d'essais (variation de la température ambiante, échanges thermiques avec l'environnement, *etc.*). Les mesures sont réalisées sur le procédé nominal et sont tracées sur la Fig. 4.26. L'erreur de sortie est inférieure à 0.2 (inférieure à 1% pour une variation globale de la température de 20°C).

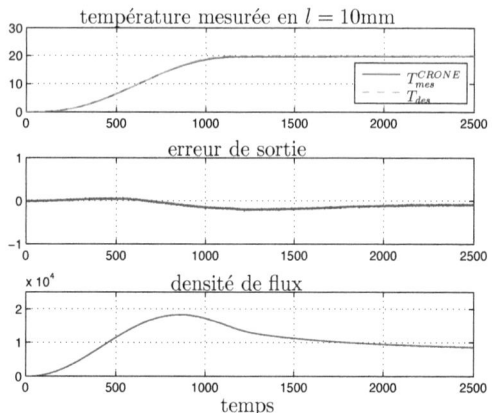

FIGURE 4.26 – Mesure du système $G(s^\nu, l = 10)$ nominal en boucle fermée sans perturbations : températures mesurée T_{mes}^{CRONE} et de référence T_{des}, erreur de sortie $T_{mes}^{CRONE} - T_{des}$ et commande de densité de flux φ

4.6.2 – Essais sur le barreau thermique avec perturbations

Le système thermique est maintenant étudié en présence de perturbations. La poursuite robuste de trajectoire est alors étudiée, le régulateur CRONE corrigeant les erreurs de modélisation, les variations paramétriques (de gain et de phase) ou les changements de conditions d'essais (variation de la température ambiante, échange thermique avec l'environnement,...).

La Fig. 4.27 illustre le schéma de commande avec la réalisation des perturbations en entrée et en sortie. Une perturbation de commande, ΔU, est appliquée en entrée à 625s : le bouchon présent sur la Fig. 4.2 est retiré et une ventilation est appliquée à la résistance chauffante. Une partie du flux de chaleur est alors dissipée dans l'air et ne se propage donc pas dans le barreau thermique. Une autre perturbation en sortie, ΔY, est également appliquée à 1875s en régime établi : une résistance chauffante est collée sur le barreau pouvant générer une puissance de 12W (variations de 1°C à 2°C).

Il est à noter que ces deux perturbations, contrairement à celle du paragraphe 4.5.3, ne se répercutent pas comme des échelons sur le système thermique. En effet, la perte de flux ne se répercute pas instantanément sur le barreau ; de même, la résistance chauffante pour la perturbation en sortie doit dans un premier temps chauffer pour ensuite transmettre sa température au barreau. Les essais en simulations et les essais sur le banc d'essai ne sont donc pas comparables.

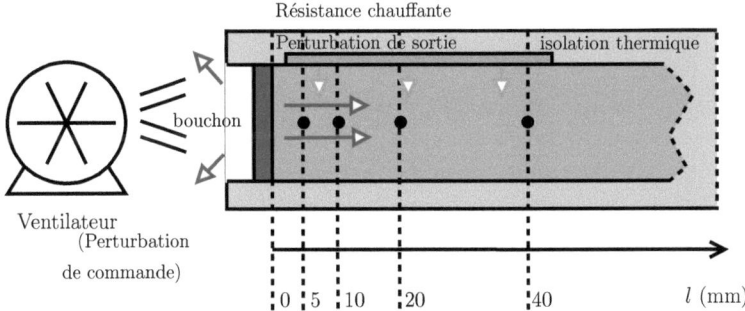

FIGURE 4.27 – Schéma du barreau en aluminium isolé (▨), résistance chauffante (■) ; perturbation de flux par dissipation de la chaleur en retirant le bouchon et par un ventilateur ; perturbation de température créée par une résistance chauffante le long du barreau (■)

Ce scénario de perturbations est appliqué en présence d'un régulateur CRONE de troisième génération et en présence d'un régulateur PID sachant que la position du capteur de température change pour chaque essai ($l = 5, 10, 20$ et 40mm). Les réponses temporelles sont tracées sur la Fig. 4.28 pour $G(s^\nu, l = 5)$, sur la Fig. 4.29 pour $G(s^\nu, l = 10)$, sur la Fig. 4.30 pour $G(s^\nu, l = 20)$ et sur la Fig. 4.31 pour $G(s^\nu, l = 40)$.

L'essai avec un régulateur PID sur le système nominal est comparable à l'essai avec un régulateur CRONE.

Pour les autres positions du capteur de température, le régulateur PID n'étant pas robuste, la poursuite de trajectoire n'est plus efficace avec ce type de régulateur. La précision baisse considérablement quand on considère la position du capteur la plus éloignée.

Les mêmes essais effectués avec un régulateur CRONE montrent l'obtention d'une poursuite robuste de la trajectoire face aux perturbations aussi bien en entrée qu'en sortie et face aux variations paramétriques.

On note que la précision baisse quand la position du capteur est la plus éloignée. Le système $G(s^\nu, l = 40)$ possédant un retard très important, il est plus difficile de compenser très précisément les erreurs de trajectoire.

Enfin, les modèles identifiés ne sont plus les mêmes. En effet, le barreau utilisé lors de l'identification était uniformément isolé. Le rajout d'une résistance chauffante pour la perturbation en sortie modifie le transfert de chaleur le long du barreau : une partie du flux se dissipe sur cette résistance de perturbation.

D'autre part, les essais sous Simulink ont montré des oscillations avec un régulateur PID quand les perturbations sont assimilés à des échelons ; sur le banc d'essai, les perturbations ne se répercutent pas aussi rapidement que des échelons, et donc le degré de stabilité n'est pas autant sollicité.

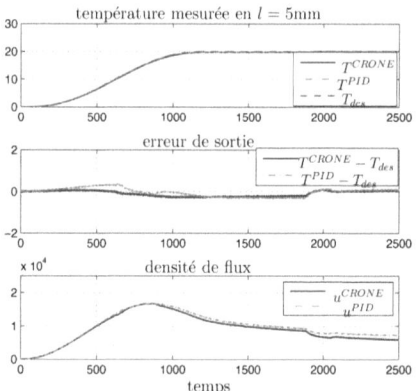

FIGURE 4.28 – Mesures avec perturbations sur $G(s^\nu, l = 5)$: températures mesurées T^{CRONE} (–), T^{PID} (-.-) et de référence T_{des} (- -), erreurs de sortie $T^{CRONE} - T_{des}$ (–) et $T^{PID} - T_{des}$ (-.-), et commandes de flux u^{CRONE} (–) et u^{PID} (-.-)

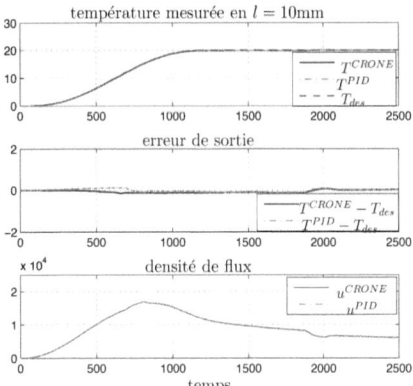

FIGURE 4.29 – Mesures avec perturbations sur $G(s^\nu, l = 10)$: températures mesurées T^{CRONE} (–), T^{PID} (-.-) et de référence T_{des} (- -), erreurs de sortie $T^{CRONE} - T_{des}$ (–) et $T^{PID} - T_{des}$ (-.-), et commandes de flux u^{CRONE} (–) et u^{PID} (-.-)

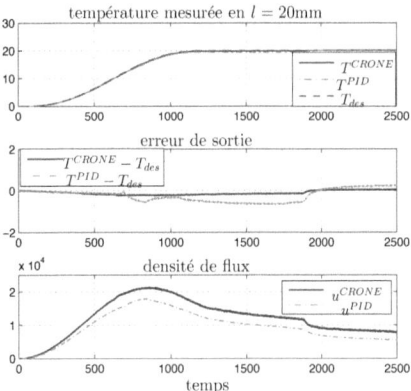

FIGURE 4.30 – Mesures avec perturbations sur $G(s^\nu, l = 20)$: températures mesurées T^{CRONE} (–), T^{PID} (-.-) et de référence T_{des} (- -), erreurs de sortie $T^{CRONE} - T_{des}$ (–) et $T^{PID} - T_{des}$ (-.-), et commandes de flux u^{CRONE} (–) et u^{PID} (-.-)

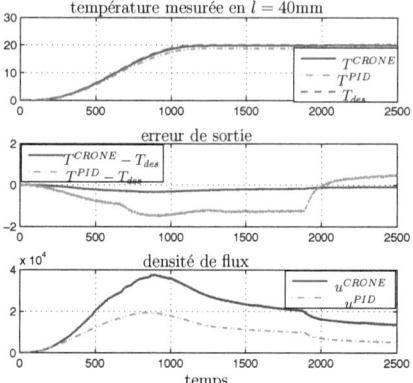

FIGURE 4.31 – Mesures avec perturbations sur $G(s^{\nu}, l = 40)$: températures mesurées T^{CRONE} (–), T^{PID} (-·-) et de référence T_{des} (- -), erreurs de sortie $T^{CRONE} - T_{des}$ (–) et $T^{PID} - T_{des}$ (-·-), et commandes de flux u^{CRONE} (–) et u^{PID} (-·-)

4.7 – Conclusion

Ce chapitre a permis de mettre en application les différentes contributions de ce mémoire sur un système physique réel : un barreau métallique soumis à une source de chaleur et dont la température est commandée. Après une description du banc d'essais, les méthodes d'identification par modèle non entier, élaborées au chapitre 2, sont appliquées afin de déterminer le modèle le plus adéquat.

Puis, les principes de la platitude linéaire des systèmes non entiers par matrices polynômiales sont appliqués pour suivre une trajectoire de référence. Un essai en boucle ouverte a permis de valider la commande du système nominal en absence de perturbations.

Le système thermique a ensuite été identifié pour différentes positions du capteur de température, les modèles obtenus présentant des variations de phase et de gain. La robustesse et la poursuite de trajectoire ont alors été assurées par une commande CRONE de troisième génération. Une comparaison avec une commande PID a également été effectuée, où le degré de stabilité n'est plus maintenue face aux variations paramétriques du système. Des essais ont été réalisés, aussi bien en simulation, que sur le banc d'essais réel en appliquant des perturbations de commande et de sortie, montrant l'obtention d'une poursuite robuste de la trajectoire désirée.

En règle général, en génération de trajectoire par platitude, il convient de conserver un régulateur et de générer différentes trajectoires de commande pour chaque modèle du système, en l'occurrence pour chaque position du capteur de température. Du fait du maintien du degré de stabilité du régulateur CRONE, il suffit de générer la trajectoire du système nominal et de synthétiser un seul régulateur pour assurer une poursuite robuste de trajectoire par platitude.

Conclusion générale et perspectives

Dans un environnement où les trajectoires d'un système non entier sont définies *a priori*, deux problématiques majeures se sont dressées : quelles commandes appliquer pour suivre ces trajectoires et quel modèle choisir pour le système ? Pour répondre à la première problématique, la planification de trajectoire a été abordée en étendant les principes de la platitude aux systèmes linéaires non entiers. Pour répondre à la deuxième problématique, des méthodes d'identification par variable instrumentale optimale à temps continu ont été développées en présence de bruit de sortie additif blanc et coloré (modèle de *Box-Jenkins*). La poursuite robuste de trajectoire a été conçue à l'aide de la commande CRONE de troisième génération, car elle apporte plus de robustesse vis-à-vis des incertitudes paramétriques.

Tout au long de ce mémoire, nous nous sommes attachés à développer des méthodes d'identification et de planification de trajectoire totalement indépendantes des méthodes de simulation de systèmes non entiers.

Dans le **chapitre 1**, le contexte de la dérivation non entière a été présenté en rappelant les outils employés au sein de la communauté scientifique. De plus, les différents modes de représentation des systèmes non entiers ont été rappelés, à savoir équation différentielle, fonction de transfert et pseudo-représentation d'état. La stabilité des systèmes non entiers commensurables a été rappelée à travers le théorème de *Matignon*. En outre, deux approches ont été présentées pour la simulation temporelle de systèmes non entiers. Les principales contributions apportées dans ce chapitre sont l'introduction de l'algèbre des polynômes en X^ν et la théorie des matrices polynômiales en X^ν dont les propriétés permettent d'étendre les principes de la platitude aux systèmes non entiers au chapitre 3.

Le **chapitre 2** commence par un état de l'art des méthodes d'identification par modèle non entier. Jusqu'à présent, les algorithmes d'identification par modèle non entier ont été développés uniquement dans un contexte de bruit blanc, ou par facilité dans un contexte de bruit coloré spécifique aux modèles ARX. Nos contributions se sont orientés vers l'estimateur de la variable instrumentale optimale en présence de bruit de sortie additif blanc ou coloré. Ainsi, des algorithmes d'estimation paramétrique asymptotiquement sans biais et à variance minimale ont été développés permettant d'estimer :

- les coefficients lorsque la connaissance *a priori* permet de fixer les ordres de dérivation ; l'algorithme **srivcf** permet en conséquence d'estimer les coefficients du modèle du système lorsque le bruit est blanc et l'algorithme **rivcf** permet d'estimer les coefficients du modèle du système et du modèle de bruit lorsque le bruit est coloré ;

- les coefficients et les ordres de dérivation, lorsque la connaissance *a priori* ne le permet pas ; l'algorithme **oosrivcf** permet ainsi d'estimer les coefficients et les ordres de dérivation du modèle du système lorsque le bruit est blanc et l'algorithme **oorivcf** permet d'estimer les coefficients des modèle du système et du modèle de bruit ainsi que les ordres de dérivation du modèle du système lorsque le bruit est coloré.

Pour chacune des méthodes, des simulations de *Monte Carlo* montrent que les estimateurs introduits ne sont pas biaisés et sont à variance minimale.

Dans le **chapitre 3**, les résultats théoriques sur la platitude des systèmes non entiers linéaires sont exposés. Dans la théorie des systèmes linéaires, les notions de commandabilité et de platitude coïncident. De plus, la génération de trajectoire est simple à résoudre pour la classe des systèmes dits "plats". Pour cette classe, l'état et la commande du système peuvent être exprimés comme des fonctions différentielles d'une variable appelée "sortie plate" et de ses dérivées, sans avoir à intégrer les équations différentielles. Il s'agit principalement de trouver l'expression des sorties plates en fonction des variables du système et de ses dérivées. Les principes de la platitude des systèmes linéaires rationnels sont rappelés, et ces principes ont été étendus aux systèmes linéaires non entiers. Après avoir établi la commandabilité indépendamment du mode de représentation du système non entier, en introduisant les systèmes linéaires non entiers abstraits, la platitude par fonction de transfert non entière, puis par matrices polynômiales non entières a été étudiée. Dans le premier cas, les sorties plates découlent du théorème de *Bézout*. Le second cas se base sur la pseudo-représentation d'état des systèmes non entiers commensurables où la caractérisation des matrices de définition permet d'étendre la platitude aux systèmes non entiers commandables. La poursuite robuste de trajectoire est assurée par une commande

CRONE de deuxième ou troisième génération, selon la nature des variations paramétriques considérées. La deuxième génération assure une robustesse vis-à-vis des incertitudes du procédé de type gain, et la troisième génération garantit une robustesse vis-à-vis des incertitudes de type gain et phase. Une comparaison dans un environnement perturbé en termes de sensibilités, rejet de perturbations et temps de réponse, avec une commande PID a permis de mettre en avant les performances de la poursuite robuste de trajectoire par platitude associée à une commande CRONE. Deux exemples de systèmes thermiques ont été traités en simulation, l'un monovariable avec une diffusion thermique en deux dimensions et l'autre multivariable avec une diffusion thermique en une dimension, l'objectif étant de contrôler la température en un point (*resp.* deux points) des systèmes thermiques soumis à une source de chaleur (*resp.* deux sources de chaleur).

Enfin, le **chapitre 4** a permis de mettre en application les différentes contributions de ce mémoire sur un système physique réel : un barreau métallique soumis à un flux de chaleur à l'une de ces extrémités et dont la température est commandée. Après une description du banc d'essais, les méthodes d'identification par modèle non entier, élaborées au chapitre 2, sont appliquées afin de déterminer le modèle le plus adéquat. Ensuite, les principes de la platitude linéaire des systèmes non entiers par approche de matrices polynômiales, ont été appliqués pour suivre une trajectoire de référence. Un essai en boucle ouverte a permis de valider la commande du système nominal en absence de perturbations. Cependant, un système en boucle ouverte subit totalement les perturbations ; de même, la commande est mal adaptée lors de variations paramétriques. Le système thermique a ensuite été identifié pour plusieurs positions du capteur de température et les modèles obtenus présentent des variations de phase et de gain. La robustesse et la poursuite de trajectoire ont alors été assurées par une commande CRONE de troisième génération. Des essais ont été réalisés aussi bien en simulation que sur le banc expérimental en appliquant des perturbations en entrée et en sortie, mettant en avant une poursuite robuste de la trajectoire désirée.

Les perspectives de recherche s'inscrivent directement dans la continuité des travaux en cours.

En identification, lorsque le nombre de paramètres du modèle non entier est inconnu, une des perspectives intéressantes est d'utiliser des techniques de détermination du nombre de paramètres basées sur la minimisation d'un critère de type AIC ou *Young*, permettant ainsi de trouver les structures du modèle du système et du modèle de bruit les plus adéquates. Il serait également intéressant de développer des algorithmes d'identification à Erreur en Variable permettant non seulement de tenir compte d'un bruit additif en sortie, mais aussi d'un bruit additif en entrée pouvant être aussi bien blanc que coloré. Ces dernières années ont vu apparaître des méthodes d'identification en boucle fermée qui pourraient elles aussi être adaptées au cas des modèles non entiers. Des conditions initiales non nulles pourraient être prises en compte lors de l'identification de système par modèle non entier. Dans la mesure où la dérivation non entière nécessite la prise en compte de tout le passé du système, des fonctions de pondération devraient certainement être introduites.

En planification de trajectoire, le formalisme de la géométrie différentielle apporte des conditions nécessaires et suffisantes prouvant la platitude d'un système non linéaire à dérivée entière [Lévine, 2004, 2009] qui se basent sur les notions de jets d'ordre infini [Fliess *et al.*, 1999]. Une des perspectives principales serait d'étendre ces conditions nécessaires et suffisantes aux systèmes non entiers non linéaires. Il serait alors nécessaire d'adapter le calcul différentiel aux systèmes non entiers et de maintenir les propriétés d'invariance. Des travaux sont actuellement en cours utilisant la différentielle classique ou une différentielle mieux adaptée aux systèmes non entiers (voir annexe D).

Enfin, de nombreux systèmes physiques étant multivariables, il serait intéressant de mettre en place des outils d'identification avec une prise en compte des effets de couplage en présence notamment d'un bruit coloré, de générer des trajectoires adaptées à ces systèmes et de les commander à l'aide d'une commande CRONE MIMO.

Annexe A

Dérivateur non entier borné en fréquences

Étant donné que les systèmes physiques réels ont généralement un comportement fractionnaire sur une bande de fréquences donnée et compte tenu des limitations pratiques des signaux d'entrée et de sortie, l'opérateur non entier est généralement approché par un modèle rationnel d'ordre élevé. Ainsi, un modèle fractionnaire et son approximation rationnelle possèdent les mêmes dynamiques dans une certaine bande de fréquences. Il existe différentes approches d'approximation de l'opérateur non entier.

A.1 – Synthèse d'un dérivateur non entier borné en fréquences $\mathscr{A}_1$

Le détail de la synthèse de cet opérateur est présenté au paragraphe §1.5.1.

A.2 – Synthèse des opérateurs $\mathscr{A}_2$, $\mathscr{A}_3$ et $\mathscr{A}_4$

Outre l'effet de bord décrit dans le paragraphe précédent, l'opérateur non entier borné en fréquences $\mathscr{A}_1^{(-\gamma)}$ présente un comportement asymptotique d'ordre 0 en basses fréquences, engendrant ainsi une réponse indicielle finie même dans le cas d'un intégrateur :

$$\lim_{t \to \infty} \mathscr{L}^{-1}\left(\mathscr{A}_1^{(-\gamma)}\right) \otimes \mathscr{U}(t) = \lim_{s \to 0} \mathscr{A}_1^{(-\gamma)} = \lim_{s \to 0} C_{(\gamma)} \left(\frac{1 + \frac{s}{\omega_h}}{1 + \frac{s}{\omega_b}}\right)^{\gamma} = C_{(\gamma)}, \quad 0 < \gamma < 1,$$

$$(A.1)$$

à la différence de la réponse indicielle exacte de $s^{-\gamma}$ qui est infinie :

$$\lim_{t \to \infty} \mathscr{L}^{-1}\left(s^{-\gamma}\right) \otimes \mathscr{U}(t) = \lim_{s \to 0} s^{-\gamma} = \infty, \quad 0 < \gamma < 1. \tag{A.2}$$

A.2.1 – Synthèse de l'opérateur $\mathscr{A}_2$

Pour pallier cette différence, [Poinot et Trigeassou, 2003] proposent une autre approximation de l'intégrateur non entier borné en fréquences, dont les comportements en basses et hautes fréquences sont ceux d'un intégrateur :

$$s_{[\omega_A,\omega_B]}^{-\gamma} \approx \mathscr{A}_2^{(-\gamma)} = C_{(\gamma-1)} \frac{1}{s} \left(\frac{1 + \frac{s}{\omega_h}}{1 + \frac{s}{\omega_b}}\right)^{\gamma-1}, \quad \text{avec } 0 < \gamma < 1, \tag{A.3}$$

où $\omega_b < \omega_h$, $C_{(\gamma-1)}$ étant donné par (1.44) de manière à obtenir un gain unitaire à la pulsation de 1 rad·s^{-1}.

Ainsi, l'approximation $\mathscr{A}_2^{(-\gamma)}$ maintient un comportement asymptotique d'ordre -1 en basses et hautes fréquences (voir Fig. A.1) et une réponse indicielle infinie :

$$\lim_{t \to \infty} \mathscr{L}^{-1}\left(\mathscr{A}_2^{(-\gamma)}\right) \otimes \mathscr{U}(t) = \lim_{s \to 0} \mathscr{A}_2^{(-\gamma)} = \lim_{s \to 0} C_{(\gamma-1)} \frac{1}{s} \left(\frac{1 + \frac{s}{\omega_h}}{1 + \frac{s}{\omega_b}}\right)^{\gamma-1} = \infty. \tag{A.4}$$

L'extension de (A.3) au dérivateur non entier borné en fréquence $s_{[\omega_A,\omega_B]}^{-\gamma}$ donne :

$$s_{[\omega_A,\omega_B]}^{-\gamma} \approx \mathscr{A}_2^{(-\gamma)} = C_{(\gamma+1)} s \left(\frac{1 + \frac{s}{\omega_h}}{1 + \frac{s}{\omega_b}}\right)^{\gamma+1}, \quad \text{avec } -1 < \gamma < 0. \tag{A.5}$$

En regroupant (A.3) et (A.5), l'expression d'un opérateur d'intégration ou de dérivation non entière borné en fréquences s'écrit :

$$s_{[\omega_A,\omega_B]}^{-\gamma} \approx \mathscr{A}_2^{(-\gamma)} = C_{(\gamma-\mathrm{sig}(\gamma))} \frac{1}{s^{\mathrm{sig}(\gamma)}} \left(\frac{1 + \frac{s}{\omega_h}}{1 + \frac{s}{\omega_b}}\right)^{\gamma-\mathrm{sig}(\gamma)}, \quad \text{avec } -1 < \gamma < 1, \tag{A.6}$$

où $\omega_b < \omega_h$, $C_{(\gamma-\mathrm{sig}(\gamma))}$ est donné par (1.44) de manière à obtenir un gain unitaire à la pulsation de 1 rad·s^{-1}.

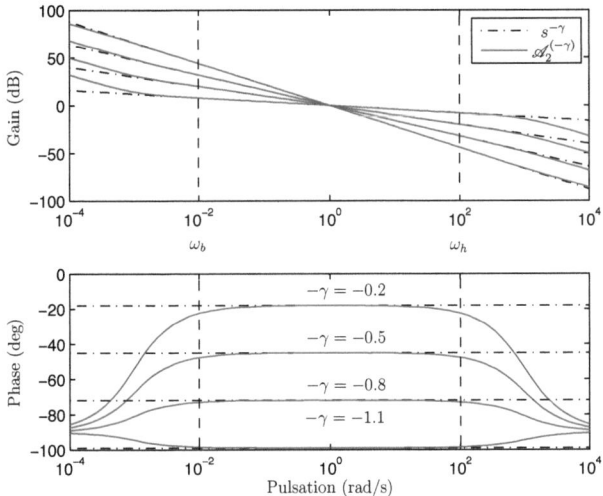

FIGURE A.1 – Diagrammes de Bode de $s^{-\gamma}$ et de son approximation $\mathscr{A}_2^{(-\gamma)}$ dans la bande de fréquences $[0.01, 100]$ pour $-\gamma = -0.2, -0.5, -0.8$ et -1.1

Une étude comparative des intégrateurs bornés en fréquence (1.43) et (A.6) montre que la réponse indicielle analytique (et donc exacte) de $s^{-\gamma}$ est comprise entre les réponses indicielles de $\mathscr{A}_1^{(-\gamma)}$ et $\mathscr{A}_2^{(-\gamma)}$ [Aoun *et al.*, 2005].

A.2.2 – Synthèse de la combinaison linéaire pondérée des opérateurs $\mathscr{A}_1^{(-\gamma)}$ et $\mathscr{A}_2^{(-\gamma)}$

La réponse analytique de $s^{-\gamma}$ est d'autant plus proche de $\mathscr{A}_1^{(-\gamma)}$ que γ tend vers 0 et est d'autant plus proche de $\mathscr{A}_2^{(-\gamma)}$ que γ tend vers 1. On peut alors s'attendre à ce que la combinaison linéaire pondérée de $\mathscr{A}_1^{(-\gamma)}$ et $\mathscr{A}_2^{(-\gamma)}$, soit :

$$
\begin{aligned}
s^{-\gamma}_{[\omega_A, \omega_B]} &\approx (1 - |\gamma|)\,\mathscr{A}_1^{(-\gamma)} + |\gamma|\,\mathscr{A}_2^{(-\gamma)} \\
s^{-\gamma}_{[\omega_A, \omega_B]} &\approx (1 - |\gamma|)\,C_{(\gamma)} \left(\frac{1 + \frac{s}{\omega_h}}{1 + \frac{s}{\omega_b}} \right)^{\gamma} + |\gamma|\,\frac{C_{(\gamma - sig(\gamma))}}{s^{sig(\gamma)}} \left(\frac{1 + \frac{s}{\omega_h}}{1 + \frac{s}{\omega_b}} \right)^{\gamma - sig(\gamma)}
\end{aligned}
\tag{A.7}
$$

fournisse un meilleur résultat [Aoun *et al.*, 2005]. Cette idée est exploitée pour obtenir une nouvelle approximation plus performante de l'opérateur non entier.

L'équation (A.7) peut être ainsi factorisée selon le produit d'une fonction de transfert rationnelle et d'une fonction de transfert irrationnelle sous l'une des deux formes :

$$s_{[\omega_A, \omega_B]}^{-\gamma} \approx \left(\frac{1 + \frac{s}{\omega_h}}{1 + \frac{s}{\omega_b}} \right)^{\gamma} C(s) \tag{A.8}$$

ou

$$s_{[\omega_A, \omega_B]}^{-\gamma} \approx \frac{1}{s^{\mathrm{sig}(\gamma)}} \left(\frac{1 + \frac{s}{\omega_h}}{1 + \frac{s}{\omega_b}} \right)^{\gamma - \mathrm{sig}(\gamma)} C'(s), \tag{A.9}$$

$C(s)$ et $C'(s)$ étant deux fonctions de transfert rationnelles.

Compte tenu des équations (A.8) et (A.9), deux nouvelles approximations de l'opérateur non entier borné en fréquence $s_{[\omega_A, \omega_B]}^{-\gamma}$ sont proposées, qui se distinguent de $\mathscr{A}_1^{(-\gamma)}$ et $\mathscr{A}_2^{(-\gamma)}$ par leur partie rationnelle qui est une fonction de transfert, au lieu d'un simple gain, et dont les paramètres sont calculés de façon à minimiser l'effet de bord [Aoun *et al.*, 2005].

A.2.3 – Synthèse de l'opérateur $\mathscr{A}_3^{(-\gamma)}$

La synthèse de $\mathscr{A}_3^{(-\gamma)}$ [Aoun *et al.*, 2005] est basée sur le développement en série entière de :

$$\left(\frac{1 + \frac{s}{\omega_h}}{1 + \frac{s}{\omega_b}} \right)^{\gamma} = \omega_b^{\gamma} \left(\frac{1}{s} \right)^{\gamma} (1 + u(s))^{\gamma}, \quad \text{avec } u(s) = \frac{s^2 - \omega_b \omega_h}{s \omega_h + \omega_b \omega_h}, \tag{A.10}$$

autour de $u(s) = 0$, soit :

$$\left(\frac{1 + \frac{s}{\omega_h}}{1 + \frac{s}{\omega_b}} \right)^{\gamma} = \omega_b^{\gamma} \left(\frac{1}{s} \right)^{\gamma} \left(1 + \gamma u(s) + \frac{\gamma(\gamma - 1)}{2} u^2(s) + \dots \right). \tag{A.11}$$

Ce développement est justifié par la condition de convergence :

$$|u(\mathrm{j}\,\omega)| < 1, \text{ valable } \forall\, \omega \text{ tel que } \omega_A < \omega < \omega_B. \tag{A.12}$$

Finalement, en tronquant le développement en série de (A.11) à l'ordre 1 lorsque $-1 < \gamma < 0$, $\mathscr{A}_3^{(-\gamma)}$ peut être interprété comme le produit d'un dérivateur d'ordre 1 et d'un intégrateur d'ordre $1 + \gamma$, où $1 + \gamma$ est compris entre 0 et 1, tel que

$$\mathscr{A}_3^{(-\gamma)} = s\, \mathscr{A}_3^{(-1-\gamma)}, \tag{A.13}$$

il vient,

$$s_{[\omega_A,\omega_B]}^{-\gamma} \approx \mathscr{A}_3^{(-\gamma)} = \begin{cases} \Psi^{(-\gamma)} & \text{si } 0 < \gamma < 1 \\ s\Psi^{(-1-\gamma)} & \text{si } -1 < \gamma < 0 \end{cases}, \tag{A.14}$$

avec

$$\Psi^{(-\gamma)} = \frac{\omega_h (s + \omega_b)}{\omega_b^\gamma (\gamma s^2 + \omega_h s + (1-\gamma)\,\omega_b \omega_h)} \left(\frac{1 + \frac{s}{\omega_h}}{1 + \frac{s}{\omega_b}} \right)^\gamma. \tag{A.15}$$

Le résultat d'une telle synthèse est illustré sur la Fig. A.2, qui permet la comparaison des différentes méthodes de synthèse. Celle-ci permet de vérifier l'atténuation de l'effet de bord au prix de deux pôles et un zéro supplémentaires par rapport à $\mathscr{A}_1$ et $\mathscr{A}_2$.

A.2.4 – Synthèse de l'opérateur $\mathscr{A}_4^{(-\gamma)}$

Pour $0 < \gamma < 1$, la synthèse de $\mathscr{A}_4^{(-\gamma)}$ [Aoun *et al.*, 2005], opérateur d'intégration, est basée sur le développement en série de :

$$\left(\frac{1 + \frac{s}{\omega_h}}{1 + \frac{s}{\omega_b}} \right)^{\gamma-1} = s\omega_b^{\gamma-1} \left(\frac{1}{s} \right)^\gamma (1 + u(s))^{1-\gamma}, \text{ avec } u(s) = \frac{s^2 - \omega_b\omega_h}{s\omega_h + \omega_b\omega_h}, \tag{A.16}$$

autour de $u(s) = 0$, soit :

$$\left(\frac{1 + \frac{s}{\omega_h}}{1 + \frac{s}{\omega_b}} \right)^{\gamma-1} = s\omega_b^{\gamma-1} \left(\frac{1}{s} \right)^\gamma \left(1 + (1-\gamma)\,u(s) - \frac{\gamma(1-\gamma)}{2} u^2(s) + ... \right)^{-1}. \tag{A.17}$$

Ce développement est également justifié par la condition de convergence :

$$|u(\mathrm{j}\omega)| < 1, \text{ valable } \forall\,\omega \text{ tel que } \omega_A < \omega < \omega_B. \tag{A.18}$$

De même qu'au paragraphe A.2.3, l'expression révèle que la fonction de transfert idéale permettant d'obtenir un véritable comportement non entier sur une bande de fréquences donnée est d'ordre infini. Cependant, une approximation à l'ordre 1 du développement en série de (A.17) permet d'obtenir une bonne approximation de $s_{[\omega_A,\omega_B]}^{-\gamma}$. En outre, pour $-1 < \gamma < 0$, $\mathscr{A}_4^{(-\gamma)}$ peut être interprété comme le produit d'un dérivateur d'ordre 1 et d'un intégrateur d'ordre $1+\gamma$, où $1+\gamma$ est compris entre 0 et 1 :

$$\mathscr{A}_4^{(-\gamma)} = s\,\mathscr{A}_4^{(-1-\gamma)}. \tag{A.19}$$

Il vient alors finalement :

$$s_{[\omega_A,\omega_B]}^{-\gamma} \approx \mathscr{A}_4^{(-\gamma)} = \begin{cases} \Psi^{*(-\gamma)} & \text{si } 0 < \gamma < 1 \\ s\Psi^{*(-1-\gamma)} & \text{si } -1 < \gamma < 0 \end{cases}, \tag{A.20}$$

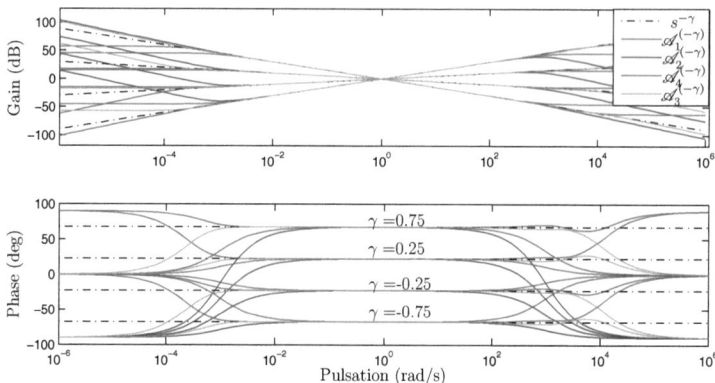

FIGURE A.2 – Comparaison entre les méthodes de synthèse $\mathscr{A}_1$, $\mathscr{A}_2$, $\mathscr{A}_3$ et $\mathscr{A}_4$

où

$$\Psi^{*(-\gamma)} = \frac{\omega_b^{1-\gamma} \left((1-\gamma)\, s^2 + \omega_h s + \gamma \omega_b \omega_h\right)}{\omega_h s \left(s + \omega_b\right)} \left(\frac{1 + \frac{s}{\omega_h}}{1 + \frac{s}{\omega_b}}\right)^{\gamma-1}. \tag{A.21}$$

Le résultat d'une telle synthèse est illustré sur la Fig. A.2, qui permet la comparaison des différentes méthodes de synthèse. Celle-ci permet de vérifier l'atténuation de l'effet de bord pour $\mathscr{A}_3$ et $\mathscr{A}_4$ au prix d'un pôle et de deux zéros supplémentaires.

Annexe B

Borne de Cramér-Rao

Dans tout problème d'estimation paramétrique, une des façons pour évaluer les performances d'un estimateur est de dériver la matrice de covariance de l'erreur d'estimation. Cependant, cette mesure d'exactitude peut être d'un intérêt limité à moins que l'on puisse la comparer avec la meilleure précision possible. La borne la plus utilisée sur la matrice de covariance de l'erreur d'estimation est la borne inférieure de Cramér-Rao (CRB) (voir [Kay, 1993, Stoica et Moses, 2005]).

Dans un premier temps, en supposant le bruit gaussien, la CRB est souvent relativement simple à calculer. D'autre part, il existe un estimateur qui permet d'atteindre asymptotiquement la CRB.

On suppose que le vecteur des paramètres $\hat{\theta}$ est une estimation non biaisée de θ déterminé par le vecteur de donnée y. Soit R la matrice de covariance de $\hat{\theta}$. Alors, la relation suivante tient (voir [Stoica et Moses, 2005])

$$P \geq J^{-1}, \tag{B.1}$$

où l'inégalité matricielle $A \geq B$ signifie que $A - B$ n'est pas définie négative, et la matrice J est la matrice d'information de *Fisher*. La relation (B.1) est le résultat de la CRB, et J^{-1} correspond à la CRB.

En général, on prend

$$J = E\left(\frac{\partial \ln p\,(y, \theta)}{\partial \theta}\right)\left(\frac{\partial \ln p\,(y, \theta)}{\partial \theta}\right)^{T} = -E\left(\frac{\partial^2 \ln p\,(y, \theta)}{\partial \theta \partial \theta^{T}}\right), \tag{B.2}$$

où $p(y, \theta)$ est la fonction de vraisemblance de y.

Obtenir une expression explicite de J est en général un travail fastidieux. Cependant, si les données sont supposées être distribuées par une gaussienne, les calculs sont simplifiés.

Pour des données gaussiennes et des échantillons finis de dimension N, les résultats sont donnés par la formule de *Slepian-Bang* [Stoica et Moses, 2005].

D'autre part, il est connu que la matrice d'information normalisée de *Fisher* d'un procédé gaussien stationnaire et à moyenne nulle tend vers la formule de *Whittle* [Söderström et Stoica, 1989].

Une autre méthode appropriée pour calculer la CRB suit en constatant que l'estimé de la méthode du maximum de vraisemblance (ML : Maximum Likelihood) est en général asymptotiquement efficace ; c'est-à-dire la matrice de covariance de l'estimé ML tend vers la CRB quand le nombre de données tend vers l'infini.

Annexe C

Conduction thermique

Le transfert de chaleur en 1D est donné par le système suivant :

$$
\begin{cases}
\frac{\partial T(x,t)}{\partial t} = \alpha \frac{\partial^2 T(x,t)}{\partial x^2}, \quad 0 < x < L, \quad t > 0 \quad (a) \\
T(x,t) = T_E(x,t) + T_L(x,t) \quad (b) \\
-\lambda \frac{\partial T_E(x,t)}{\partial x} = \varphi_E(t), \quad x = 0 \quad t > 0 \quad (c) \\
-\lambda \frac{\partial T_L(x,t)}{\partial x} = \varphi_L(t), \quad x = L \quad t > 0 \quad (d) \\
T_E(x,t) = T_L(x,t) = 0, \quad 0 \leq x < \infty, \quad t = 0 \quad (e)
\end{cases}
\tag{C.1}
$$

avec $T(x,t)$ la température mesurée en x, $T_E(x,t)$ la température issue du flux de chaleur provenant de $x = 0$ et $T_L(x,t)$ la température issue du flux de chaleur provenant de $x = L$.

On note $\overline{T}(x,s) = \mathscr{L}(T(x,t))$, où $\mathscr{L}$ correspond à la transformation de Laplace. L'équation (a) dans l'espace de Laplace peut se réécrire par :

$$
\frac{\partial^2 \overline{T}(x,s)}{\partial x^2} - \frac{s}{\alpha} \overline{T}(x,s) = 0,
\tag{C.2}
$$

qui est une équation différentielle de la variable x présentant une solution de la forme :

$$
\overline{T}(x,s) = K_1(s) e^{-x\sqrt{\frac{s}{\alpha}}} + K_2(s) e^{x\sqrt{\frac{s}{\alpha}}}.
\tag{C.3}
$$

De (c), (d), et (e) les conditions initiales, et en utilisant le théorème de superposition (le système est supposé linéaire), on obtient :

$$
\begin{cases}
\overline{T}_E(x,s) = 2K_{1E}(s) \cosh\left((L - x)\sqrt{\frac{s}{\alpha}}\right) \\
\varphi_E(x,s) = 2\lambda K_{1E}(s) \sqrt{\frac{s}{\alpha}} \sinh\left((L - x)\sqrt{\frac{s}{\alpha}}\right) \\
\overline{T}_L(x,s) = 2K_{1L}(s) e^{-L\sqrt{\frac{s}{\alpha}}} \cosh\left(x\sqrt{\frac{s}{\alpha}}\right) \\
\varphi_L(x,s) = 2\lambda K_{1L}(s) \sqrt{\frac{s}{\alpha}} e^{-L\sqrt{\frac{s}{\alpha}}} \sinh\left(x\sqrt{\frac{s}{\alpha}}\right)
\end{cases}.
\tag{C.4}
$$

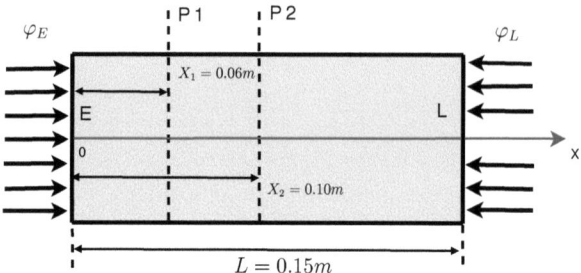

FIGURE C.1 – Barreau métallique, sous l'influence de deux densités de flux thermique à chaque extrémité. Deux mesures de la température sont prises, en P_1 ($X = X_1$) et en P_2 ($X = X_2$)

Avec ces deux systèmes, les expressions de $H_E(x, s)$ et $H_L(x, s)$ sont alors données par :

$$H_E(x, s) = \frac{T_E(x, s)}{\varphi_E(0, s)} = \frac{\cosh\left((L - x)\sqrt{\frac{s}{\alpha}}\right)}{\lambda\sqrt{\frac{s}{\alpha}}\sinh\left(L\sqrt{\frac{s}{\alpha}}\right)} \tag{C.5}$$

$$H_L(x, s) = \frac{T_L(x, s)}{\varphi_L(L, s)} = \frac{\cosh\left(x\sqrt{\frac{s}{\alpha}}\right)}{\lambda\sqrt{\frac{s}{\alpha}}\sinh\left(L\sqrt{\frac{s}{\alpha}}\right)}. \tag{C.6}$$

Annexe D

Sur l'extension de la platitude aux systèmes non entiers non linéaires

Un système non linéaire est un ensemble d'équations différentielles non linéaires, décrivant l'évolution temporelle des variables du système. Pour pouvoir étendre les notions de platitude aux systèmes non linéaires non entiers, il est nécessaire de revenir aux bases de la platitude non linéaire. Il existe principalement deux approches pour aborder la platitude non linéaire :

- l'algèbre différentielle et la géométrie algébrique différentielle [Kolchin, 1973, Ritt, 1950] ont été développées comme généralisations aux équations différentielles des concepts et outils de l'algèbre commutative et de la géométrie algébrique

- la géométrie différentielle des jets d'ordre infini qui s'est construit autour de *Vinogradov* [Krasil'shchik *et al.*, 1986, Krasil'shchik et Vinogradov, 1999] et qui s'inspire des travaux de *Cartan*.

Ces deux voies se sont développées de manière indépendante, cependant, la caractérisation de la platitude différentielle semble plus adaptée à la géométrie différentielle. [Aranda-Bricaire *et al.*, 1995] propose un algorithme pour calculer une base du module cotangent, appelé forme infinitésimale de *Brunovský* ; munies de conditions d'intégrabilité, les sorties plates peuvent alors en être déduites. Récemment, [Chetverikov, 2001] a amélioré ces résultats, néanmoins, il est nécessaire de passer par des déformations en supposant que le système dépend d'un paramètre. Dans [Pereira da Silva, 2000], l'auteur propose d'exprimer toutes les relations différentielles entre les variables du système x, u et la sortie plate y et utilise la théorie de *Cartan-Kähler*.

L'idée principale est de conserver le formalisme de la géométrie différentielle car elle apporte des conditions nécessaire et suffisante prouvant la platitude d'un système dynamique non linéaire [Lévine, 2004, 2009]. Il s'agirait d'étendre ces conditions nécessaire et suffisante aux systèmes non entiers et non linéaires. Dans le cas rationnel, la platitude des systèmes non linéaires se base sur les notions de jets d'ordre infini [Fliess *et al.*, 1999]. Les systèmes sous forme explicite sont étudiés sous une forme implicite par l'élimination de l'entrée u. Dans le cas non entier, le système non entier commensurable d'ordre ν est considéré :

$$x^{(\nu)} = f(x, u) \qquad (D.1)$$

où l'état $x = (x_1, \ldots, x_n)$ appartient à une variété X de dimension n, la commande d'entrée $u = (u_1, \ldots, u_m)$ appartient à un sous-ensemble U de $\mathbb{R}^m$, $m \leq n$, ν est l'ordre non entier définissant toutes dérivées non entières élémentaires du système et le rang de $\frac{\partial f}{\partial u}$ est supposé constant et égal à m. Le système (D.1) est dit plat *ssi* il existe un vecteur $y = (y_1, \ldots, y_m)$ tel que :
  - y et ses dérivées successives $y^{(\nu)}, y^{(2\nu)}, \ldots$ sont indépendantes
  - y est une fonction de x, u et d'un nombre fini de dérivées des composantes de u,
  - x et u peuvent s'exprimer comme des fonctions de y et d'un nombre fini de ses dérivées : $x = \varphi(y, y^{(\nu)}, \ldots, y^{(\alpha\nu)})$, $u = \psi(y, y^{(\nu)}, \ldots, y^{((\alpha+1)\nu)})$ pour un m-tuple $\alpha = (\alpha_1, \ldots, \alpha_m)$, et en utilisant la notation $y^{(\alpha)} = \left(\frac{d^{\alpha_1} y_1}{dt^{\alpha_1}}, \ldots, \frac{d^{\alpha_m} y_m}{dt^{\alpha_m}} \right)$. y est alors appelé une sortie plate non entière.

Cette représentation (D.1) a l'avantage d'être naturellement invariante par retour dynamique endogène [Fliess *et al.*, 1999]. Les notions d'équivalence de *Lie-Bäcklund* et les isomorphismes de *Lie-Bäcklund* pourraient alors être adaptés au calcul fractionnaire. Enfin, la platitude des systèmes non entiers non linéaires pourrait alors s'écrire par matrices polynômiales non entières et les formes différentielles seraient alors déduites des équations du système variationnel (voir [Bryant *et al.*, 1991] pour les systèmes différentiels extérieurs).

L'étude qui suit porte sur deux pistes d'exploration sur la géométrie différentielle des systèmes non entiers sous forme implicite :

$$F(x, x^{(\nu)}) = 0. \qquad (D.2)$$

D.1 – Par la différentielle classique

Dans le premier axe d'étude, l'idée est de conserver la différentielle classique. Avant d'envisager le cas non entier, il est primordial de situer le contexte dans le cas rationnel exposé dans [Lévine, 2009]. Soient une fonction h définie sur $\mathfrak{X} = \mathbb{R}^n \times \mathbb{R}^n \times \ldots$ et une trajectoire régulière $x : \mathbb{R} \mapsto \mathbb{R}^n$. Alors,

$$\frac{dh(x, \dot{x}, \ddot{x}, \ldots)}{dt} = \sum_{i,j} \frac{\partial h\,(x, \dot{x}, \ddot{x}, \ldots)}{\partial x_i^{(j)}} \frac{dx_i^{(j)}}{dt} = \sum \frac{\partial h\,(x, \dot{x}, \ddot{x}, \ldots)}{\partial x_i^{(j)}} x_i^{j+1}.$$

En considérant en plus le champ de *Cartan* trivial C défini sur $\mathfrak{X}$, la dérivée de *Lie* le long de C s'écrit pour toute fonction régulière h définie sur $\mathfrak{X}$:

$$(\mathcal{L}_C h)\,(\xi) = \sum_{i,j} \xi_{i,j+1} \frac{\partial h(\xi)}{\partial \xi_{i,j}}.$$

L'opérateur de *Lie* $\mathcal{L}_C$ agit comme un décalage sur les coordonnées : $\mathcal{L}_C \xi_{i,j} = \xi_{i,j+1}$. On en déduit alors la propriété remarquable suivante :

$$\frac{dh(x, \dot{x}, \ddot{x}, \ldots)}{dt} = \mathcal{L}_C h\big|_{\xi_{i,j}=x_i^{(j)}}. \tag{D.3}$$

Ainsi, si x est solution de l'équation différentielle implicite $F(x, \dot{x}) = 0$, alors sachant que $\frac{d}{dt} F(x, \dot{x}) = 0$ et en introduisant la notation $\bar{x} = (x, \ldots, \frac{d^j x_i}{dt^j}, \ldots, \frac{d^n x_i}{dt^n})$ pour la notation d'une trajectoire dans l'espace $\mathfrak{X}$ généré par x, il s'ensuit que

$$\frac{dF(x, \dot{x})}{dt} = \mathcal{L}_C F(\bar{x}) = 0.$$

Par récurrence, avec la convention que $\mathcal{L}_C^0 = I$, on en déduit que

$$F(x, \dot{x}) = 0 \Leftrightarrow \mathcal{L}_C^k F(\bar{x}) = 0, \forall k \in \mathbb{N}. \tag{D.4}$$

Cette propriété fondamentale est la pierre angulaire pour obtenir les conditions nécessaires et suffisante pour la platitude des systèmes implicites $F(x, \dot{x}) = 0$, étudiés dans [Lévine, 2009]. Avec les notations $\xi_i^{(j)} = \xi_{i,j}$ et $\bar{\xi} = \left(\xi, \ldots, \frac{d^j \xi_i}{dt^j}, \ldots, \frac{d^n \xi_i}{dt^n}\right)$, les relations suivantes illustrent encore mieux cette propriété de décalage :

$$\mathcal{L}_C h\left(\bar{\xi}\right) = \sum_{i,j} \xi_i^{(j+1)} \frac{\partial h}{\partial \xi_i^{(j)}} \tag{D.5}$$

$$\frac{dh(\bar{x})}{dt} = \sum_{i,j} x_i^{(j+1)} \frac{\partial h}{\partial x_i^{(j)}}. \tag{D.6}$$

L'idée consiste à utiliser cette propriété pour l'étendre aux systèmes non entiers implicites et commensurables d'ordre ν (D.2).

Il est important de noter que la propriété (D.4) est vraie indépendamment du choix de notation des variables spatiales $\xi_{i,j}$.

En introduisant la notation $_\nu\bar{\eta} = \left(\eta_i, \ldots, \eta_i^{(j\nu)}, \ldots, \eta_i^{(j\nu)}\right)$, et le champ de vecteur de *Cartan* défini sur $\mathfrak{X}$ $\tau_{\mathfrak{X}} = \sum_{i=1}^{n} \sum_{j\geq 0} x_i^{((j+1)\nu)} \frac{\partial}{\partial x_i^{(j\nu)}}$, l'expression (D.5) s'écrit

$$\mathcal{L}_{\tau_{\mathfrak{X}}} h\left(_\nu\bar{\eta}\right) = \sum_{i,j} \eta_i^{((j+1)\nu)} \frac{\partial h}{\partial \eta_i^{(j\nu)}}. \tag{D.7}$$

Si l'on considère la trajectoire $h(_\nu\bar{\eta})$,

$$\frac{dh(_\nu\bar{\eta})}{dt} = \sum_{i,j} \eta_i^{(j\nu)} \frac{\partial h}{\partial \eta_i^{(j\nu)}} = \sum_{i,j} \eta_i^{(j\nu+1)} \frac{\partial h}{\partial \eta_i^{(j\nu)}}. \tag{D.8}$$

En comparant les relations (D.7) et (D.8), il est clair que $j\nu + 1 \neq (j+1)\nu$ si $\nu \neq 1$. Par conséquent, la propriété (D.3), communément appelé "chain rule" en anglais, n'est pas vraie dans le cas général excepté pour $\nu = 1$.

Ainsi, dans l'état actuel des avancements, il n'est pas encore possible de définir des propriétés pour la platitude des systèmes non entiers non linéaires en utilisant la différentielle classique.

D.2 – Par la différentielle non entière

Dans le deuxième axe d'étude, compte tenu de l'utilisation de la dérivation non entière, il semblerait logique d'utiliser une différentielle qui soit non entière. [Cottril-Shepherd et Naber, 2001] ont introduit une différentielle non entière dans l'hypothèse où la dérivée extérieure peut être définie pour des ordres non entiers :

$$d_\nu = \sum_{i=1}^{n} dx_i^\nu \frac{\partial^\nu}{(\partial (x_i - a_i))^\nu}, \tag{D.9}$$

où i correspond à la coordonnée, ν est l'ordre de la différentielle de coordonnée non entière et a_i est la valeur initiale de la dérivée non entière.

Exemple

En deux dimensions (x, y), la dérivée extérieure non entière d'ordre ν de x^p s'écrit :

$$d^\nu x^p = dx^\nu \frac{\Gamma(p+1)}{\Gamma(p-\nu+1)} x^{p-\nu} + dy^\nu \frac{x^p}{y^\nu \Gamma(1-\nu)}.$$

$$\nu = 0, \quad d^0 x^p = 2x^p$$
$$\nu = 2, \quad d^2 x^p = dx^2 p(p-1)x^{p-2}$$

Par analogie avec le calcul extérieur rationnel, les espaces vectoriels peuvent être construits en utilisant les dx_i^ν. Soit $F(\nu, m, n)$ un espace vectoriel en $P \in E^n$, E étant un espace euclidien de dimension n. m correspond au nombre de coordonnées différentielles apparaissant dans les éléments de la base, n est le numéro de la coordonnée, et $\{x_i\}$ sont les coordonnées cartésiennes de E^n. Une base pour $F(\nu, 1, n)$ peut correspondre à $\{dx_1^\nu, dx_2^\nu, \ldots, dx_n^\nu\}$ et un élément arbitraire de $F(\nu, 1, n)$ s'exprime alors selon

$$\alpha = \sum_{i=1}^{n} \alpha_i dx_i^\nu. \tag{D.10}$$

Il est à noter qu'il existe un espace vectoriel différent pour chaque valeur de ν.

Un ensemble infini de coordonnées est introduit par les dérivées temporelle d'ordre ν :

$$_\nu \overline{x} = (x_1, \ldots, x_n, x_1^{(\nu)}, \ldots, x_n^{(\nu)}, x_1^{(k\nu)}, \ldots, x_n^{(k\nu)}, \ldots) \tag{D.11}$$

Ces coordonnées sont naturellement associées à une variété de dimension infinie composée du produit de la variété X et d'un nombre dénombrable de $\mathbb{R}^n$: $\mathfrak{X} = X \times \mathbb{R}_\infty^n = X \times \mathbb{R}^n \times \mathbb{R}^n \times \ldots$.

Dans le cas d'un système implicite, un champ de vecteur $\mathscr{C}_\nu^\infty$ sur $\mathfrak{X}$ est un opérateur différentiel d'ordre 1 s'écrivant :

$$v = \sum_{i=1}^{n} \sum_{j \geq 0} v_{i,j} \frac{\partial^\nu}{\left(\partial x_i^{(j\nu)}\right)^\nu}. \tag{D.12}$$

Chaque composante $v_{i,j}$ est une fonction $\mathscr{C}_\nu^\infty$ de $\mathfrak{X}$ dans $\mathbb{R}$.

Définition D.2.1. Le champ de vecteur de *Cartan* ν-différentiable dit trivial est défini sur $\mathfrak{X}$ par :

$$\tau_\chi = \sum_{i=1}^{n} \sum_{j \geq 0} x_i^{((j+1)\nu)} \frac{\partial^\nu}{\left(\partial x_i^{(j\nu)}\right)^\nu}. \tag{D.13}$$

L'idée est de pouvoir maintenir la propriété fondamentale de la dérivée de *Lie* du cas rationnel

$$L_{\tau_{\overline{x}}} h = \sum_{i \geq 0} \sum_{j=1}^{n} x_j^{(i+1)} \frac{\partial}{\partial x_j^{(i+1)}} = \frac{dh}{dt}, \tag{D.14}$$

pour le cas non entier, à savoir :

$$L_{\tau_\chi}^\nu h = \sum_{i \geq 0} \sum_{j=1}^n x_j^{((i+1)v)} \frac{\partial^\nu}{\left(\partial x_j^{((i+1)v)}\right)^\nu} \overset{?}{=} \frac{d^\nu h}{dt^\nu}. \tag{D.15}$$

Dans le cas rationnel, $x_i^{(k)} = \frac{d^k x_i}{dt^k} = L_{\tau_\chi}^k x_i$ pour tout $i = 1, \ldots, n$ et $k \geq 1$, avec la convention $x_i^{(0)} = x_i$.

Prenons le cas particulier : $n = 1$ et $\nu = 2$. Le champ de vecteur de *Cartan* 2-différentiable est défini par :

$$\tau_\chi = \sum_{j \geq 0} x_i^{(2(j+1))} \frac{\partial^2}{\left(\partial x_i^{(2j)}\right)^2}. \tag{D.16}$$

En posant $\xi_j = x_i^{(2j)}$, cette expression se réécrit :

$$\tau_\chi = \sum_{j \geq 0} \xi_{j+1} \frac{\partial^2}{\partial \xi_j^2}, \tag{D.17}$$

et en appliquant cet opérateur à h, on obtient :

$$L_{\tau_\chi}^2 h = \sum_{j \geq 0} \xi_{j+1} \frac{\partial^2 h}{\partial \xi_j^2}.$$

Si h ne dépend que d'une seule variable $\xi_0 = x$, cette expression se réécrit sur la trajectoire $x : \mathbb{R} \mapsto X$:

$$L_{\tau_\chi}^2 h = \xi_1 \frac{d^2 h(\xi_0)}{d\xi_0^2} = x^{(2)} \frac{d^2 h(x)}{dx^2}. \tag{D.18}$$

Cependant, en tenant compte des lois classiques du calcul différentiel, il vient :

$$\frac{d^2 h(x)}{dx^2} = \frac{d}{dt}\left(\frac{dh(x)}{dx} \frac{dx}{dt}\right) = \frac{d^2 h(x)}{dx^2}\left(x^{(1)}\right)^2 + \frac{dh(x)}{dx} x^{(2)}. \tag{D.19}$$

Suite aux relations (D.18) et (D.19), il est clair que $L_{\tau_\chi}^2 h \neq \frac{d^2 h(x)}{dx^2}$.

Ainsi, la différentielle non entière introduite par Cottril-Shepherd et Naber [2001] n'est pas compatible avec les définitions et propriétés du calcul différentiel classique.

Pour pouvoir étendre la platitude aux systèmes non entiers non linéaires, il est donc nécessaire d'adapter les propriétés du calcul différentiel pour maintenir des propriétés d'invariance qui gardent leur cohérence pour le cas rationnel.

Bibliographie

[Abel, 1823] N.H. ABEL. Solution de quelques problèmes à l'aide d'intégrales définies. *Mag. Naturvidenkaberne*, 1(2), Christiana 1823.

[Agrawal *et al.*, 1998] S.K. AGRAWAL, P. CLAEWPLODTOOK et B.C. FABIEN. Optimal trajectories of open-chain robot systems : a new solution procedure without Lagrange multipliers. *ASME Journal of Dynamic Systems, Measurement and Control*, 120:134–136, 1998.

[Aoun, 2005] M. AOUN. *Systèmes linéaires non entiers et identification par bases orthogonales non entières*. Thèse de doctorat, Université Bordeaux 1, Talence, 2005.

[Aoun *et al.*, 2007] M. AOUN, R. MALTI, F. LEVRON et A. OUSTALOUP. Synthesis of fractional Laguerre basis for system approximation. *Automatica*, 43:1640–1648, 2007.

[Aoun *et al.*, 2005] M. AOUN, R. MALTI et A. OUSTALOUP. Synthesis and simulation of fractional orthonormal bases. *16th World IFAC Congress*, Praha, Czech Republic, July 2005. IFAC, Elsevier.

[Aranda-Bricaire *et al.*, 1995] E. ARANDA-BRICAIRE, C. H. MOOG et J.-B. POMET. A linear algebraic framework for dynamic feedback linearization. *IEEE Transactions on Automatic Control*, 40:127–132, 1995.

[Ayadi, 2002] M. AYADI. *Contributions à la commande des systèmes linéaires plats de dimension finie*. Thèse de doctorat, Institut National Polytechnique de Toulouse, 2002.

[Barbosa *et al.*, 2008] R. S. BARBOSA, J. A. T. MACHADO et I. S. JESUS. Fractional PID control of an experimental servo system. *3rd IFAC Workshop on Fractional Differentiation and Its Applications (FDA'08)*, Ankara, Turkey, November 5-7 2008.

[Battaglia *et al.*, 2001]   J.-L. BATTAGLIA, O. COIS, L. PUIGSEGUR et A. OUSTALOUP. Solving an inverse heat conduction problem using a non-integer identified model. *Int. J. of Heat and Mass Transfer*, 44(14):2671–2680, 2001.

[Battaglia *et al.*, 2000]   J.-L. BATTAGLIA, L. LE LAY, J.-C. BATSALE, A. OUSTALOUP et O. COIS. Heat flux estimation through inverted non integer identification models. *International Journal of Thermal Science*, 39(3):374–389, 2000.

[Benoît-Marand, 2007]   F. BENOÎT-MARAND.   *Modélisation et Identification des Systèmes Non Linéaires Par Réseaux de Neurones à Temps Continu; Application à la Modélisation des Interfaces de Diffusion Non Linéaires.* Thèse de doctorat, Ecole Supérieure des Ingénieurs de Poitiers, Poitiers, France, Juin 2007.

[Bergström, 1990]   A.R. BERGSTRÖM. *Continuous time econometric modeling.* Oxford University Press, 1990.

[Bertsekas, 1982]   D.P. BERTSEKAS. *Constrained Optimization and Lagrange Multiplier methods.* Academic Press, New York, 1982.

[Bindel *et al.*, 2000]   R. BINDEL, R. NITSCHE, R. ROTHFUSS et M. ZEITZ. Flachheits-basierte Regelung eines hydraulischen Antriebs mit zwei Ventilen für einen Grossmanipulator. *Automatisierungstechnik*, 48:124–131, 2000.

[Bitauld *et al.*, 1997]   L. BITAULD, M. FLIESS et J. LÉVINE. A flatness based control synthesis of linear systems and application to windshield wipers. *European Control Conference ECC'97, Brussels*, 1997.

[Bode, 1945]   H. W. BODE. *Network Analysis and Feedback Amplifier Design.* Van Nostrand, New York, 1945.

[Bonnet et Partington, 2002]   C. BONNET et J.R. PARTINGTON. Stabilization of fractional exponential systems including delays. *Automatica*, 38(7):1133–1138, 2002.

[Bourlès et Fliess, 1997]   H. BOURLÈS et M. FLIESS. Finite poles and zeros of linear systems : an intrinsic approach. *International Journal of Control*, 68:897–922, 1997.

[Brassard et Bratley, 1996]   G. BRASSARD et P. BRATLEY. *Fundamentals of algorithmics.* Prentice Hall, 1996.

[Brunovský, 1970]   P. BRUNOVSKÝ. A classification of linear controllable systems. *Kybernetika*, 6:176–178, 1970.

[Bryant *et al.*, 1991]   R.L. BRYANT, S.S. CHERN, R.B. GARDNER, H.L. GOLDSCH-MITT et P.A. GRIFFITHS. *Exterior differential systems*, volume 18. Springer-Verlag, mathematical sciences research institute publications édition, 1991.

[Chetverikov, 2001]   V.N. CHETVERIKOV. New flatness conditions for control systems. *Proceedings of NOLCOS 01*, pages 168–173, St Petersbourg, 2001.

[Cois, 2002]   O. COIS. *Systèmes linéaires non entiers et identification par modèle non entier : application en thermique*. Thèse de doctorat, Université Bordeaux 1, France, 2002.

[Cois et Oustaloup, 2000]   O. COIS et A. OUSTALOUP. Une synthèse sur les méthodes d'identification par modèle non entier. *CIMASI'2000, 3ème Conférence Internationale sur les Mathématiques Appliquées et les Sciences de l'Ingénieur*, Casablanca, Maroc, 23-25 octobre, 2000 2000.

[Cois *et al.*, 2000]   O. COIS, A. OUSTALOUP, E. BATTAGLIA et J.-L. BATTAGLIA. Non integer model from modal decomposition for time domain system identification. *Proceedings of 12th IFAC Symposium on System Identification, SYSID*, Santa Barbara, USA, June 2000.

[Cois *et al.*, 2001]   O. COIS, A. OUSTALOUP, T. POINOT et J.-L. BATTAGLIA. Fractional state variable filter for system identification by fractional model. *6th European Control Conference ECC'01*, Porto, Portugal, 2001.

[Cottril-Shepherd et Naber, 2001]   K. COTTRIL-SHEPHERD et M. NABER. Fractional Differential forms. *Journal of Mathematical Physics*, pages 2203–2212, May 2001.

[D'Andréa Novel et Cohen de Lara, 1993]   B. d'Andréa NOVEL et M. COHEN DE LARA. *Commande linéaire de systèmes dynamiques*. Masson, Paris, 1993.

[Dennis Jr et Schnabel, 1983]   J.E. DENNIS JR et R.B. SCHNABEL. *Numerical Methods for Unconstrained Optimization and Nonlinear Equations*. Prentice Hall, Upper Saddle River, NJ, 1983.

[Desailly *et al.*, 2000]   R. DESAILLY, J. LÉVINE, S. MANEUF et D.V. NGUYEN. On an anti-vibration control algorithm for non-rigid positioning systems. *Proceedings of the RESCCE'2000 Conference*, Ho-Chi-Minh-City 2000.

[Djouambi *et al.*, 2007]   A. DJOUAMBI, A. CHAREF et A. BESANÇON. Optimal approximation, simulation and analog realization of the fundamental fractional order transfer function. *Int. J. Appl. Math. Comput. Sci.*, 17(4):455–462, 2007. ISSN 1641-876X.

[Dubois, 2000]   N. DUBOIS. *Systèmes plats*. Thèse de doctorat, Laboratoire du STIX, Ecole polytechnique, Paris, CNRS, 2000.

[Dugowson, 1994]   S. DUGOWSON. *Les différentielles métaphysiques : histoire et philosophie de la généralisation de l'ordre de dérivation*. Thèse de doctorat, Université Paris XIII, 12 1994.

[Euler, 1738]   L. EULER. De progressionibus transcendentibus, sev quarum termini generales algebraice dari negueunt. *Comment. Acad. Sci. Imperialis petropolitanae*, 5:36–57, 1738.

[Ferreira, 2001]   A.M. FERREIRA. *Aspects of Flatness Based Optimal Planning and Control of Dynamic Systems*. Thèse de doctorat, Faculty of the University of Delaware, USA, 2001.

[Fliess, 1990]   M. FLIESS. Some basic structural properties of generalized linear systems. *Systems Control Letters*, 15:391–396, 1990.

[Fliess, 1992a]   M. FLIESS. A remark on Willem's trajectory characterization of linear controllability. *Systems Control Letters*, 19:43–45, 1992a.

[Fliess, 1992b]   M. FLIESS. Reversible linear and nonlinear discrete-time dynamics. *IEEE Transaction on Automatic Control*, 19:43–45, 1992b.

[Fliess, 1994]   M. FLIESS. Une interprétation algébrique de la transformation de laplace et des matrices de transfert. *Linear Algebra Applications*, 203-204:429–442, 1994.

[Fliess, 2000]   M. FLIESS. Variations sur la notion de contrôlabilité. *Journée Société Mathématique de France*, 2000.

[Fliess *et al.*, 1995a]   M. FLIESS, J. LÉVINE, Ph. MARTIN et P. ROUCHON. Design of trajectory stabilizing feedback for driftless flat systems. 3rd *Europoean Control Conference*, pages 1882–1887, Rome, 1995a.

[Fliess *et al.*, 1995b]   M. FLIESS, J. LÉVINE, Ph. MARTIN et P. ROUCHON. Flatness and defect of nonlinear systems : introductory theory and examples. *International Journal of Control*, 61:1327–1361, 1995b.

[Fliess *et al.*, 1999]   M. FLIESS, J. LÉVINE, Ph. MARTIN et P. ROUCHON. A Lie-Bäcklund approach to equivalence and flatness of nonlinear systems. *IEEE Transaction of Automatic Control*, 44:922–937, 1999.

[Fliess *et al.*, 1992]   M. FLIESS, J. LÉVINE, Ph. MARTIN et P. ROUCHON. Sur les systèmes non linéaires différentiellement plats. *Académie des Sciences de Paris, France*, I-315:619–624, 1992.

[Fliess *et al.*, 1993]   M. FLIESS, J. LÉVINE, Ph. MARTIN et P. ROUCHON. Linéarisations par bouclage dynamique et transformations de lie-bäcklund. *C.R. Académis des Sciences*, I-317:981–986, 1993.

[Fliess et Marquez, 2000]   M. FLIESS et R. MARQUEZ. Continuous-time linear predictive control and flatness ; a module-theoretic setting with examples. *International Journal Control*, 73(7):606–623, 2000.

[Fliess *et al.*, 1998a]   M. FLIESS, P. MARTIN, N. PETIT et P. ROUCHON. Commande de l'équation des télégraphistes et restauration active d'un signal. *Traitement du Signal*, 15:619–625, 1998a.

[Fliess *et al.*, 1998b]   M. FLIESS, H. MOUNIER, P. ROUCHON et J. RUDOLPH. Controlling the transient of a chemical reactor : a distributed parameter approach. *CESA'98 IMACS Multiconference*, Hammameth, Tunisie, 1998b.

[Fliess et Hotzel, 1997]   Michel FLIESS et Richard HOTZEL. Sur les systèmes linéaires à dérivation non entière. *Comptes Rendus de l'Académie des Sciences - Series IIB - Mechanics-Physics-Chemistry-Astronomy*, 324(2):99 – 105, 1997. ISSN 1251-8069.

[Fourier, 1822]   J. FOURIER. *Théorie analytique de la chaleur*. Firmin Didot Père et Fils, Paris, 1822.

[Gantmacher, 1966]   F.R. GANTMACHER. *Théorie des matrices*. t.1, Dunod, Paris, 1966.

[Garnier, 2006]   H. GARNIER. Identification de modèles paramétriques à temps continu. Méthodes, outil logiciel et avantages. *Journées Identification et Modélisation Expérimentale (JIME'2006)*, november 2006. Poitiers (France).

[Garnier *et al.*, 2008]   H. GARNIER, M. GILSON, T. BASTOGNE et M. MENSLER. *Identification of continuous-time models from sampled data*, chapitre CONTSID toolbox : a software support for continuous-time data-based modelling. Springer-Verlag, H. Garnier and L. Wang (Eds.) édition, 2008.

[Garnier *et al.*, 2007] H. GARNIER, M. GILSON, P.C. YOUNG et E. HUSELSTEIN. An optimal IV technique for identifying continuous-time transfer function model of multiple input systems. *Control Engineering Practice*, 15(4):471–486, 2007.

[Garnier et Mensler, 1999] H. GARNIER et M. MENSLER. A continuous-time system identification toolbox for matlab. *5th European Control Conference ECC'99*, Karlsruhe, Germany, September 1999.

[Garnier *et al.*, 2003] H. GARNIER, M. MENSLER et A. RICHARD. Continuous-time model identification from sampled data. Implementation issues and performance evaluation. *International Journal of Control*, 76(13):1337–1357, 2003.

[Gawthrop, 1984] P.J. GAWTHROP. Parametric identification of transient signals. *IMA Journal of Mathematical Control and Information*, 1:117–128, 1984.

[Goodwin et Payne, 1977] G.C. GOODWIN et R.P. PAYNE. *Dynamic system identification. Experiment design and data analysis.* Academic Press, 1977.

[Grünwald, 1867] A.K. GRÜNWALD. Über begrenzte Derivationen und deren Anwendung. *Zeitschrift für Mathematik und Physik*, pages 441–480, 1867.

[Hartley et Lorenzo, 2002] T.T. HARTLEY et C.F. LORENZO. Dynamics and control of initialized fractional-order systems. *Nonlinear Dynamics*, 29(1-4):210–233, 2002.

[Hilbert, 1912] D. HILBERT. Über den Begriff der Klasse von Differentialgleichungen. *Math. Annalen*, 73:95–108, 1912. Gesammelte Abhandlungen, New York, 1965.

[Hotzel et Fliess, 1998] R. HOTZEL et M. FLIESS. On linear systems with a fractional derivation : Introductory theory and examples. *Mathematics and Computers in Simulation*, 45:385–395, 1998.

[Ilchmann, 1985] A. ILCHMANN. Time-varying linear systems and invariants of system equivalence. *International Journal of Control*, 42:759–790, 1985.

[Kailath, 1980] T. KAILATH. *Linear Systems.* Prentice Hall, Englewood Cliffs, NJ, 1980.

[Kalman, 1960]   R.E. KALMAN. A new approach to linear filtering and prediction problems. *Transactions of the ASME–Journal of Basic Engineering*, 82(Series D):35–45, 1960.

[Kalman, 1963]   R.E. KALMAN. Mathematical description of linear dynamical systems. *Journal SIAM Control*, 1:152–192, 1963.

[Kalman, 1969]   R.E. KALMAN. *Topics in Mathematical System Theory*, chapitre Algebraic theory of linear systems, pages 237–339. R.E. Kalman and P.L. Farb and M.A. Arbib (Eds), New York, mcgraw-hill édition, 1969.

[Kay, 1993]   S.M. KAY. *Fundamentals of statistical signal processing : estimation theory.* Prentice -Hall, Upper Saddle River, NJ, 1993.

[Khalil et Dombre, 1999]   W. KHALIL et E. DOMBRE. *Modélisation, identification et commande des robots.* 2ème édition, Editions Hermès, Paris, 1999.

[Kiss *et al.*, 1999]   B. KISS, J. LÉVINE et B. LANTOS. Trajectory planning for dextrous manipulation with rolling contacts. TEMPA, éditeur. 37th *IEEE Conference Decision Control*, pages 2118–2119, FL, 1999.

[Kolchin, 1973]   E.R. KOLCHIN. *Differential Algebra and Algebraic Groups*. Academic Press, New York 1973.

[Krasil'shchik *et al.*, 1986]   I.S. KRASIL'SHCHIK, V.V. LYCHAGIN et A.M. VINOGRADOV. *Geometry of Jet Spaces and Nonlinear Partial Differential Equations.* Gordon and Breach, New York, 1986.

[Krasil'shchik et Vinogradov, 1999]   I.S. KRASIL'SHCHIK et A.M. VINOGRADOV. Symmetries and conservation laws for differential equations. *Amer. Math. Soc.*, Providence 1999.

[Lacroix, 1820]   S.F. LACROIX. Traité du calcul différentiel et du calcul intégral. *Courcier*, 3 ed. Paris 1820.

[Laplace, 1812]   P.S. LAPLACE. *Théorie analytique des probabilités.* Courcier, Paris, 1812.

[Laroche, 2000]   B. LAROCHE. *Extension de la notion de platitude à des systèmes décrits par des équations aux dérivées partielles linéaires.* Thèse de doctorat, Ecole Nationale Supérieure des Mines de Paris, France, 2000.

[Laroche *et al.*, 1998] B. LAROCHE, Ph. MARTIN et P. ROUCHON. Motion planning for a class of partial differential equations with boundary control. *IEEE-CDC*, pages 3494–3497, Tampa 1998.

[Lavigne, 2003] L. LAVIGNE. *Outils d'analyse et de synthèse des lois de commande robuste des systèmes dynamiques plats*. Thèse de doctorat, Talence, 2003.

[Le Lay, 1998] L. LE LAY. *Identification temporelle et fréquentielle par modèle non entier*. Thèse de doctorat, Université Bordeaux1, France, 1998.

[Leibniz, 1853] G.W. LEIBNIZ. Leibniz an De l'Hospital. *Oeuvres Mathématiques de Leibniz, Libr. de A. Franck*, 2:297–302, Paris 1853. Correspondance de Leibniz avec Hugens, van Zulichem et le Marquis de L'Hospital.

[Letnikov, 1868] A. V. LETNIKOV. (dévéloppement historique de la théorie de la différentiation d'ordre arbitraire). *Matematiceskij Sbornik (Moscou)*, 3:85–119, 1868.

[Levenberg, 1944] K. LEVENBERG. A method for the solution of certain nonlinear problems in least squares. *Quart. Appl. Math*, 2:164–168, 1944.

[Lévine, 2004] J. LEVINE. On flatness necessary and sufficient conditions. *NOLCOS, 6th IFAC symposium, Stuttgart*, September 2004.

[Lévine, 2009] J. LÉVINE. *Analysis and Control of Nonlinear Systems A Flatness-based Approach*. Springer, 2009.

[Lévine *et al.*, 1996] J. LÉVINE, J. LOTTIN et J.C. PONSART. A nonlinear approach to the control of magnetic bearings. *IEEE Transaction on Control Systems Technology*, 4:524–544, 1996.

[Lévine et Nguyen, 2003] J. LÉVINE et D. V. NGUYEN. Flat output characterization for linear systems using polynomial matrices. *System and Control Letters*, 48:69–75, 2003.

[Lévine et Rémond, 2000] J. LÉVINE et B. RÉMOND. Flatness based control of an automatic clutch. *MTNS-2000*, Perpignan, 2000.

[Lin, 2001] J. LIN. *Modélisation et identification de systèmes d'ordre non entier*. Thèse de doctorat, Université de Poitiers, France, 2001.

[Liouville, 1832]   J. LIOUVILLE. Mémoire sur quelques questions de géométrie et de mécanique et sur un nouveau genre de calcul pour résoudre ces équations. *l'école de polytechnique*, 13:71–162, 1832.

[Ljung, 1999]   L. LJUNG. *System identification – Theory for the user*. Prentice-Hall, Upper Saddle River, N.J., USA, 2 édition, 1999.

[Lorenzo et Hartley, 2000]   C. LORENZO et T. HARTLEY. Initialized fractional calculus. *Int. J. of Applied Mathematics*, 3(3):249–266, September 2000.

[Louembet, 2007]   C. LOUEMBET. *Génération de trajectoires optimales pour systèmes différentiellement plats*. Thèse de doctorat, Universit'e de Bordeaux 1, Talence, 2007.

[Luenberger, 1973]   D. G. LUENBERGER. *Introduction to linear and non linear programming*. Addison-Wesley, Reading, Mass, 1973.

[Luenberger, 1967]   D.G. LUENBERGER. Canonical forms for linear multivariable systems. *IEEE Transactions on Automatic Control*, 12:290–293, 1967.

[Machado, 1997]   J. A. T. MACHADO. Analysis and design of fractional-order digital control systems. *SAMS Journal of Systems Analysis, Modelling and Simulation*, 27:107–122, 1997.

[Malti *et al.*, 2005]   R. MALTI, M. AOUN, F. LEVRON et A. OUSTALOUP. Unified construction of fractional generalized orthogonal bases. *Fractional Differentiation and its Applications*, ISBN 3-86608-026-3, pages 87–102. U-Books, 2005.

[Malti *et al.*, 2004]   R. MALTI, M. AOUN et A. OUSTALOUP. Synthesis of fractional Kautz-like basis with two periodically repeating complex conjugate modes. *IEEE International Symposium on Control, Communications and Signal Processing*, Mars 2004.

[Malti *et al.*, 2008a]   R. MALTI, X. MOREAU et F. KHEMANE. Resonance of fractional transfer functions of the second kind. *3rd IFAC workshop on fractional differentiation and its applications FDA'08*, Ankara, Turkey, 2008a.

[Malti *et al.*, 2009]   R. MALTI, J. SABATIER et H. AKÇAY. Thermal modeling and identification of an aluminium rod using fractional calculus. *15th IFAC Symposium on System Identification (SYSID'2009)*, St Malo, France, 2009.

[Malti *et al.*, 2008b] R. MALTI, S. VICTOR et A. OUSTALOUP. Advances in system identification using fracional models. ASME, éditeur. *Journal of Computational and Nonlinear Dynamics*, volume 3, pages 021401.1–021401.7, New York, USA, April 2008b. doi :10.1115/1.2833910.

[Mandelbrot et Van Ness, 1968] B. MANDELBROT et J.W. VAN NESS. Fractional Brownian motions, fractional noises and applications. *SIAM*, 10(4):422–437, October 1968.

[Marquardt, 1963a] D.W. MARQUARDT. An algorithm for least-squares estimation of non-linear parameters. *J. Soc. Industr. Appl. Math.*, 11(2):431–441, 1963a.

[Marquardt, 1963b] D.W. MARQUARDT. An algorithm for least squares estimation of nonlinear parameters. *Journal SIAMS*, 11:431–441, 1963b.

[Marquez et Delaleau, 1999] R. MARQUEZ et E. DELALEAU. Une application de la commande prédictive linéaire basés sur la platitude. *Actes Journées Doctorales D'Automatique*, pages 148–152, Nancy 1999.

[Martin *et al.*, 1996] P. MARTIN, S. DEVASIA et B. PEDEN. A different look at output feedback : control of a vtol aircraft. *Automatica*, 32:211–264, 1996.

[Mathieu *et al.*, 1996] B. MATHIEU, L. LE LAY et A. OUSTALOUP. Identification of non integer order systems in the time domain. *CESA'96 IMACS Multiconference : computational engineering in systems applications*, pages 843–847, Lille , FRANCE, 1996.

[Matignon, 1998] D. MATIGNON. Stability properties for generalized fractional differential systems. *ESAIM proceedings - Systèmes Différentiels Fractionnaires - Modèles, Méthodes et Applications*, 5, 1998.

[Matignon et D'Andréa-Novel, 1996] D. MATIGNON et B. D'ANDRÉA-NOVEL. Some results on controllability and observability of finite-dimensional fractional differential systems. *IMACS*, volume 2, pages 952–956, Lille, France, July 1996. IEEE-SMC.

[Matignon *et al.*, 1993] D. MATIGNON, B. D'ANDRÉA-NOVEL, Ph. DEPALLE et A. OUSTALOUP. Viscothermal losses in wind intruments : a non integer model. *MTNS 93 International Symposium on the Mathematical Theory of Networks and Systems*, Regensburg, Germany,August 1993.

[Melchior *et al.*, 2005] P. MELCHIOR, M. CUGNET, J. SABATIER et A. OUSTALOUP. Flatness control : application to a fractional thermal system. *20th ASME International Design Engineering Technical Conferences and Computers and Information in Engineering Conference, IDETC/CIE'05*, Long Beach, California, USA, September 2005.

[Melchior *et al.*, 2007] P. MELCHIOR, M. CUGNET, J. SABATIER, A. POTY et A. OUSTALOUP. *Advances in Fractional Calculus Theoretical Developments and Applications in Physics and Engineering*, chapitre Flatness control of a fractional thermal system, pages 493–509. Springer, Sabatier, J. and Agrawal, O. P. and Tenreiro Machado, J. A. (eds) édition, 2007.

[Milham, 2003] M. MILHAM. *Real-time Optimal Trajectory Generation for Constrained Dynamical Systems*. Thèse de doctorat, California Institute of Technology, USA, 2003.

[Miller et Ross, 1993] K.S. MILLER et B. ROSS. *An introduction to the fractional calculus and fractional differential equations*. A Wiley-Interscience Publication, 1993.

[Moreau, 1995] X. MOREAU. *Intérêt de la Dérivation Non Entière en Isolation Vibratoire et son Application dans le Domaine de l'Automobile : la Suspension CRONE : du Concept à la Réalisation*. Thèse de doctorat, Université Bordeaux 1, France, 1995.

[Morio, 2009] V. MORIO. *Contribution au développement d'une loi de guidage autonome par platitude. Application à une mission de rentrée atmosphérique*. Thèse de doctorat, Université Bordeaux 1, France, Talence, 2009.

[Mounier, 1995] H. MOUNIER. *Propriétés structurelles des systèmes linéaires à retards : aspects théoriques et pratiques*. Thèse de doctorat, Université Paris-Sud, Orsay, 1995.

[Mounier *et al.*, 1997] H. MOUNIER, P. ROUCHON et J. RUDOLPH. Some examples of linear systems with delays. *JESA-APII-RAIRO*, 31:911–925, 1997.

[Mounier *et al.*, 1998] H. MOUNIER, J. RUDOLPH, M. FLIESS et P. ROUCHON. Tracking control of a vibrating string with an iinterior mass viewed as a delay system. *ESAIM : Control Optimization Calculus Variations*, 3:315–321, 1998.

[Moze et Sabatier, 2005] M. MOZE et J. SABATIER. LMI tools for stability analysis of fractional systems. *20th ASME International Design Engineering Technical Conferences and Computers and Information in Engineering Conference, IDETC/CIE'05*, pages 1–9, Long Beach, CA, september 2005.

[Nanot, 1996]   F. NANOT.   *Dérivateur généralisé et représentation généralisée des systèmes linéaires.* Thèse de doctorat, Université Bordeaux 1, France, Bordeaux, 1996.

[Nelson-Gruel *et al.*, 2007]   D. NELSON-GRUEL, V. POMMIER, P. LANUSSE et A. OUSTALOUP. Robust control system design for multivariable plants with lightly damped modes. *21st ASME IDETC/CIE,* Las Vegas, USA, September 2007.

[Oldham et Spanier, 1974]   K.B. OLDHAM et J. SPANIER.   *The fractionnal calculus - Theory and Applications of Differentiation and Integration to Arbitrary Order.* Academic Press, New-York and London, 1974.

[Orsoni, 2002]   B. ORSONI.   *Dérivée généralisée en planification de trajectoire et génération de mouvement.* Thèse de doctorat, LAPS, Université de Bordeaux, 2002.

[Oustaloup, 1983]   A. OUSTALOUP.   *Systèmes asservis linéaires d'ordre fractionnaire.* Masson - Paris, 1983.

[Oustaloup, 1991]   A. OUSTALOUP. *La commande CRONE.* Hermès - Paris, 1991.

[Oustaloup, 1995]   A. OUSTALOUP. *La dérivation non-entière.* Hermès - Paris, 1995.

[Oustaloup, 1999]   A. OUSTALOUP. *La commande CRONE : du scalaire au multivariable.* Hermès-Paris, 2nd édition, 1999.

[Pereira da Silva, 2000]   P.S. Pereira da SILVA. Flatness of nonlinear control systems : a Cartan-Kähler approach. *Proc. Mathematical Theory of Networks and Systems (MTNS 2000),* pages 1–10, Perpignan 2000.

[Petit, 2000]   N. PETIT. *Platitude et planification de trajectoires pour certains systèmes à retards et E.D.P. Applications en génie chimique.* Thèse de doctorat, Ecole des Mines de Paris, Paris, 2000.

[Petit *et al.*, 1997]   N. PETIT, Y. CREFF et P. ROUCHON. δ-freeness of a class of linear delayed systems. 4th *European Control Conference ECC'97,* Bruxelles, 1997.

[Phadke et Wu, 1974]   M.S. PHADKE et S.M. WU. Modelling of continuous stochastic processses from discrete observations with application to sunspots data. *Journal American Stat. Assoc.,* 29(346), 1974.

[Pierce, 1972]   D.A. PIERCE. Least squares estimation in dynamic disturbance time-series models. *Biometrika,* 5:73–78, 1972.

[Pintelon et Schoukens, 2006]   R. PINTELON et J. SCHOUKENS. Box-Jenkins identification revisitied - part i : Theory. *Automatica*, 42(1):63–75, 2006.

[Podlubny, 1999a]   I. PODLUBNY. *Fractional Differential Equations*. Academic Press,
San Diego, 1999a.

[Podlubny, 1999b]   I. PODLUBNY. Fractional-Order Systems and PID Controllers. *IEEE
Transactions on Automatic Control*, 44(1):208–214, 1999b.

[Poinot et Trigeassou, 2003]   T. POINOT et J. C. TRIGEASSOU. A method for modelling
and simulation of fractional systems. *Signal processing*, 83:2319–2333, 2003.

[Pomet, 1995]   J.-B. POMET. *Geometry in Nonlinear Control and Differential Inclusions*,
chapitre A differential geometric setting for dynamic equivalence and dynamic linearization, pages 319–339. Banach Center Publications, Varsovie, B. Jakubczyk and W.
Respondek and T. Rzezuchowski (Eds.) édition, 1995.

[Pontryagin *et al.*, 1962]   L.S. PONTRYAGIN, V.G. BOLTAYANSKII, R.V. GAMKRELIDZE
et E.F. MISHCHENKO. *The Mathematical Theory of Optimal Processes*. Wiley, 1962.

[Poty, 2006]   A. POTY. *Planification de Trajectoire dans un Environnement Dynamique
et Génération de Mouvement d'Ordre Non Entier*. Thèse de doctorat, Université de
Bordeaux 1, France, 2006.

[Rao et Garnier, 2002]   G.P. RAO et H. GARNIER. Numerical illustrations of the rele-
vance of direct continuous-time model identification. *The 15th IFAC World Congress
(IFAC'08)*, Barcelona, Spain, July 2002.

[Richalet, 1991]   J. RICHALET. *Pratique de l'identification*. Hermès, Paris, 1991.

[Riemann, 1876]   B. RIEMANN. Versuch einer allgemeinen Auffassung der Integration
une Differentiation. *Gesammelte Mathematische Werke und Wissenschaftlicher*, pages
331–344, Leipzig 1876.

[Ritt, 1950]   J.F. RITT. Differential algebra. *Amer. Math. Soc.*, New York 1950.

[Rodrigues *et al.*, 2000]   S. RODRIGUES, N. MUNICHANDRAIAH et A.-K. SHUKLA. A
review of state of charge indication of batteries by means of A.C. impedance measure-
ments. *Journal of Power Sources*, 87:12–20, 2000.

[Rosenbrock, 1970] H.H. ROSENBROCK. *Multivariable and State-Space Theory*. Wiley, New York, 1970.

[Rotella, 2004] F. ROTELLA. Commande des systèmes par platitude. note de cours, Ecole Nationale d'Ingénieurs de Tarbes, 2004.

[Rothfuß *et al.*, 1996] R. ROTHFUSS, J. RUDOLPH et M. ZEITZ. Flatness based control of a nonlinear chemical reactor model. *Automatica*, 32:1433–1439, 1996.

[Rouchon, 2001] P. ROUCHON. Motion planning, equivalence, infinite dimensional systems. *International Journal of Applied Mathematics and Computer Science*, 11(1):165–188, 2001.

[Rouchon *et al.*, 1993] P. ROUCHON, M. FLIESS, J. LÉVINE et PH. MARTIN. Motion planning and trailer systems. 32nd *IEEE Conference Decision Control*, pages 2700–2705, San Antonio, Texas, 1993.

[Rudolph, 2000] J. RUDOLPH. Randsteuerung von Wärmetauschern mit örtlichen verteilten Parametern : ein flachachheitsbasierter Zugang. *Automatisierungstechnik*, 2000.

[Sabatier *et al.*, 2006] J. SABATIER, M. AOUN, A. OUSTALOUP, G. GRÉGOIRE, F. RAGOT et P. ROY. Fractional system identification for lead acid battery state charge estimation. *Signal processing*, 86(10):2645–2657, 2006.

[Sabatier *et al.*, 2003] J. SABATIER, P. MELCHIOR et A. OUSTALOUP. Réalisation d'un banc d'essais thermique pour l'étude des systèmes non entiers. *CETSIS-EEA'03*, Toulouse, France, November 2003.

[Sabatier *et al.*, 2008] J. SABATIER, M. MOZE et C. FARGES. LMI stability conditions for fractional order systems. *Computers and Mathematics with Applications*, 2008.

[Sabatier *et al.*, 2010a] Jocelyn SABATIER, Mathieu MERVEILLAUT, Rachid MALTI et Alain OUSTALOUP. How to impose physically coherent initial conditions to a fractional system ? *Communications in Nonlinear Science and Numerical Simulation*, 15(5):1318 – 1326, 2010a. ISSN 1007-5704.

[Sabatier *et al.*, 2010b] Jocelyn SABATIER, Mathieu MOZE et Christophe FARGES. LMI stability conditions for fractional order systems. *Computers & Mathematics with Applications*, 59(5):1594 – 1609, 2010b. ISSN 0898-1221. Fractional Differentiation and Its Applications.

[Samko *et al.*, 1993] S.G. SAMKO, A.A. KILBAS et O.I. MARICHEV. *Fractional integrals and derivatives : theory and applications.* Gordon and Breach Science, 1993.

[Schoukens et Pintelon, 1991] J. SCHOUKENS et R. PINTELON. *Identification of linear systems. A practical guideline to accurate modeling.* Pergamon Press, 1991.

[Sedoglavic *et al.*, 2003] A. SEDOGLAVIC, F. OLLIVIER, M. FLIESS et N. BELGHITH. Platitude différentielle de l'équation de la chaleur bidimensionnelle. *Actes des Journées Doctorales d'Automatique 2003 Journées Doctorales d'Automatique 2003*, page S3, Valencienne France, 06 2003. URL http://hal.archives-ouvertes.fr/hal-00218320/en/.

[Solo, 1978] V. SOLO. *Time series recursions and stochastic approximation.* Thèse de doctorat, Australian national university, Canberra, Australia, 1978.

[Sommacal, 2007] L. SOMMACAL. *Synthèse de la fonction d'Havriliak-Negami pour l'identification temporelle par modèle non entier et modélisation du système musculaire.* Thèse de doctorat, Université Bordeaux 1, Talence, 2007.

[Sommacal *et al.*, 2007] L SOMMACAL, P. MELCHIOR, J.M. CABELGUEN, A. OUSTALOUP et A. IJSPEERT. *Advances in Fractional Calculus Theoretical Developments and Applications in Physics and Engineering*, chapitre Fractional Multimodels for the Gastrocnemius Muscle for Tetanus Pattern, pages 271–285. Springer, sabatier, j. and agrawal, o. p. and tenreiro machado, j. a. (eds) édition, 2007.

[Sommacal *et al.*, 2005] L. SOMMACAL, P. MELCHIOR, J.M. CABELGUEN, A. OUSTALOUP et A.J. IJSPEERT. Fractional model of a gastrocnemius muscle for tetanus pattern. *20th ASME International Design Engineering Technical Conferences and Computers and Information in Engineering Conference, ASME IDETC/CIE'05*, California, USA, September 2005.

[Sommacal *et al.*, 2006] L. SOMMACAL, P. MELCHIOR, J.M. CABELGUEN, A. OUSTALOUP et A.J. IJSPEERT. Fractional multimodels of the gastrocnemius frog muscle. *2nd IFAC Workshop on Fractional Differentiation and its Applications*, Porto, Portugal, July 2006.

[Sontag, 1998] E.D. SONTAG. *Mathematical Control Theory, Deterministic Finite Dimensional Systems.* Springer, New York, 2nd edition édition, 1998.

[Stoica et Moses, 2005]   P. STOICA et R. MOSES. *Spectral Analysis of Signals.* Pearson Prentice-Hall, Upper Saddle River, NJ, 2005.

[Söderström et Stoica, 1983]   T. SÖDERSTRÖM et P. STOICA. *Instrumental variable methods for system identification.* Springer Verlag, New York, 1983.

[Söderström et Stoica, 1989]   T. SÖDERSTRÖM et P. STOICA. *System Identification. Series in Systems and Control Engineering.* Prentice Hall, 1989.

[Trigeassou *et al.*, 1999]   J.-C. TRIGEASSOU, T. POINOT, J. LIN, A. OUSTALOUP et F. LEVRON. Modeling and identification of a non integer order system. *European Control Conference ECC'99*, Karlsruhe, Germany, 1999.

[Van Nieuwstadt, 1997]   M. VAN NIEUWSTADT. *Trajectory Generation for Nonlinear Control Systems.* Thèse de doctorat, California Institute of Technology, USA, 1997.

[Van Nieuwstadt *et al.*, 1998]   M. VAN NIEUWSTADT, M. RATHINAM et R.M. MURRAY. Flatness and absolute equivalence of nonlinear control systems. *SIAM Journal on Control and Optimization*, 36(1225-1239), 1998.

[Victor *et al.*, 2008a]   S. VICTOR, P. MELCHIOR, D. NELSON-GRUEL et A. OUSTALOUP. Flatness control for linear fractional MIMO systems : thermal application. *3rd IFAC Workshop on Fractional Differentiation and Its Applications (FDA'08)*, Ankara, Turkey, November 2008a.

[Victor *et al.*, 2008b]   S. VICTOR, P. MELCHIOR, J. SABATIER et A. OUSTALOUP. Extension de la platitude aux systèmes fractionnaires MIMO : application à un système thermique. *IEEE CIFA'08*, Bucarest, Roumania, September 2008b.

[Vinagre *et al.*, 2002]   B. M. VINAGRE, I. PETRAS, I. PODLUBNY et Y. Q. CHEN. Using fractional order adjustment rules and fractional order reference models in model reference adaptive control. *Nonlinear Dynamics*, 29:269–279, 2002.

[Wahlberg, 1991]   B. WAHLBERG. System identification using Laguerre models. *IEEE TAC*, 36:551–562, 1991.

[Walter et Pronzato, 1994]   E. WALTER et L. PRONZATO. *Identification de modèles paramétriques à partir de données expérimentales.* Masson, 1994.

[Wellstead, 1978]   P. E. WELLSTEAD. An instrumental product moment test for model order estimation. *Automatica*, 14:89–91, 1978.

[Wolovich, 1974]   W. A. WOLOVICH. *Series in Applied Mathematical Systems*, volume 11, chapitre Linear Multivariable Systems. Springer, New York, 1974.

[Young, 1965]   P.C. YOUNG. The determination of the parameters of a dynamic process. *Radio and electronic Eng. (Journal of IERE)*, 29:345–361, 1965.

[Young, 1970]   P.C. YOUNG. An instrumental variable method for real-time identification of a noisy process. *Automatica*, 6:271–287, 1970.

[Young, 1976]   P.C. YOUNG. Some observations on instrumental variable methods of time-series analysis. *International Journal of Control*, 23:593–612, 1976.

[Young, 1981]   P.C. YOUNG. Parameter estimation for continuous-time models – a survey. *Automatica*, 17(1):23–29, 1981.

[Young, 1984]   P.C. YOUNG. *Recursive estimation and Time-Series Analysis*. Springer-Verlag, Berlin, 1984.

[Young, 2002]   P.C. YOUNG. Optimal IV identification and estimation of continuous-time TF models. *15th World IFAC Congress*, Barcelona (Spain), 2002. IFAC, Elsevier.

[Young, 2008]   P.C. YOUNG. The refined instrumental variable method : unified estimation discrete and continuous-time transfer function models. *Journal Européen des Systèmes Automatisés*, 2008.

[Young, 2009]   P.C. YOUNG. The captain toolbox for matlab. *15th IFAC Symposium on System Identification (SYSID'2009)*, Saint Malo, France, July 2009.

[Young et Benner, 1991]   P.C. YOUNG et S. BENNER. *microCAPTAIN 2 User Handbook*. Centre for Research on Environmental Systems and Statistics. Lancaster University, 1991.

[Young et Garnier, 2006]   P.C. YOUNG et H. GARNIER. Identification and estimation of continuous-time data-based mechanistic (dbm) models for environmental systems. *Environmental Modelling and Software*, 21(8):1055–1072, August 2006.

[Young *et al.*, 2006]   P.C. YOUNG, H. GARNIER et M. GILSON. An optimal instrumental variable approach for identifying hybrid continuous-time Box-Jenkins models. *14th IFAC Symposium on System Identification (SYSID'2006)*, pages 225–230, Newcastle, Australia, 2006.

[Young *et al.*, 2008] P.C. YOUNG, H. GARNIER et M. GILSON. *Identification of continuous-time models from sampled data*, chapitre Refined Instrumental Variable Identification of Continuous-time Hybrid Box-Jenkins Models. Springer-Verlag, H. Garnier and L. Wang (Eds.) édition, 2008.

[Young et Jakeman, 1979] P.C. YOUNG et A.J. JAKEMAN. Refined instrumental variable methods of time-series analysis : Part I, SISO systems. *International Journal of Control*, 29:1–30, 1979.

[Young et Jakeman, 1980] P.C. YOUNG et A.J. JAKEMAN. Refined instrumental variable methods of time-series analysis : Part III, extensions. *International Journal of Control*, 31:741–764, 1980.

[Young *et al.*, 1996] P.C. YOUNG, S. PARKINSON et M.J. LEES. Simplicity out of complexity : Occam's razor revisited. *Journal of Applied Statistics*, 23:165–210, 1996.

[Zribi *et al.*, 2001] M. ZRIBI, H. SIRA-RAMIRÉZ et A. NGAI. Static and dynamic sliding mode control schemes for a PM stepper motor. *International Journal of Control*, 74:103–117, 2001.

Bibliographie de l'auteur

Publications dans des revues internationales

[1] R. MALTI, S. VICTOR et A. OUSTALOUP : Advances in system identification using fractional models. *Journal of Computational and Nonlinear Dynamics*, 3:021401.1–021401.7, April 2008.

[2] S. VICTOR, R. MALTI, H. GARNIER et A. OUSTALOUP : Parameter and differentiation order estimation in fractional models. *Automatica*, 49(4):926–935, 2013.

[3] S. VICTOR et P. MELCHIOR : Improvements on flat output characterization for fractional systems. *Fractional Calculus & applied analysis*, 18(1), 2015.

[4] S. VICTOR, P. MELCHIOR, J. LÉVINE et A. OUSTALOUP : Flatness for linear fractional systems with application to a thermal system. *Automatica*, 57:213–221, 2015.

[5] S. VICTOR, P. MELCHIOR et A. OUSTALOUP : Robust path tracking using flatness for fractional linear mimo systems : a thermal application. *Computers & Mathematics with Applications (CAMWA)*, 59(5):1667–1678, March 2010. doi :10.1016/j.camwa.2009.08.008.

[6] Stéphane VICTOR : *Identification par modèle non entier pour la poursuite robuste de trajectoire par platitude*. Thèse de doctorat, Université de Bordeaux, Bordeaux, France, November 2010.

Communications dans des congrès internationaux avec actes et comité de lecture

[Malti et al.(2007)Malti, Victor, Nicolas, and Oustaloup] R. Malti, S. Victor, O. Nicolas, and A. Oustaloup. System identification using fractional models : state of the art. In ASME, editor, *21th ASME International Design Engineering Technical Conferences and Computers and Information in Engineering Conference, IDETC/CIE'07*, Las Vegas, USA, September 2007.

[Victor et al.(2008a)Victor, Melchior, and Oustaloup] S. Victor, P. Melchior, and A. Oustaloup. Flatness principle extension to linear fractional mimo systems : thermal application. In *14th IEEE Mediterranean Electrotechnical Conference (MELECON'08)*, pages 82–88, Ajaccio, France, May 2008a.

[Malti et al.(2008)Malti, Victor, Oustaloup, and Garnier] R. Malti, S. Victor, A. Oustaloup, and H. Garnier. An optimal instrumental variable method for continuous-time fractional model identification. In *The 17th IFAC World Congress (IFAC'08)*, Seoul, Korea, July 2008.

[Victor et al.(2008b)Victor, Melchior, Sabatier, and Oustaloup] S. Victor, P. Melchior, J. Sabatier, and A. Oustaloup. Extension de la platitude aux systèmes fractionnaires MIMO : application à un système thermique. In *5ème IEEE Conférence Internationale Francophone d'Automatique (CIFA 2008)*, Bucarest, Roumania, September 2008b.

[Victor et al.(2008c)Victor, Melchior, Nelson-Gruel, and Oustaloup] S. Victor, P. Melchior, D. Nelson-Gruel, and A. Oustaloup. Flatness control for linear fractional MIMO systems : thermal application. In *3rd IFAC Workshop on Fractional Differentiation and Its Applications (FDA'08)*, Ankara, Turkey, November 2008c.

[Victor et al.(2009a)Victor, Malti, and Oustaloup] S. Victor, R. Malti, and A. Oustaloup. Instrumental variable method with optimal fractional differentiation order for continuous-time system identification. In *15th IFAC Symposium on System Identification (SYSID'2009)*, Saint Malo, France, July 2009a.

[Victor et al.(2009b)Victor, Melchior, and Oustaloup] S. Victor, P. Melchior, and A. Oustaloup. Flatness necessary and sufficient conditions for non linear fractional systems using fractional differential forms. In *European Control Conference ECC'09*, Budapest, Hongrie, August 2009b.

[Victor et al.(2009c)Victor, Malti, and Oustaloup] S. Victor, R. Malti, and A. Oustaloup. Instrumental variable method for identifying fractional box-jenkins models. In *21th ASME International Design Engineering Technical Conferences and Computers and Information in Engineering Conference, IDETC/CIE'09*, San Diego, USA, September 2009c.

[Victor et al.(2009d)Victor, Malti, Melchior, and Oustaloup] S. Victor, R. Malti, P. Melchior, and A. Oustaloup. From system identification to path planning using fractional approach : a thermal application example. In *21th ASME International Design Engineering Technical Conferences and Computers and Information in Engineering Conference, IDETC/CIE'09*, San Diego, USA, September 2009d.

[Victor et al.(2011a)Victor, Malti, Melchior, and Oustaloup] S. Victor, R. Malti, P. Melchior, and A. Oustaloup. Instrumental variable identification of hybrid fractional Box-Jenkins models. In *18th IFAC World Congress (IFAC'11)*, Milan, Italy, 2011a.

[Victor et al.(2011b)Victor, Melchior, Malti, and Oustaloup] S. Victor, P. Melchior, R. Malti, and A. Oustaloup. Path tracking with flatness and crone control for fractional systems : thermal application. In *18th IFAC World Congress (IFAC'11)*, Milan, Italy, 2011b.

[Victor et al.(2013)Victor, Melchior, and Oustaloup] S. Victor, P. Melchior, and A. Oustaloup. Computation of flat outputs for fractional systems : a thermal application. In *6th IFAC Workshop on Fractional Differentiation and Its Applications (FDA'13)*, Grenoble, France, February 2013.

[Victor and Malti(2013)] S. Victor and R. Malti. Model order identification for fractional models. In *European Control Conference ECC'13*, Zurich, Switzerland, July 2013.

[Victor et al.(2014)Victor, Melchior, Lévine, and Oustaloup] S. Victor, P. Melchior, J. Lévine, and A. Oustaloup. Flat output computation for fractional linear systems : application to a thermal system. In *19th IFAC World Congress (IFAC'14)*, Cape Town, South Africa, August 2014.

[Malti and Victor(2015)] R. Malti and S. Victor. Crone toolbox for system identification using fractional order models. In *17th IFAC Symposium on System Identification (SYSID'2015)*, Beijing, China, October 2015.

Communications dans des groupes de recherche du CNRS

[Victor et al.(2007a)Victor, Malti, and Oustaloup] S. Victor, R. Malti, and A. Oustaloup. Comparaison de deux méthodes d'identification non entière. In *Journées Doctorales - Journées Nationales MACS*, Reims, France, July 2007a. 2èmes Journées Nationales du GDR MACS.

[Victor et al.(2007b)Victor, Malti, Oustaloup, and Garnier] S. Victor, R. Malti, A. Oustaloup, and H. Garnier. Variable instrumentale optimale pour l'identification de systèmes à dérivées fractionnaires. Journées d'étude du Groupe de Travail Identification du GdR MACS du CNRS, December 2007b. Paris, France.

[Victor et al.(2010)Victor, Melchior, Malti, Sabatier, and Oustaloup] Stéphane Victor, Pierre Melchior, R. Malti, Rachid, Jocelyn Sabatier, and Alain Oustaloup. Identification par modèles non entiers pour la poursuite de trajectoire par platitude : application à un barreau thermique. In *Journées de la Section Automatique du Club EEA, Démonstrateurs en Automatique à vocation recherche*, Angers, France, December 2010.

Résumé

Les études menées permettent de prendre en main un système depuis l'identification jusqu'à la commande robuste des systèmes non entiers. Les principes de la platitude permettent de parvenir à la planification de trajectoire à condition de connaître le modèle du système, d'où l'intérêt de l'identification des paramètres du système. Les principaux travaux de cette thèse concernent l'identification de système par modèles non entiers, la génération et la poursuite robuste de trajectoire par l'application des principes de la platitude aux systèmes non entiers.

Le **chapitre 1** rappelle les définitions et propriétés de l'opérateur non entier ainsi que les diverses méthodes de représentation d'un système non entier. Le théorème de stabilité est également remémoré. Les algèbres sur les polynômes non entiers et sur les matrices polynômiales non entières sont introduites pour l'extension de la platitude aux systèmes non entiers.

Le **chapitre 2** porte sur l'identification par modèle non entier. Après un état de l'art sur les méthodes d'identification par modèle non entier, deux contextes sont étudiés : en présence de bruit blanc et en présence de bruit coloré. Dans chaque cas, deux estimateurs optimaux (sur la variance et le biais) sont proposés : l'un, en supposant une structure du modèle connue et d'ordres de dérivation fixés, et l'autre en combinant des techniques de programmation non linéaire qui optimise à la fois les coefficients et les ordres de dérivation.

Le **chapitre 3** établit l'extension des principes de la platitude aux systèmes non entiers. La platitude des systèmes non entiers linéaires en proposant différentes approches telles que les fonctions de transfert et la pseudo-représentation d'état par matrices polynômiales est étudiée. La robustesse du suivi de trajectoire est abordée par la commande CRONE. Des exemples de simulations illustrent les développements théoriques de la platitude au travers de la diffusion thermique sur un barreau métallique.

Enfin, le **chapitre 4** est consacré à la validation des contributions en identification, en planification de trajectoire et poursuite robuste sur un système non entier réel : un barreau métallique est soumis à un flux de chaleur.

Mots clés

Dérivation non entière, identification, variable instrumentale, modèles continus, planification de trajectoire, platitude, poursuite de trajectoire, commande robuste, représentation d'état, systèmes thermiques.

Abstract

The general theme of this work enables to handle a system, from identification to robust control. Flatness principles tackle path planning unless knowing the system model, hence the system parameter identification necessity. The principal contribution of this thesis deal with system identification by non integer models and with robust path tracking by the use of flatness principles for fractional models.

Chapter 1 recalls the definitions and properties of a fractional operator and also the various representation methods of a fractional system. The stability theorem is also brought to mind. Fractional polynomial and fractional polynomial matrice algebras are introduced for the extension of flatness principles for fractional systems.

Chapter 2 is about non integer model identification. After a state of the art on system identification by non integer model. Two contexts are considered : in presence of white noise and of colored noise. In each situation, two optimal (in variance and bias sense) estimators are put forward : one, when considering a known model structure with fixed differentiating orders, and another one by combining nonlinear programming technics for the optimization of coefficients and differentiation orders.

Chapter 3 establishes the extension of flatness principles to fractional systems. Flatness of linear fractional systems are studied while considering different approaches such as transfer functions or pseudo-state-space representations with polynomial matrices. Path tracking robustness is ensured with CRONE control. Simulation examples display theoretical developments on flatness through thermal diffusion on a metallic rod.

Finally, **Chapter 4** is devoted to validate the contributions to system identification, to trajectory planning and to robust path tracking on a real fractional system : a metallic rod submitted to a heat flux.

Keywords

Fractional differentiation, system identification, instrumental variable, continuous-time models, path planning, flatness, path tracking, robust control, state-space representation, thermal systems.

yes

Oui, je veux morebooks!

I want morebooks!

Buy your books fast and straightforward online - at one of the world's fastest growing online book stores! Environmentally sound due to Print-on-Demand technologies.

Buy your books online at

www.get-morebooks.com

Achetez vos livres en ligne, vite et bien, sur l'une des librairies en ligne les plus performantes au monde!
En protégeant nos ressources et notre environnement grâce à l'impression à la demande.

La librairie en ligne pour acheter plus vite

www.morebooks.fr

SIA OmniScriptum Publishing
Brivibas gatve 1 97
LV-103 9 Riga, Latvia
Telefax: +371 68620455

info@omniscriptum.com
www.omniscriptum.com

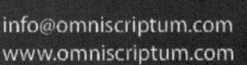

MIX
Papier aus verantwortungsvollen Quellen
Paper from responsible sources
FSC® C105338

Printed by Books on Demand GmbH, Norderstedt / Germany